茶 样 欣 赏

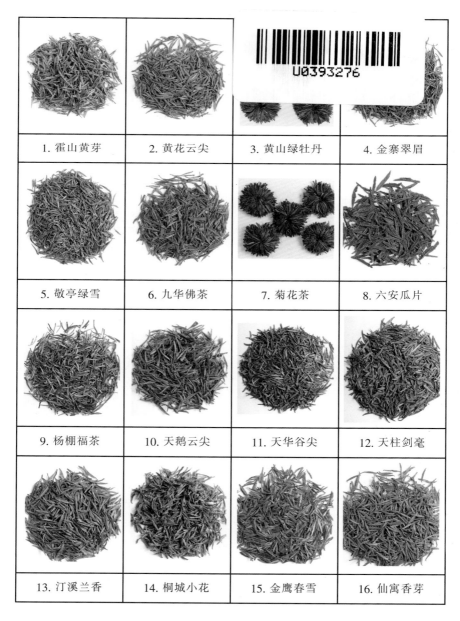

1. 霍山黄芽	2. 黄花云尖	3. 黄山绿牡丹	4. 金寨翠眉
5. 敬亭绿雪	6. 九华佛茶	7. 菊花茶	8. 六安瓜片
9. 杨棚福茶	10. 天鹅云尖	11. 天华谷尖	12. 天柱剑毫
13. 汀溪兰香	14. 桐城小花	15. 金鹰春雪	16. 仙寓香芽

U0393276

茶 样 欣 赏

1. 香山云尖	2. 松萝茶	3. 玉露银峰	4. 岳西翠尖
5. 岳西翠兰	6. 昭关翠须	7. 百杯香芽	8. 东至云尖
9. 贵池翠微	10. 华山银毫	11. 黄石溪毛峰	12. 瑞草魁
13. 红碎茶	14. 滇红一级	15. 滇红礼茶	16. 普洱砖茶

茶 样 欣 赏

1. 黄山毛峰	2. 太平猴魁	3. 祁红特茗	4. CTC. STD.W01
5. 涌溪火青	6. 41022	7. 9371	8. STD. 1232
9. STD.1254	10. 巢父有机茶	11. 3505	12. 正山小种
13. 坦洋工夫	14. 白琳工夫	15. 白毫银针	16. 白牡丹

茶 样 欣 赏

1. 单枞	2. 观音	3. 本山	4. 岭头单枞
5. 老丛水仙	6. 饶平色种	7. 凤凰单枞	8. 石古坪乌龙茶
9. 凌春白毛尖	10. 大叶种绿茶	11. 银毫王	12. 玫瑰红茶
13. 荔枝红茶	14. 英德红茶	15. 金毫茶	16. 滇绿

茶样欣赏

1. 苍山雪绿	2. 感通茶	3. 佛香茶	4. 云白毫
5. 云海白毫	6. 宝洪茶	7. 普洱茶	8. 白洋曲毫
9. 陈香普洱	10. 陈香圆茶	11. 龙生宫连普洱茶	12. 龙生毛峰
13. 龙生玉芽	14. 龙生翠茗	15. 大白毫	16. 小白毫

茶 样 欣 赏

1. 诏安水仙	2. 闽北水仙	3. 闽南水仙	4. 武夷岩茶
5. 武夷肉桂	6. 闽北乌龙	7. 安溪铁观音	8. 黄金桂
9. 平和白芽奇兰	10. 武平炒绿	11. 绿雪芽香螺	12. 天山绿（螺茗）
13. 富春银毫	14. 蓬莱银曲	15. 文洋翠芽	16. 太姥雪针

茶 样 欣 赏

1. 浮来青	2. 碧绿茶	3. 雪青	4. 茗家春
5. 五莲山茶	6. 莒兴春	7. 海青锋	8. 海青翡翠
9. 海北春	10. 万里江绿茶	11. 晓阳翠芽	12. 晓阳青峰
13. 晓阳松针	14. 凉泉茶	15. 崂山雪芽	16. 鳌福绿茶

茶样欣赏

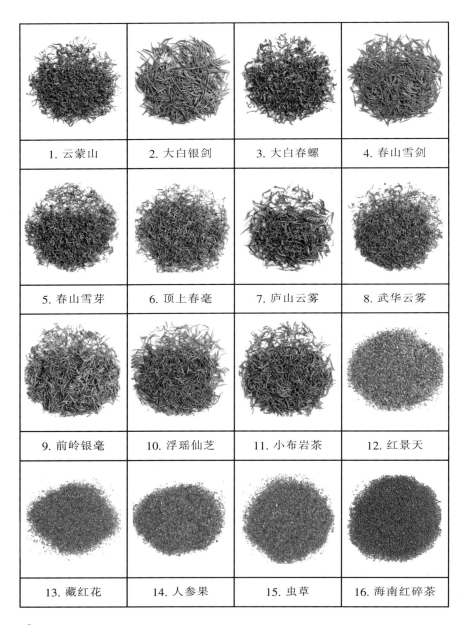

1. 云蒙山	2. 大白银剑	3. 大白春螺	4. 春山雪剑
5. 春山雪芽	6. 顶上春毫	7. 庐山云雾	8. 武华云雾
9. 前岭银毫	10. 浮瑶仙芝	11. 小布岩茶	12. 红景天
13. 藏红花	14. 人参果	15. 虫草	16. 海南红碎茶

茶 样 欣 赏

1. 开化龙顶	2. 江山绿牡丹	3. 松阳银猴	4. 遂绿特针一级
5. 西湖龙井	6. 径山茶	7. 雪水云绿	8. 天目青顶
9. 鸠坑毛尖	10. 安吉白茶	11. 莫干黄芽	12. 凤阳春
13. 龙浦仙毫	14. 汤记高山茶	15. 龙乾春	16. 天台云雾茶

茶 样 欣 赏

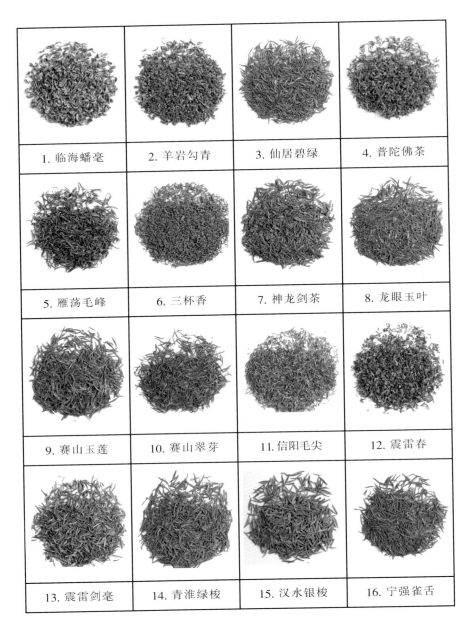

1. 临海蟠毫	2. 羊岩勾青	3. 仙居碧绿	4. 普陀佛茶
5. 雁荡毛峰	6. 三杯香	7. 神龙剑茶	8. 龙眼玉叶
9. 赛山玉莲	10. 赛山翠芽	11. 信阳毛尖	12. 震雷春
13. 震雷剑毫	14. 青淮绿梭	15. 汉水银梭	16. 宁强雀舌

茶 样 欣 赏

1. 大悟寿眉	2. 恩施玉露	3. 绿碎茶	4. 罗针茶
5. 温泉毫峰	6. 向师傅茶	7. 汀泗川玉	8. 九井峰茶
9. 金鼓露毫	10. 天麻剑毫	11. 恩施富硒茶	12. 水仙春毫
13. 石西都剑	14. 挪园青峰	15. 虎狮龙芽	16.（鄂）特制茯砖

茶 样 欣 赏

1. 竹叶青	2. 雨城云雾	3. 叙府龙芽	4. 文君绿茶
5. 花秋贡茶	6. 广安松针	7. 峨蕊	8. 峨眉毛峰
9. 雀舌	10. 巴山雀舌	11. 翠毫香茗	12. 泸州凤羽
13. 龙湖翠	14. 龙都香茗	15. 九顶翠芽	16. 碧潭飘雪

茶 样 欣 赏

1. 竹叶青	2. 云顶茗兰	3. 云顶绿茶	4. 青城雪芽
5. 玉芽	6. 蒙顶石花	7. 蒙顶甘露	8. 蒙顶黄芽
9. 仙芝竹尖	10. 早白尖红茶	11. 金尖茶	12. 康砖茶
13. (川)特制茯砖	14. 城固银峰	15. 商南家茗	16. 商南仙茗

茶样欣赏

1. 金山翠芽	2. 金坛雀舌	3. 南山寿眉	4. 太湖翠竹
5. 碧螺春	6. 阳羡雪芽	7. 水西翠柏	8. 无锡毫茶
9. 绿杨春	10. 雨花茶	11. 茗间情	12. 秦巴雾毫
13. 秦巴绿茶	14. 紫阳毛尖	15. 紫阳银针	16. 紫阳翠峰

茶 样 欣 赏

1. 安化松针	2. 碣滩茶	3. 银币茶	4. 沩山毛尖
5. 洞庭春	6. 石门银峰	7. 羊鹿毛尖	8. (湘)益阳茯砖
9. 冻顶乌龙	10. 高山乌龙	11. 金萱茶	12. 木栅铁观音
13. 东方美人茶	14. 松柏层青茶	15. 松柏长青茶	16. 文山包种

茶 样 欣 赏

1. 黔江银钩	2. 雀舌报春	3. 松柏长青	4. 天河玉叶
5. 巴南银针	6. 重庆沱茶	7. 缙云毛峰	8. 乌金吐翠
9. 香山贡茶	10. 永川秀芽	11. 渝州雪莲	12. 寒梅雪
13. 叶来香	14. 巴山银芽	15. 滴翠剑茗	16. 茉莉花茶

茶 样 欣 赏

1. 六堡茶	2. 工夫红茶	3. 浪伏金毫	4. 盘王银芽
5. 桂林银针	6. 桂林毛尖	7. 毛尖茶	8. 毛尖桂花茶
9. 西山茶	10. 龙胜宛田种	11. 都匀毛尖	12. 遵义毛峰
13. 湄江翠片	14. 羊艾毛峰	15. 羊艾碧螺春	16. 羊艾特珍特级

茶 样 欣 赏

1. 下关沱茶	2. 云南沱茶	3. 云南紧茶	4. 下关砖茶
5. 绿茶粉	6. 白云春毫	7. 珠兰花	8. 仙寓神剑
9. 嫩头青	10. 天赐玉叶	11. 竹叶青(叶底)	12. 君山银针
13. 黄山毛峰 (叶底)	14. 新林玉露	15. 宝都香芽	16. 沱茶九层

茶 具 欣 赏

1. 红万寿无疆盖碗	2. 手绘荷花大茶荷	3. 倒泥紫砂壶	4. 博浪锤壶
5. 红波唐同心杯	6. 三羊开泰壶	7. 青蛙紫砂壶	8. 百果壶
9. 公道杯	10. 茄段紫砂壶	11. 纯白骨瓷盖碗	12. 白玉瓷黑竹水筒杯
13. 方圆紫砂壶	14. 蓝地珐琅彩紫砂茶壶	15. 彩梅富贵大马克杯	16. 金龙大茶寿组八件套

茶具欣赏

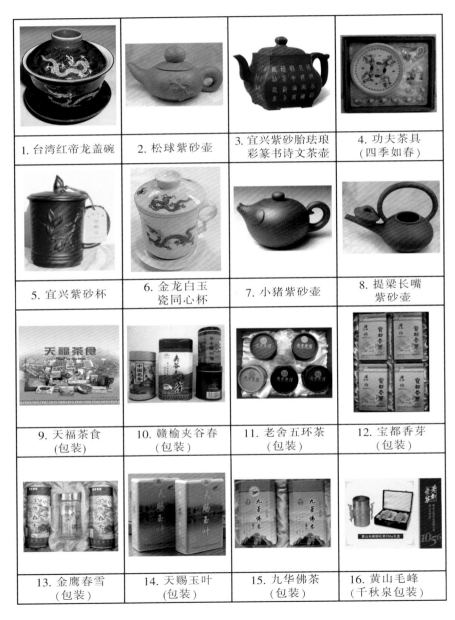

1. 台湾红帝龙盖碗	2. 松球紫砂壶	3. 宜兴紫砂胎珐琅彩篆书诗文茶壶	4. 功夫茶具（四季如春）
5. 宜兴紫砂杯	6. 金龙白玉瓷同心杯	7. 小猪紫砂壶	8. 提梁长嘴紫砂壶
9. 天福茶食（包装）	10. 赣榆夹谷春（包装）	11. 老舍五环茶（包装）	12. 宝都香芽（包装）
13. 金鹰春雪（包装）	14. 天赐玉叶（包装）	15. 九华佛茶（包装）	16. 黄山毛峰（千秋泉包装）

茶叶鉴赏

CHAYE JIANSHANG

◎ 王同和 编著

中国科学技术大学出版社

内容简介

饮茶益思,提神醒脑,陶冶情操,净化心灵。

茶叶鉴赏是一门鉴定茶叶质量,欣赏名茶品质、茶具和冲泡技艺的实用型学科。主要介绍茶叶产、销及加工概况,品评茶叶的基础知识,各类茶叶品质特征,茶叶品质鉴别方法,饮茶与礼仪,饮茶与文化,茶与精神健康等内容。

本书作者多年从事茶叶研究,有丰富的理论知识和实践经验。本书既可作为相关专业学生的教材,又可供茶叶爱好者参考。

图书在版编目(CIP)数据

茶叶鉴赏/王同和编著. —合肥:中国科学技术大学出版社,2008.5(2012.5 重印)

ISBN 978-7-312-01090-3

Ⅰ. 茶… Ⅱ. 王… Ⅲ. 茶叶—鉴赏 Ⅳ. TS272

中国版本图书馆 CIP 数据核字(2008)第 035308 号

出版	中国科学技术大学出版社 安徽省合肥市金寨路 96 号,230026 网址:http://press.ustc.edu.cn
印刷	合肥现代印务有限公司
发行	中国科学技术大学出版社
经销	全国新华书店
开本	880 mm×1230 mm 1/32
印张	9
插页	10
字数	277 千
版次	2008 年 5 月第 1 版
印次	2012 年 5 月第 5 次印刷
定价	26.00 元

序

　　我国是茶树的原产地,是世界上最早种茶、制茶和饮茶的国家。从神农得茶而解毒的传说迄今已有四千多年,茶叶品饮的历史和文化在我国源远流长。早在我国唐代,茶圣陆羽就撰写了世界上第一部茶学专著《茶经》,饮茶文化与宗教信仰、传统礼节相互渗透传播,人们从茶的风味与品格中享受到了物质的满足和精神的陶冶,进而形成了集茶道、茶艺、茶诗、茶歌、茶词、茶画、茶俗、茶礼、茶具、茶趣于一体,内涵丰富、独具特色的茶文化体系。俗话说:"开门七件事,柴米油盐酱醋茶",喝茶、品茶、赏茶、鉴茶——茶已不再是单纯的饮品,更被赋予了健康的理念、高雅的品位和文化的底蕴。

　　随着社会的进步和科学技术的发展,茶叶产品日新月异绚烂多彩,人们饮茶的观念也发生了深刻的变化。茶叶具有"三抗"即抗氧化、抗突变、抗辐射,"三降"即降血压、降血脂、降血糖,"三消"即消炎、消毒、消臭的功效;名优茶固有的色、香、味、形,更赋予了古老茶叶饮料更多的审美内涵。茶叶正越来越受到世人的青睐,是名副其实的"国饮"。

　　王同和老师有三十多年从事茶叶审评、检验教学和研究工作的丰富经验,他编著的《茶叶鉴赏》一书已经被评选为安徽省高等学校"十一五"省级规划教材。书中主要介绍了茶叶的品质与质量鉴别,名优茶色香味形及茶具的欣赏,涵盖了从茶叶产销、茶叶品评程序与技巧、茶叶品质特征与鉴别方法、饮茶风俗与礼仪、茶文化等各个方面,内容覆盖面广,重点突出,图文并茂,具有较强的科学性、知识性、实用性和可读性。本书无论对于提高在校大学生人文素质、开阔视野、增强茶叶鉴赏能力,还是对提高茶业从业人员的专业水平,培养茶叶爱好者的鉴别能力均有一定的参考价值。

在《茶叶鉴赏》即将付印之际,作此序并向广大读者推荐。愿饮茶爱好者越来越多,茶产业健康快速发展,中华茶文化更加发扬光大。

08. 3. 26

前　言

中国是茶的故乡。自茶的发现到栽培、加工、饮用已有四千余年。经漫长岁月的沧桑,饮茶由农村到城市、再从城市到农村,由国内到国外,至今茶叶仍然是那样的甘醇与芬芳,备受世人青睐。茶叶是世界三大饮料之首,是新世纪主流的饮料之一。

我国是世界茶文化的发源地。"茶"包括自然科学、社会科学,既有物质的,又有精神的。茶叶有不同花色品种之分,不同产地品质特色之分,产品质量优次之分,新陈茶、季节茶之分等,在购买和饮用时需要加以辨别。在品种众多的茶叶中鉴别与挑选也是一种欣赏。茶人欣赏茶叶,尤其高档名优茶,重在发掘其工艺美、文化美和自然美。饮茶不仅与当代人所追求的注重保健的生活方式非常吻合,而且茶的色香味形能给人以美的享受。嗜好饮茶者已达"芳茶冠六清,溢味播九区"的境界。茶文化是雅俗共赏的文化。

茶叶鉴赏是指茶叶质量的鉴别和色香味形品质的欣赏。涉及的内容多、知识面广,该书分八章,主要介绍茶树品种的起源、传播,茶叶产销,品性及分类;茶叶加工;鉴评条件、择水、程序及综合判定;绿、红、青、黄、白、黑茶及再加工茶的鉴别;各类茶的品质特征;茶与健康,合理饮茶,饮茶风俗与茶文化;茶具和茶叶贮藏以及各地茶样、茶具、茶叶包装图片欣赏。本书可作为对茶叶有兴趣的学生公选课教材,亦可作为爱茶人及《评茶员》的参考书。

本书承蒙中国茶叶学会副理事长、安徽省茶叶学会理事长、安徽农业大学校长、博士生导师宛晓春教授作序,全国政协常委、安徽农业大学副校长、博士生导师夏涛教授提议书名并鼎力资助,在编写过

程中得到江昌俊、张正竹教授的指导,卢福娣、童梅英副教授、华再欣
高级实验师的支持以及硕士生童城等同学协助绘图,在此一并深表
谢意。

编者
2008 年 4 月

目　录

第一章　茶之为饮

　　茶是世界三大饮料之一,随着社会的进步和科学技术的发展,茶叶系列产品备受世人青睐。在我国,茶被誉为"国饮"。

　　茶叶富有营养价值和药效作用,饮茶有益于人体健康和长寿,饮茶始于中国,三千多年的饮茶历史证明了饮茶好处多。在我国,长期流传着一句俗语:"开门七件事,柴米油盐酱醋茶",茶已成为日常生活中不可缺少的必需品。在国外,茶叶被认为是理想的康乐饮料。我国生产的茶种类之多为世界之最,有绿茶、黄茶、黑茶、青茶、白茶、红茶。其中经过再加工或深加工又产生出名目繁多的花色品种,如花茶、压制茶和速溶茶等,各有独特的品质。贸易上分为边销茶、内销茶、侨销茶和外销茶。对茶叶的发展和利用,种茶、制茶、饮茶、评茶等都起源于我国,以后又传播到世界各国,这是我国历代劳动人民在长期的社会实践中对人类作出的卓越贡献。

第一节　茶的起源

一、茶名由来

　　中国人最先发现和利用了茶,世界各种语言中的"茶",均是从中国对外贸易港口所在地广东、福建等地区"茶"的方言音译转变而来的。

　　在古代史料中,茶的名称很多。在公元前2世纪,汉代司马相如的《凡将篇》中提到的"荈诧(chuǎn cha)"就是茶,并将茶列为二十种药物之一,是我国历史上把茶作为药物的最早文字记载;汉末年,在杨雄的《方言》中,称茶为"蔎(shè)";在《神农本草经》中,称之为"荼草";南朝的《吴兴记》中称为"荈";唐代,陆羽《茶经》中说:"其字,或从草,或从木,或草木并。其名一曰茶,二曰槚(jiǎ),三曰蔎,四曰茗,五曰荈"。总之,在陆羽撰写的《茶经》中,对茶的提法有十余种之多,其中用得最多的是荼,后来陆羽将"荼"字改写为"茶"。

在中国茶学史上,一般认为在唐代中期(约公元 8 世纪)以前,"茶"写成"荼"。据查,荼字最早见之于《诗经》,在《诗·邶风·谷风》中记有:"谁谓荼苦? 其甘如荠";《诗·豳风·七月》中记有:"采荼薪樗,食我农夫。"我国最早的一部字书《尔雅》(约公元前 2 世纪秦汉间成书),其中记有:槚,苦荼。东晋郭璞在《尔雅注》中认为:它"树小如栀子。冬生叶,可煮作羹饮。今呼早采者为荼,晚取者为茗"。清代学者顾炎武考证后认为,茶字形、音、义的确立,应在中唐以后。从此,茶字的字形、字音和字义一直沿用至今。在有关汉代官私印章的分韵著录《汉印分韵合编》中,有荼字七钮,字形如下:

其中,最后两个荼字的字形显然已向茶字演变了。从读音来看,也有将荼字读成与茶字音相近似的。如现在湖南省的茶陵,西汉时曾是荼陵侯刘沂的领地,俗称荼王城,是当时长沙国十三个属县之一,称荼陵县。通过茶字的演变与确立,它从一个侧面告诉人们:茶字的形、音、义,最早是由中国确立的,至今已成了世界各国人民对茶的称谓。这也表明:茶出自中国,源于中国,中国是茶的原产地。

二、茶树起源

我国是野生大茶树发现最早最多的国家。早在三国(公元220~280 年)《吴普·本草》中就有"南方有瓜芦木(大茶树)亦似茗,至苦涩,取为后茶饮,亦可通夜不眠"之说。陆羽在《茶经》中称:"其巴山峡川,有两人合抱者,伐而掇之。"宋代沈括的《梦溪笔谈》称:"建茶皆乔木。"宋子安《记东溪茶树》中说:"柑叶茶树高丈余,径七八寸。"明代云南《大理府志》载:"点苍山(下关),产茶树高一丈。""白毛茶,树之大者高二丈,小者七八尺。嫩叶如银针,老叶尖长,如龙眼树叶而薄,背有白色茸毛,故名,概属野生。"可见,我国早在 1700 多年前就发现野生大茶树了。

《神农本草》中记载:"神农尝百草,日遇七十二毒,得荼而解之。"神农尝百草是我国流传很广、影响很深的一个古代传说,这在《史记·三皇本纪》、《淮南子·修务训》、《本草衍义》等书中均有记载。那么,神农是什么时代,何等样人呢?据《庄子·盗跖篇》和《白虎通义》称:神农时代是"只知其母,不知其父"的母系氏族社会,当时人类已进入新石器的全盛时期,原始的畜牧业和农业已渐趋发达,这就是传说中的神农时代。神农(图1.1)则是这一时期先民的集中代表。虽是传说,但如果说它总结了原始社会人们长期生活斗争的经验,而把功劳集中于神化了的神农身上,也是无可非议的。至于原始社会以茶解毒,既符合当时的社会实际,而且即使以今人的眼光看来,也有一定的科学根据。若按此推论:在中国,茶的发现和利用始于原始母系氏族社会,迄今当有五六千年的历史了。

图1.1　神农氏雕像

据不完全统计,现在全国已有10个省区198处发现有野生大茶树,其中云南最多。在云南的勐海、凤庆、澜沧、龙陵、马关、广南、镇康等县都发现了野生大茶树。陈兴琰报道,1961年在海拔1500 m的云南省勐海县巴达的大黑山密林中,发现一株树高32.12m,胸围2.9m的野生大茶树,据考证树龄约1700年,周围都是参天古木。虞富莲报道,在海拔2190m的云南省澜沧县黑山原始森林中,也有一株树高21.6m,树干胸围1.9m的野生大茶树。据云南《茶报》报道澜沧景区也发现千年古茶树600多hm^2(公顷),现在还生长茂盛。

"古茶王"位于云南省思茅市镇沅彝族哈尼族拉祜族自治县千家寨哀牢山海拔2450m山腹地上,是国家级一级自然保护区,保护区内有占地280hm^2的古茶树群落,其中有一棵苍劲的古茶树,被人们称为"古茶王"(图1.2)。树高25.6m,胸径0.89m,根径1.20m,1996年11月,经云南农业大学、中国农科院等单位的专家认证,这棵古茶树树龄有2700年,是世界上最古老的茶树。2001年,古茶树经

图 1.2 古茶王

"大世界基尼斯之最"认证为"最大的古茶树"。

我国茶叶向国外的传播:公元805、806年,日本最澄、海空禅师来我国留学,归国时携回茶籽试种,宋代的荣西禅师又从我国传入茶籽种植;印度尼西亚于1684年开始传入我国茶籽试种,以后又引入中国、日本茶种及阿萨姆种试种,历经坎坷,直至19世纪后叶开始有明显成效;1780年,印度由英属东印度公司传入我国茶籽种植;17世纪开始,斯里兰卡从我国传入茶籽试种,1824年以后又多次引入中国茶种扩种和聘请技术人员,所产红茶质量优异,为世界茶创汇大国。可见,当今世界广泛流传的种茶、制茶和饮茶习俗,都是由我国向外传播出去的。据推测,中国茶叶传播到国外,已有两千多年的历史。

从茶树的自然分布看,我国西南地区是茶树的原产地。我国植物分类学家关征镒在1980年出版的《中国植被》一书中指出:"我国的云南西北部、东南部、金沙江河谷、川东、鄂西和南岭山地,不仅是第三纪古热带植物区系的避难所,也是这些区系成分在古代分化发展的关键地区……这一地区是它们的发源地。"截至目前,全世界山茶科植物共有23属,计380余种,而在我国就有15属,260余种,且大部分分布在云南、贵州和四川一带,并还在不断发现之中。已发现的山茶属有100多种,在云贵高原就有60多种,其中以茶树种占最重要的地位(参见胡先骕,《植物分类学简编》)。前苏联学者乌鲁夫在《历史植物地理学》中指出:"许多属的起源中心在某一个地区的集中,指出了这一植物区系的发源中心。"由于山茶科、山茶属植物在我国西南地区的高度集中,表明我国的西南地区就是山茶科植物,也是山茶属植物的发源中心。

从地质变迁看,茶树大、中、小叶不同品种的形成与之有关。自喜马拉雅运动开始后,我国西南地区的地形发生了重大的改变,形成了川滇河谷和云贵高原,特别是近 100 万年以来,由于河谷的不断下切,高原的不断上升,使绝对高差达 5000～6500m,从而使西南地区既有起伏的群山,又有纵横交错的河谷,地形变化多端,以致形成了许许多多的小地貌区和小气候区,在低纬度和海拔高低相差悬殊的情况下,使平面与垂直气候分布差异很大,致使原来生长在这里的茶树,慢慢地分布到热带、亚热带和温带气候之中。位于热带高温、多雨、炎热地带的,逐渐形成了温润、强日照的性状;位于温带气候中的,逐渐形成了耐寒、耐旱、耐阴的性状;位于亚热带地区的,养成了喜温、喜湿的性状,从而使最初的茶树原种逐渐向两极延伸、分化,最终出现了茶树的种内变异,发展成了热带型和亚热带型的大叶种和中叶种茶树,以及温带型的中叶种和小叶种茶树。同时,通过自然筛选,向着温暖、湿润方向发展的,就成了大、中叶种的小乔木型茶树;向着抗寒、抗旱方向发展的,就成了中、小叶种的灌木型茶树,这就是我国西南地区,主要是云南、贵州、四川三省茶树,既有大叶种、中叶种和小叶种茶树存在,又有乔木型、小乔木型和灌木型茶树混杂生存的原因所在。植物学家认为:某种植物变异最多的地方,就是这种植物起源的中心地。我国西南三省,是我国茶树变异最多、资源最丰富的地方,当然是茶树起源的中心地了。

无论从茶树的进化类型看,还是从茶树分布状况和茶叶生化成分验证,我国的云南都是茶树原产地。茶学工作者的调查研究和观察分析表明:我国的西南三省及其毗邻地区的野生大茶树,具有原始型茶树的形态特征和生化特性,且原始型茶树比较集中,这也证明了我国的西南地区是茶树原产地的中心地带,当属茶树的原产地所在。综上所述,中国的西南地区,主要是云南、贵州和四川,是世界上最早发现、利用和栽培茶树的地方;那里又是世界上最早发现野生茶树和现存野生大茶树最多、最集中的地方;那里的野生大茶树又表现有最原始的特征特性;另外,从茶树的分布、地质的变迁、气候的变化等方面的大量资料,也都证实了我国是茶树原产地的结论。

第二节　茶树品种

茶树是异花授粉、常年绿色木本植物。茶树品种是茶叶加工中的重要生产资料,它是人类在长期栽培过程中形成的,是适应于一定生态环境生长的群体,具有相对一致的生物学特性、形态特征和繁殖相对稳定的特性,并且在实践中证明能够获得高额而稳定产量和优良品质的物种。

一、中国茶区的分布

我国茶区分布在北纬 18°~37°,东经 94°~122°的广阔范围内,有浙江、安徽、福建、江西、河南、湖北、湖南、广东、广西、海南、重庆、四川、贵州、江苏、云南、西藏、陕西、甘肃、山东、台湾等 20 个省区的上千个县市。在垂直分布上,茶树最高种植在海拔 2600m 高地上,而最低仅距海平面几十米。在不同地区,生长着不同品种的茶树,从而决定着茶叶的适制性、适应性及其品质,形成了一定的茶类结构。茶区分布,目前虽无统一规划,但在综合地势、气候、土壤等特点的基础上,通常划分为西南、华南、江南、江北四大茶区。

1. 西南茶区

西南茶区包括黔、川、渝、滇中北和藏东南,是我国茶树的原产地,也是我国最古老的一个茶区。该区栽培茶树的种类多,有灌木型和小乔木型茶树,部分地区尚有乔木型茶树。适制红茶、绿茶、普洱茶、花茶、边销茶等。

2. 华南茶区

华南茶区包括闽中南、台、粤中南、琼、桂、滇南,是我国最南的一个茶区。该茶区水热资源丰富,在有森林覆盖下的茶园,土壤肥沃、有机物质含量高。茶区汇集了我国许多大叶种(乔木型和小乔木型)茶树,适宜制红茶、普洱茶、六堡茶、大叶青、乌龙茶等。

3. 江南茶区

江南茶区包括粤北、桂北、闽中北、鄂南、皖南、苏南、湘、赣、浙等地。该区大多处于低丘低山地区,也有海拔在 1000m 的高山,如安徽的黄山、江西的庐山、浙江的天目山、福建的武夷山等。茶区种植的茶树大多为灌木型小叶种和中小叶种,以及小部分小乔木型中叶种和大叶种。本区气候特点是冬季尚暖,夏季炎热,雨量充沛,无霜期和生长期均长,形成了多种特定的小气候环境。所产茶类品种繁多、花色齐全,如西湖龙井、洞庭碧螺春、黄山毛峰、太平猴魁、祁门红茶、武夷岩茶、君山银针等,可谓"名茶辈出",不胜枚举。

4. 江北茶区

江北茶区包括甘南、陕西、鄂北、豫南、皖西、苏北、鲁东南等地,其中鲁胶东半岛是我国最北的茶区。该茶区地形较复杂,茶树品种多为灌木型中叶种和小叶种。本区均以绿茶为主,著名的茶叶有六安瓜片、兰花茶、白云春毫、黄大茶、信阳毛尖、日照绿茶等。

二、茶树品种的分类

茶树品种分类是基于生产上讲求经济实效的需要而产生的,其目的是便于识别、查考和利用品种。茶树品种分类一般以树型、树姿、发芽期、抗寒性、抗病虫性、开花量、结实率等多项内容作为依据。我国已发掘的茶树品种就有 500 多个,目前常用的国家级优良品种有 77 个。在西南、华南茶区,还蕴藏着许多性状奇特的野生大茶树和茶种的近缘植物。通过调查研究,在已有性状资料的品种中,如按树型分类,灌木型品种占 74%,半乔木型品种占 10%,乔木型品种占 16%;如按叶片大小分类,特大叶类品种占 13%,大叶类品种占 25%,中叶类品种占 44%,小叶类品种占 18%;若按品种的来源可分为地方品种、群体品种和育成品种;按繁殖方法可分为无性繁殖品种和有性繁殖品种。因此品种分类的标准和方法,应抓住品种间经济性状这个主要关键。根据我国茶树品种主要性状和特性的研究,并照顾到现行品种分类的习惯,目前茶树品种多数按树型、叶片大小和发芽迟早三个主要性状,分为三个分类等级,作为茶树品种分类系统。各级分类标准如下:

第一级分类系统称为"型"。分类性状为树型,主要以自然生长情况下植株的高度和分枝习性而定。分为乔木型、半乔木型、灌木型。

（1）乔木型：属较原始的茶树类型。植株高大，从植株基部到上部，均有明显的主干，呈总状分枝，分枝部位高，枝叶稀疏。叶片大，叶片长度的变异范围为 10～26cm，多数品种叶长在 14cm 以上。叶片栅栏组织多为一层。

（2）半乔木型：属较早期进化类型。抗逆性较乔木类强，植株较高大，从植株基部至中部主干明显，植株上部主干则不明显。分枝较稀，大多数品种叶片长度在 10～14cm 之间，叶片栅栏组织多为两层。

（3）灌木型：属进化类型。包括的品种最多，分布广。植株低矮，无明显主干，从植株基部分枝，分枝密，叶片较小，叶片长度变异范围大，在 2.2～14cm 之间，大多数品种叶片长度在 10cm 以下。叶片栅栏组织 2～3 层。

第二级分类系统称为"类"。分类性状为叶片大小，主要以成熟叶片长度，并兼顾其宽度而定。分为特大叶类、大叶类、中叶类和小叶类。

（1）特大叶类：叶长在 14cm 以上，叶宽 5cm 以上。

（2）大叶类：叶长 10～14cm，叶宽 4～5cm。

（3）中叶类：叶长 7～10cm，叶宽 3～4cm。

（4）小叶类：叶长 7cm 以下，叶宽 3cm 以下。

第三级分类系统称为"期"。分类性状为发芽时期，主要以头轮营养芽，即越冬营养芽开采期（即一芽三叶开展盛期）所需的活动积温而定。分为早芽种、中芽种和迟芽种。根据在杭州对全国主要茶树品种营养芽物候学的观察结果，将第三级分类系统作如下划分：

（1）早芽：发芽期早，头茶开采期活动积温在 400℃以下。

（2）中芽：发芽期中等，头茶开采期活动积温在 400℃～500℃之间。

（3）迟芽：发芽期迟，头茶开采期活动积温在 500℃以上。

我国茶区主要分布于北纬 33°以南，东经 98°以东，在这个大约 280 万平方公里的近似长方形地带，茶树品种的分布，由西南往东北，由高大的乔木逐渐演变为灌木，呈植株矮化，叶片渐小而厚，栅栏组织加厚，抗寒性增强，多酚类物质渐减的变化趋势。

三、茶树品种与茶叶品质

茶树鲜叶通过不同的工艺制作形成不同的茶叶品质,品质的不同又是其内在的化学成分含量的综合反映,不同的茶树品种其多种内含成分的含量明显不同,茶叶加工过程中的物质化学变化与鲜叶内在的特质有着密切的关系,从而导致不同茶叶在内含成分上的差异及构成茶叶色、香、味、形的品质特征。因此茶树品种是各类茶叶的物质基础。

1. 形状与品种

茶叶形状与茶叶品种有密切的关系,茶树品种不同,鲜叶的形状大小、叶质软硬、叶片的厚薄及茸毛的多少有明显的差别,鲜叶的内含成分也不尽相同,一般鲜叶质地好的,有利于制茶技术的发挥,有利于造型,形成其独有的形状特征。如:

龙井茶用品种龙井 43 号鲜叶加工效果较好,该鲜叶属小叶种、叶片小、芽长过叶、体形小,制成龙井茶,外形扁平光削,形似碗钉,若用叶大、厚而硬的鲜叶,最好的制茶技术也做不出符合龙井形状规格的茶。

芽梢节间长短也是茶树品种的特性之一,芽梢节间短易做出姿态优美的各种形状,如太平猴魁用节间短且三尖平齐(即两叶抱一芽)的柿大叶种的鲜叶制作才能具备形如玉兰花瓣、两头尖的形状特征,而节间长的鲜叶受力差,做出来的形状像兰花。

又如黄大茶要用节间长为 1.5～4cm 的一芽三四叶,整个芽梢长 10～13cm 的鲜叶,才能做出大叶长枝,枝梗像钓鱼竿的形状;而节间短,芽梢不到 5cm 的鲜叶,只能做出形状规格差的低级黄大茶。铁观音茶一定要用铁观音品种鲜叶制作。白毫银针适宜用芽壮且茸毛特多的福鼎大毫种制作。

茶叶形状与鲜叶的叶形息息相关,而鲜叶的形状由茶树品种的遗传特性所决定。叶形大的鲜叶适宜做体形大的大叶青、滇红、普洱茶、大方茶等;叶形小的鲜叶适宜做形状小巧的龙井、碧螺春、雨花茶等;长叶形或柳叶形鲜叶适宜做条形茶;椭圆形鲜叶具有不长、不短、不宽、不狭的叶形特点,适制性广,可做各种形状的茶叶,如驰名中外的祁门工夫红茶、屯绿等。

2. 色泽与品种

鲜叶中的有色物质是构成茶叶色泽的物质基础,主要有叶绿素、胡萝卜素、叶黄素、花青素和黄酮类物质。前三种属脂溶性色素,与干茶和叶底色泽有关。茶树品种不同,叶子中所含的色素及其他成分也不同,使鲜叶呈现出深绿、黄绿、紫色等不同的颜色,而鲜叶的颜色与茶类适制性有一定的关系。如:大叶乌龙、紫阳槠叶种、休宁牛皮种、淳安鸠坑种等茶树品种,叶子的颜色呈深绿色(蛋白质、叶绿素含量偏高,多酚类物质含量较低),适宜制绿茶,具有"三绿"的特点,即干茶色绿,汤色和叶底绿亮;若制成红茶,干茶色泽青褐、叶底乌暗,味也淡薄,不具备优质红茶的品质。如:云南大叶种、英红1号、高桥早、槠叶齐、安徽1号、祁门9号等茶树品种,鲜叶黄绿色(蛋白质、叶绿素含量稍低,多酚类物质含量较高),适宜制红茶,干茶色泽乌黑油润,汤色和叶底红艳,香高味浓,品质优。如:紫芽种鲜叶属紫色的叶子(花青素含量高),而叶绿素尤其叶绿素 a 的含量明显较低,不论制哪类茶,茶叶色泽都暗,尤其是制绿、黄茶色泽最差,干茶色泽枯暗,汤色暗淡、发黑,叶底乌暗花青、夹有紫蓝色或靛青色。

3. 香气与品种

所谓茶香实际是不同芳香物质亦称"挥发性香气组分(VFC)"以不同浓度组合,并对嗅觉神经综合作用所形成的茶叶特有的香型。这些芳香物质,一部分来自鲜叶,一部分来自加工。研究表明,红茶香气与茶树品种有密切的关系,品种不同,红茶的香气特征也明显不同,如中国的祁门红茶、印度的大吉岭红茶以及斯里兰卡的乌沃红茶乃世界著名的三大高香红茶,但祁门红茶和大吉岭红茶为 Sinensis 种所制,而乌沃红茶为 Assamica 种所制,决定茶叶香气的单萜烯醇受茶树品种的影响很大,中国祁门茶树种的香气以香叶醇为主,呈现蜜糖的甜香;乌沃茶树种的香气以芳樟醇及其氧化物为主,呈现清爽的铃兰花香;大吉岭红茶品种原是从中国祁门移植过去的,故印度大吉岭茶树则是香叶醇和芳樟醇并存,呈现出高锐的鲜嫩甜香。

乌龙茶的香气受品种的影响也很明显,如适制青茶的铁观音品种制铁观音茶具有爽快的兰花香;水仙品种制的凤凰单枞具有黄枝花香;梅占品种制的青茶具有玉兰花香;黄棪品种制的青茶具有蜜桃香或桂花香;佛手品种制的青茶具有雪梨香;肉桂种制的青茶具有桂皮香等。

即使同一品种,如鲜叶因颜色等的分化,也将导致香型的变化。据游小清等分析了龙井长叶春季紫、绿色鲜叶及其烘青茶的香气差异,试验发现:绿色鲜叶制的烘青茶中(顺)-3-己烯酸己烯酯、(顺)-3-己烯醇的含量均明显高于紫色鲜叶所制的烘青茶,而这两种物质能在一定程度上反映绿茶的嫩香和清香。

4. 滋味与品种

茶叶滋味的不同主要是茶汤中呈味物质的种类、含量及比例的改变所致。茶叶中主要呈味成分大致可分为如下几类:即刺激性涩味、苦味、鲜爽味、甜味、酸味物质等。其中涩味物质主要是多酚类,鲜叶中的多酚类含量占干物质 30％左右;黄酮类有苦涩味。苦味成分主要有咖啡碱(含量占干物质的 4％左右)、花青素、茶皂素等。鲜爽味物质主要有游离氨基酸类及茶黄素、氨基酸、儿茶素与咖啡碱形成的络合物,其中鲜叶物质的主体是氨基酸类,含量占干物质总量的 3％左右。茶汤中主要甜味成分是可溶性糖类和部分氨基酸,其中糖类中的可溶性果胶有黏稠性,能增进茶汤浓度和"味厚"感,并使汤味甘醇。茶汤中带酸味的物质主要有部分氨基酸、有机酸、抗坏血酸、没食子酸、茶黄素及茶黄酸等。研究表明,茶汤中的生物碱与大量儿茶素容易形成氢键,而氢键络合物的味感既不同于生物碱,也不同于儿茶素,而是相对增强了茶汤的醇度和鲜爽度,减轻了苦味和粗涩味。

鲜叶中各种与滋味有关的化学成分的含量是形成成品茶滋味品质的物质基础,不同的茶树品种其多种内含成分的含量明显不同,因为品种的一些特征、特性往往与物质代谢有着密切的关系,因而也就导致了不同品种在内含成分上的差异。如云南大叶种、海南大叶种、英红 1 号等品种在夏季茶多酚含量高达 40％以上,适宜制红茶,其滋味品质较好。如安吉白茶、福鼎大毫、鸠坑新品种 1-3-11 等品种氨基酸含量高,适宜制作绿茶,滋味得分较高。一般来说:鲜叶中全 N 量、蛋白质、氨基酸等含氮成分高,而多酚类及其组成中的 L-EGC 和

L-EGCG 含量低的制作绿茶滋味好,制成红茶味道淡。而含氮量低、多酚类含量高的制作红茶滋味好,制成绿茶滋味苦涩。

第三节　饮茶传播

一、饮茶起源

世界第一部茶叶著作——唐代陆羽的《茶经》中记载:"茶之为饮,发乎神农氏,闻于鲁周公。"

据古籍记载,茶叶最初只作为药用,到了春秋时代,已经提到用茶叶作羹饮,但没有专门作为饮料的记录。因此,对茶叶何时发展为日常饮料,众说纷纭,没有定论。陆羽在《茶经》中根据《尔雅》和《晏子春秋》两书有关茶事的记载,把传说的两书作者周公和晏婴列为我国最先知道饮茶的人。有许多文献的作者说我国饮茶始于春秋战国。有的人认为"秦人取蜀(四川),而后始有茗饮之事"(见清代顾炎武《日知录》),即产茶和饮茶始于秦汉时期。三国时,东吴末帝孙皓因大臣韦曜酒量太小,曾在宴会上密赐以茗代酒,于是有人认为饮茶始于三国。有人根据西晋张孟阳《登成都楼诗》中有"芳茶冠六清,溢味播九区"之句,便臆断在晋朝时茶叶由药用转为饮用。以上各种说法,对茶叶始饮的时间,前后相距竟达千余年之久。其实,我国饮茶开始的年代,无论说是秦汉或是春秋,都说得太迟,更不消说是晋代了。

据《华阳国志》记载,周武王伐纣后,巴蜀等西南小国曾以所产茶叶作"贡品"。如果在西周初期,我国西南一带部落已将茶叶作为珍贵的贡品,那么可以推想到西周以前,即夏商时代(约公元前 21 世纪至公元前 11 世纪),应已发现和利用茶叶。因此可以说,饮茶的起源距今当有三四千年甚至更长的历史了。

二、饮茶传播

自我国西南地区发现和开始利用茶叶以后,经过一千多年的漫长时间,至西汉时代,饮茶传播地区逐渐广阔。

　　在春秋战国后期及西汉初年,我国曾发生过几次大规模的战争,造成了人口的大迁徙。特别是秦统一中国以后,促进了经济和文化的交流,四川、云南一带的茶树栽培、茶叶加工及饮用方法开始向当时的经济、政治、文化中心陕西、河南等地传播,这也是陕西、河南成为我国北方古老茶区的原因。同时,沿长江逐渐向中、下游推进,传播到东南各省。

　　我国作为茶叶发祥地,饮茶与评茶知识以至茶树种苗和栽制技术向世界传播是源远流长的。远在西汉时期,我国的土特产包括茶叶曾由广东出海与南洋各国通商。南北朝齐武帝永明年间,我国茶叶随着丝织品和瓷器与土耳其交易。尤其该期间佛教盛行,提倡坐禅,饮茶有利于清心修行,茶与佛教结缘,对茶的饮用传播起了积极作用。唐永贞元年(公元805年)日本最澄禅师在我国留学研究佛经,同时学习了饮茶、评茶、栽茶和制茶的方法,回国时带去茶籽试种成功,在佛教界产生了巨大影响。在宋代,日僧荣西禅师先后两次来我国留学佛经,受我"斗茶"之风影响,1191年7月归国后翌年著有《吃茶养生记》一书,称颂茶是"养生的仙药,延龄的妙方",宣传吃茶可祛病保健,饮茶成为日本人的尊荣和社交必需品。1522年出生于大阪的千利休在日本创建了以和、敬、清、寂为主的"茶道",茶道中制备饮茶礼仪,导源于我国宋代寺院的饮茶法。明代我国派郑和七下西洋,饮茶在东南亚、阿拉伯半岛、亚洲东岸等地传播。欧洲的饮茶习俗是曾来我国的葡萄牙传教士1560年传去的。1662年葡萄牙公主凯塞琳嫁给英皇查理二世,她是英国第一个嗜好饮茶的皇后,从此饮茶风靡英国并逐渐风行"午后茶"的习尚。以后饮茶之风又传到美洲等地。从250多年前瑞典"哥德堡"号沉船珍品展里看出,在1737～1813年77年间,我国就有5万吨茶叶输往瑞典。1886年是解放前我国历史上茶叶输出最多的一年,出口量达13.4万吨。

　　我国古代对外贸易史上,有一条举世闻名的"丝绸之路",同样也存在一条"茶叶之路",它既有海路,又有陆路。我国茶叶就是这样海陆并进地传播至世界各地,当今此种嘉木灵叶已是世界第一饮料。

三、饮茶发展

据唐朝陆羽《茶经·六之饮》中所说的饮茶包含有三种涵义:一是吃茶;二是喝茶;三是饮茶。茶叶到了唐朝已为日常生活必需品,所以陆羽从俗,就不分用茶形式的不同而笼统说是饮茶。饮茶又称啜茶,吃茶喝茶都是煎煮,而饮茶则是用开水泡入茶壶,分注杯饮,不加入任何实物。

茶用演变,首先是吃茶,其次是喝茶,最后是饮茶。吃茶是以鲜叶作菜食;喝茶是以鲜叶作菜汤;饮茶是制茶作饮料。三者用法不同,目的不同,作用也不同。

茶之为饮,有喝茶、品茶、评茶之分。喝茶是为了满足人体生理的需要,起解渴、提神、助消化等作用;品茶是人们生活中一种高雅的享受,从字义上讲,就是体验茶叶品质(香味)的风雅和好坏;评茶是鉴定茶产品质量优次的一种方法,也可以说是比茶。

随着饮茶的发展,茶叶作为一种古老的饮料,社会赋予它很多的内涵。茶叶的饮用大致有三层含意:1. 具有良好保健功能的纯天然饮料(它的实用价值);2. 它的审美价值;3. 它在道德实践和宗教体验方面的作用。这里借用古代的一些说法,用"得味"、"得趣"、"得道"来表示茶叶饮用的三个层次。

饮茶"得味"是第一层次,也是最基本的层次,是指茶叶物质方面的作用,是它的实用方面、它的功用。如饮茶能清肝明目、解渴提神、降压降脂、防辐射等,对人体健康有利,具有一定的保健作用。

"得趣",是饮茶的审美层次,也就是所谓的"品茶"。它强调三个方面,即茶叶的色、香、味、形之美,优雅清静的环境及品茶人的知识面和修养。品茶能使人得到一种高清的兴致;能使人达到一种审美的境界。正如苏东坡有"欲把西湖比西子,从来佳茗似佳人"的诗句。

"得道"是饮茶的最高层次。通过备茶品茶,来实践、演练道德,追求与社会的和谐之美(儒);来体悟天人合一之境,追求与自然的和谐之美(道);来感悟宇宙精神,追求与宇宙的和谐之美(佛)。韩国的茶礼、日本的茶道、中国的茶艺,都是通过不同的饮茶形式、器具、规则,以茶为礼,使人超脱茶俗,投入、融入世界,修身养性、陶冶情操,

实现自我完善。我国的茶艺,正如庄晚芳教授提出的"四则",即:
"廉——廉俭育德、美——美真康乐、和——和诚处世、敬——敬爱为
人"的中国茶德,以达人类社会精神文明、和谐之境。

第四节 茶叶产销

一、茶叶生产

我国是茶树原产地,茶叶生产、加工历史悠久。现全国有 20 个
省、市、区,100 多个县(市)生产茶叶。2005 年全国茶园面积 135.21
万公顷,占世界茶园总面积的 34.52%,位居世界第一;茶叶年产量
93.48 万吨,占世界茶叶总产量的 25.53%,位居世界第一;茶叶出口
量 28.6 万吨,占世界茶叶出口总量的 20.38%,位居世界第三。

我国茶叶产区通常划分为西南、华南、江南、江北四大茶区;主要
分布在南方 14 个省(区)。一般概念,浙江、安徽、江西、江苏、河南等
省以产绿茶为主;云南、广东、广西等以产红茶为主;云南、湖北、四川
等省以产边茶(紧压茶)为主;福建产乌龙茶居全国之首。随着市场
的导向,各省均以绿茶生产为主,2005 年各产茶区、茶类、生产量见
表 1.1。中国是绿茶生产和出口大国,绿茶年产量 70 万吨。特种茶
(包括乌龙茶、花茶、普洱茶等)为中国所特有,更为突出的是我国拥
有上千种名茶,如西湖龙井、黄山毛峰、太平猴魁、洞庭碧螺春、君山
银针、祁门红茶、六安瓜片、信阳毛尖、武夷岩茶、安溪铁观音、都匀毛
尖等,这些名茶久负盛名、享誉世界。

表 1.1　2005 年全国茶叶产量和面积分布

序号	省份	总产量(吨)	比上年增减(吨)	红毛茶(吨)	绿毛茶(吨)	乌龙毛茶(吨)	紧压茶原料(吨)	其他茶(吨)	总面积(万公顷)	本年采摘面积(万公顷)
0	全国	934857	99627	47941	691020	10382	27653	64423	135.21	104.15
1	江苏	12068	825	1335	10105			628	2.39	1.95
2	浙江	144370	5670	145	142926	130	307	862	15.47	13.36

序号	省份	总产量（吨）	比上年增减（吨）	红毛茶（吨）	绿毛茶（吨）	乌龙毛茶（吨）	紧压茶原料(吨)	其他茶（吨）	总面积（万公顷）	本年采摘面积（万公顷）
3	安徽	59619	3859	2484	54890			2245	11.75	10.54
4	福建	184826	20430	1652	88923	85921	10	8317	15.52	13.26
5	江西	16691	3240	2587	12503	1501			3.82	3.11
6	山东	6645	1689		6645				1.45	0.97
7	河南	16802	4770		16902				3.32	2.82
8	湖北	84974	8741	6546	47221		9432	1777	13.84	10.16
9	湖南	71978	5346	15399	35912	625	9497	10545	8.01	6.70
10	广东	44465	4065	1562	20586	15493	6	6718	3.60	2.88
11	广西	26181	3830	440	20695			5046	3.69	3.12
12	海南	950	—388	1	894			55	1.50	
13	重庆	16545	481	3211	10215			3119	2.58	1.90
14	四川	97941	11477	996	73817	134	8199	14795	15.20	9.80
15	贵州	22915	3552	61	14123	1	95	8635	5.97	4.01
16	云南	115880	20800	11422	102661	12	107	1478	21.85	16.45
17	西藏	3	3					3	0.02	0.01
18	陕西	11385	1143		11382				5.95	2.95
19	甘肃	520	94		520				0.63	0.19
20	台湾	26000							1.87	

资料来源：上海茶叶，2006(4):16.

全世界有 50 多个国家和地区产茶,亚洲面积最大,占 89%,非洲占 9%,南美洲和其他地区占 2%。根据茶叶生产分布和气候条件,世界茶区可分为东亚(中国、日本、韩国)、东南亚(印度尼西亚、越南、缅甸、马来西亚、泰国、老挝、柬埔寨、菲律宾)、南亚(印度、斯里兰卡、孟加拉)、西亚(土耳其、伊朗、格鲁吉亚、阿塞拜疆)、东非(肯尼亚、马拉维、乌干达、坦桑尼亚、莫桑比克)和南美(阿根廷、巴西、秘鲁、厄瓜多尔、墨西哥、哥伦比亚)六大茶区。

二、茶叶销售

我国的茶叶销售市场有外销、内销、边销和侨销。由于各地的饮茶习俗不同,对茶叶的种类、数量以及茶叶品质规格的要求也不尽相同。因此,茶叶销售要"以销定产",生产适销对路的产品。

茶叶是我国传统出口商品之一,1610 年茶叶就进入了欧洲市场。1886 年全国茶叶产量约 25 万吨,出口 13.41 万吨,当年茶叶出口量占世界贸易量的 82%,出口金额占全国各类出口商品总额的 60%。2005 年我国绿茶出口 20.61 万吨,占世界贸易绿茶总量的 90%。解放后至 2005 年,全国茶叶出口累计达 625.70 万吨,出口金额 103.28 多亿美元。中国茶叶出口 100 多个国家和地区,主要有:摩洛哥、日本、美国、乌兹别克、塞内加尔、法国、中国香港、巴基斯坦、马里、尼日利亚等。世界茶叶消费以红茶为主,现在也在向绿茶和特种茶方向发展。世界年人均消费茶叶量达 450g,并逐年有所提高。

内销茶,产茶省都是自产自销,多余运销外省,保证一些非产茶省对茶叶的需求,并使省与省间种类花色得以调剂,满足消费者对不同花色的需求。

浙江、安徽、湖南、广西、江西、贵州等省区,以绿茶为主,花茶、特种茶等为辅;四川、湖北等省为销售绿茶和花茶并重;福建主销青茶,次为红茶,然后为花茶、绿茶;江苏主销绿茶,如碧螺春、南京雨花茶等,花茶次之,少量红茶;上海主销龙井、旗枪、烘青、大方、毛峰和红茶,其次是花茶、碧螺春、瓜片及少量的青茶如乌龙、铁观音;广东省有几个县普遍饮用红茶,特别是深圳、珠海、中山等城市开放后,销量激增;山东以花茶为主,其次绿茶,少量红茶、紧压茶和黄大茶;陕西是花茶和绿茶并重,少量紧压茶;河南以信阳毛尖茶为主,兼销花茶和其他茶。

不产茶的北方各省、市,以销花茶为主,京津两大城市花茶(茉莉花茶为最多)销售量要占该市年销量的 95%以上,河北等省花茶销量占年销量一半以上;东北三省以销红茶、花茶为主。

边销茶是少数民族不可缺少的生活必需品,必须有稳定的渠道保证边销茶供应,这对加强民族团结,实现边境地区的安定,具有十分重要的意义。西藏、青海主销康砖茶、金尖砖茶和花砖茶;内蒙古主销青砖茶和米砖茶。目前,全国边销茶年销量5万吨左右。各种边销茶都有固定的消费者,藏族、蒙古族年人均2.5kg左右,半农半牧区年人均约1kg。

侨销茶类有绿茶、黑茶、白茶、青茶和红茶,以青茶为主。青茶以福建为最多,其次是广东省和台湾省。在马来西亚、印度尼西亚、越南、缅甸、泰国等地,主要销闽南闽北出产的铁观音和岩茶,还有少量的白茶和普洱茶。

目前,我国茶叶销售方面,外销茶占总产量的三分之一,边销和侨销仅占总产量的十分之一左右,其余都是内销。从国内消费水平来看,我国年人均茶叶消费水平300g,只有全世界年人均消费量500g的一半,而印度人均0.8kg,日本则人均消费1.2kg,英国年人均消费3.9kg。我国是世界茶叶消费国中的最低水平,目前,国内消费水平很不平衡,有些地区饮茶还是空白,而有些边疆的少数民族年人均高达6kg以上。因此,国内茶叶消费市场潜力很大。

第五节 茶叶品性

一、鲜叶的主要化学成分

从茶树上及时采摘下来的芽叶嫩梢,称为鲜叶。鲜叶通过初制加工而成的产品,可供人们饮用的称为"毛茶"。毛茶需要精细再加工成一定规格、标准的产品,称为"精茶"或"成品茶"。毛茶和精茶统称为"茶叶"。

鲜叶中的化学成分是形成茶叶品质的物质基础。茶叶中的成分很多、很复杂,经过分离鉴定的已知化合物约有500多种。主要有水、多酚类化合物、蛋白质、氨基酸、生物碱、糖类、色素、芳香物质、维生素等。其各种成分含量如下:

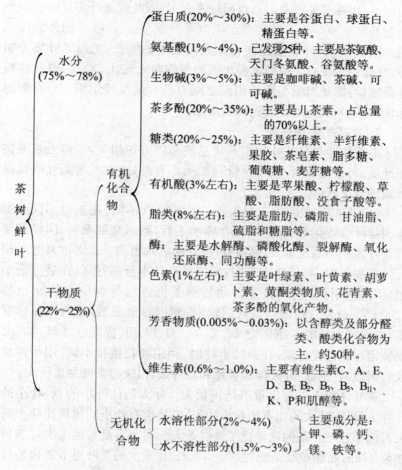

蛋白质(20%～30%)：主要是谷蛋白、球蛋白、精蛋白等。

氨基酸(1%～4%)：已发现25种，主要是茶氨酸、天门冬氨酸、谷氨酸等。

生物碱(3%～5%)：主要是咖啡碱、茶碱、可可碱。

茶多酚(20%～35%)：主要是儿茶素，占总量的70%以上。

糖类(20%～25%)：主要是纤维素、半纤维素、果胶、茶皂素、脂多糖、葡萄糖、麦芽糖等。

有机酸(3%左右)：主要是苹果酸、柠檬酸、草酸、脂肪酸、没食子酸等。

脂类(8%左右)：主要是脂肪、磷脂、甘油脂、硫脂和糖脂等。

酶：主要是水解酶、磷酸化酶、裂解酶、氧化还原酶、同功酶等。

色素(1%左右)：主要是叶绿素、叶黄素、胡萝卜素、黄酮类物质、花青素、茶多酚的氧化产物。

芳香物质(0.005%～0.03%)：以含醇类及部分醛类、酸类化合物为主，约50种。

维生素(0.6%～1.0%)：主要有维生素C、A、E、D、B_1、B_2、B_3、B_5、B_{11}、K、P和肌醇等。

无机化合物

水溶性部分(2%～4%)
水不溶性部分(1.5%～3%)

主要成分是：钾、磷、钙、镁、铁等。

二、茶叶的物理性质

1. 鲜叶的形质与特征

鲜叶的形态包括叶形长短、大小、外缘锯齿等；鲜叶的质量包括叶肉的厚薄、软硬、色泽的深浅等。其形质依品种不同变化很大，同时受自然条件和管理技术的影响也很大，如温度湿度、光线和土壤的理化性质、肥料多少和修剪及采摘的技术，都可以影响其变化。

茶鲜叶具有下面三个重要的特征：① 鲜叶幼嫩时，表里均披洁白绒毛(也称茸毛或毫毛),背面较表面多、嫩叶较老叶多。叶裹面绒毛与基部呈 90°弯曲,叶表面绒毛则平卧延展。② 叶裹的外表皮细胞排列成波状,外表皮之间有无数阔蛋形的气孔,尤以老叶更为明显;叶面的表皮有无数精细多角形的细胞而无气孔。③ 将鲜叶作横断面镜检:栅状组织与海绵组织之间有特异的厚膜组织——石细胞(idioblasts),其他叶则无这种石细胞。

2. 毛茶的物理性质

毛茶的性状与茶叶加工及成品茶品质密切相关,了解毛茶的物理性质,对茶类识别、茶叶保管与贮运都有益处,也可为茶叶机械设计提供理论依据。

(1) 茶叶体积的比重与大小。茶叶性状不同,比重也不同。细嫩的芽叶有效化学成分多,在合理加工后,条索紧结重实,同样重量的茶叶体积小的比重大,品质好,鲜叶的级别也高。粗老的鲜叶则相反。在加工时,利用比重不同,采用风选技术分离好坏;在袋泡茶小包装时,利用比重相同,全自动袋泡茶机进行等容定量快速包装(2000 袋/分钟);在出口茶叶运输时,利用容重关系,采用国际标准箱,如我国出口的末茶固定 11.25 吨/箱、BOPF 固定 9.4 吨/箱,由集装箱运往世界各地;在茶叶审评时,利用颗粒重量不同,用干评盘或竹制篾匾"把盘"分开碎末黄片和轻身茶,以决定茶叶品质优次。

茶叶体积大小与比重不是正相关。叶大的比叶小的重,叶小的比叶大的轻;叶大的比重比叶小的大,但是也有叶小的比重比叶大的大。例如颗粒红茶的比重比工夫红茶大。同一容量木箱工夫红茶只能装 25kg,而颗粒红茶能装 30～35kg。比重大的茶叶可节省包装材料,降低成本。

(2) 茶叶的吸湿性与吸附性。茶叶具有吸收空气中水蒸气的性能,称吸湿性;吸附其他气体在表层,称吸附性。吸湿性对茶叶品质影响很大,尤其是贮藏过程中,如保管不好,吸湿过多,茶叶湿润而给微生物创造良好的繁殖条件,造成霉变劣化,因此要采取再干燥的技术措施来保持优良品质。

茶叶的吸附性有利有弊,利是可吸附花香,窨制各种花茶,提高茶叶品质;弊是可吸附异气,如烟味、焦味、油味及其他怪味等,改变茶叶的香味,破坏或降低茶叶品质。

(3)茶叶的散落性与自动分级。茶叶由于大小、形状、绝对重量等不同,而决定或大或小的流动性,这种特性称为散落性。珠茶圆结,表面光滑,散落过程流动快,散落性大。龙井扁平,叶间接触面积大,散落性比珠茶差。条茶、片茶表面粗糙,形状不一,移动时,叶间阻力大,流动性差,散落性小。毛茶分离使用滚筒圆筛机,就是利用散落性,使茶叶旋转到筒顶而自动散落下来。风选轻重也是利用散落性达到分轻重的目的。

茶叶移动时,由于散落性引起茶堆组成叶层重新分配,也就是按照比重分配到一定部位,这种特性称为自动分级。在筛分或风选过程中,以及审评干看"把盘"过程中都可以看到自动分级或分层的现象,轻的浮在上面,而重的则落在下面。

(4)茶叶的黏稠性。茶叶有果胶物质,压造各种形状不同的块状茶团,就是利用这种物质的黏稠性。半成品经过汽蒸后,吸附湿热,叶质柔软,恢复黏稠性,便于压造块状茶。压造茶类紧结平整,与毛茶黏稠性有很大关系。茶叶原料越嫩,黏稠性越大。

(5)茶叶的光学效应。茶叶本身不具有发光功能,但在外来光的照射下,茶叶中的旋光物质会发生光化学反应,使茶叶褪色变质加快,尤其是绿茶。因此,在茶叶贮藏过程中,应采用避光措施,以降低茶叶的陈化。

(6)茶叶的热学特性。茶叶的热学性质与其含水量密切相关。一般是指鲜叶在高温杀青、低温摊凉、适温发酵和干燥过程中表现出来的性质,如比热、导热系数、热扩散系数和平衡含水率等。同时鲜叶在加工过程中,还有生物化学反应热的产生,通常称为氧化还原热。

第六节　茶叶分类

茶叶分类是研究与比较其异同,进行分门别类、合理排列,使在混杂中建立起有条理的系统,便于区别其品质和制法差异的归类。

一、茶叶命名

茶叶命名是茶叶分类的重要程序之一，一种茶叶必须有一个名称作为标志。命名与分类可以联系在一起，如工夫红茶，前者是命名，后者是分类；又如白毫银针，前者是分类，后者是命名。茶叶命名通常都带有描述性。

茶叶命名的依据，除以茶叶品质和茶树品种命名外，还有以采摘期、加工技术及销路等不同命名的，或与地名相结合而命名的。如：

（1）以形容形状命名的有：瓜片、雀舌、毛尖、珠茶、银针茶、菊花茶等；

（2）以形容色、香、味命名的有：翠毫香茗（四川）、百杯香芽、佛香茶等；

（3）以地名命名的有：普洱茶、平水茶、黄山茶等；

（4）以采摘期命名的有：雨前茶、春尖、白露笋、秋香、冬片等；

（5）以制茶技术命名的有：生茶、熟茶、炒青、烘青、蒸青、紧压茶等；

（6）以茶树品种命名的有：大毫茶、毛蟹茶等。

二、茶叶分类

国内出口部门根据所出口的茶分为：绿茶、红茶、乌龙茶、白茶、花茶、紧压茶和速溶茶。

国外茶叶分类方法研究不多，分类也简单，欧洲仅将茶分为：绿茶、红茶、乌龙茶；日本将茶分为：不发酵茶（绿茶）、半发酵茶（白茶、乌龙茶）、全发酵茶（红茶）、后发酵茶（黑茶）和再加工茶（袋泡茶、速溶茶、茶饮料等）。

西南农大茶学专家提出的"三位一体"分类方法，将茶分为：茶饮料、茶食品、茶保健品、茶日用化工品及添加剂，其中茶饮料又分为：泡饮式、煮饮式、直饮式三类。华中农业大学茶学专家提出"四位一体"法，即以加工深度、用途、制法、品质于一体的分类法。

随着茶叶加工技术的快速发展，按产品加工程度分类，既可反映产品的性质，又可包揽所有的产品。这样可将产品分为三大类，即：

初加工茶（毛茶）、再加工茶（精制茶）和深加工茶（表1.2）。

表 1.2　茶叶分类汇总表

	初 加 工 茶			再 加 工 茶		深 加 工 茶	
鲜 叶	1.绿茶	炒青	长炒青 扁炒青 圆炒青 特炒青	1.精制茶	眉茶 工夫红茶 红碎茶 乌龙茶等	1.速溶茶	速溶红茶 速溶绿茶 速溶柠檬茶 茶精等
		烘青	条形茶 尖形茶 片形茶 特形茶	2.压制茶	茯砖茶 康砖茶 黑砖茶 金尖茶 紧茶 方包茶 七子饼茶 沱茶 米砖茶	2.茶软饮料	纯茶饮料 调配茶饮料
		蒸青	煎茶 玉露茶 其他蒸青茶			3.茶食品	茶味冷冻制品 茶味糖果 茶味糕点 茶膳等 全粉茶
		晒青：陕青、 　　　滇青、 　　　川青		3.名优小 包装茶	名优绿茶 名优红茶 名优青茶等		
	2.黄茶	黄芽茶 黄小茶 黄大茶		4.保健茶	养生茶 降压茶 减肥茶 美容茶等	4.茶酒类	茶发酵酒 茶配制酒
	3.黑茶	黑毛茶 六堡茶 老青茶 南路边茶 西路边茶		5.花茶	茉莉花茶 珠兰花茶 白兰花茶 栀子花茶 玳玳花茶 玫瑰花茶 桂花茶等	5.茶医药	药茶汤剂 药茶粉剂 药茶块剂 药茶冲剂 药茶片剂 茶色素胶囊
	4.青茶	武夷岩茶 闽北青茶 闽南青茶 广东青茶 台湾青茶					
	5.白茶	品种白茶 嫩度白茶		6.袋泡茶	袋泡绿茶 袋泡红茶 袋泡花茶 袋泡特种茶	6.茶化工品	茶添加剂 茶籽油 茶沐浴剂 茶化妆品 防臭剂 抗氧化剂等
	6.红茶	红条毛茶 红碎茶 小种红茶					

　　初加工茶主要是指鲜叶经过初制加工后生产出的产品。这类产品的特征是：以茶鲜叶为原料，经过特定的生产程序加工出某一特定形态的产品，鲜叶内在的化学成分发生质变。根据茶多酚氧化状况，可分为：绿茶、黄茶、黑茶、青茶、白茶、红茶六类基本茶。

再加工茶主要是指初加工茶进一步加工后所产出的产品。这类产品的特征是：以毛茶为主要原料，或配以某些特定的其他可允许的物质。再加工产品主要是物理变化，在外形上较初加工茶规格化、标准化、商品化，在内质上变化不大。再加工茶可分为：精制茶、压制茶、名优小包装茶、保健茶、花茶、袋泡茶等。

深加工茶主要是指原料茶进行深层次的加工后所产出的产品。这类产品的特征是：其原料可以是茶鲜叶、初加工茶，也可以是再加工茶，其产品通过物理化学方法以及高新技术的应用，改变了原料的外形和内质，形成了一类新型的产品。这类产品有：速溶茶、茶软饮料、茶食品与粉茶、茶酒类、茶医药品、茶化工品等。

初（粗）加工茶、再（精）加工茶和深加工茶的分类如下：

（一）初加工茶（绿、黄、黑、青、白、红）

1. 绿茶

（1）炒青

① 特种炒青：洞庭碧螺春、南京雨花茶、高桥银锋、安化松针、信阳毛尖、婺源茗眉等；

② 长炒青：屯、婺、遂、芜、温、舒、杭等炒青；

③ 扁炒青：西湖龙井、浙江龙井、旗枪、大方、昭关翠须、白云春毫等；

④ 圆炒青：平炒青（浙江嵊州、新昌、上虞）、平水珠茶、泉岗辉白、涌溪火青等。

（2）烘青

① 条形茶：黄山毛峰、花茶素坯、东至云尖等；

② 尖形茶：太平猴魁、泾县特尖等；

③ 片形茶：六安瓜片；

④ 特形茶：黄花云尖、江山绿牡丹、岳西翠兰、无锡毫茶、天柱剑毫、九华佛茶等。

（3）蒸青

① 煎茶：日本煎茶、中国煎茶等；

② 玉露茶：恩施玉露、日本玉露、新林玉露茶等；

③ 其他蒸青茶:碾茶(日本,覆盖鲜叶制成)、深蒸茶(日本,老叶、蒸时比煎茶长 2～3 倍)、蒸炒青等。

(4) 晒青

① 滇青;② 川青;③ 黔青;④ 桂青;⑤ 鄂青等。

2. 黄茶

(1) 黄芽茶

① 君山银针;② 蒙顶黄芽;③ 莫干黄芽。

(2) 黄小茶

① 沩山毛尖;② 北港毛尖;③ 远安鹿苑茶;④ 平阳黄汤。

(3) 黄大茶

① 霍山黄大茶;② 广东大叶青。

3. 黑茶

(1) 湖南黑毛茶

(2) 湖北老青茶

(3) 广西六堡茶

(4) 四川边茶

① 南路边茶(原料较老);② 西路边茶(更粗老)。

4. 青茶

(1) 武夷岩茶

"四大名枞"——① 大红袍;② 铁罗汉;③ 白鸡冠;④ 水金龟。

(2) 闽北青茶

① 水仙;② 乌龙。

(3) 闽南青茶

① 安溪铁观音;② 安溪乌龙;③ 安溪色种(水仙、奇兰、梅占、香橼、黄棪)。

(4) 广东青茶

① 凤凰单枞;② 浪菜;③ 凤凰水仙;④ 乌龙;⑤ 色种。

(5) 台湾青茶

① 包种(文山包种、冻顶乌龙);② 乌龙(台湾铁观音、白毫乌龙)。

5. 白茶

(1) 品种

① 大白；② 水仙白；③ 小白。

(2) 嫩度

① 银针白毫(南、北路银针：福鼎、政和)；② 白牡丹(水吉、政和白牡丹)；③ 贡眉。

6. 红茶

(1) 红条茶

① 小种红茶(正山小种、人工小种)；② 工夫红茶(祁、滇、川、宜、宁、闽、湘红等)。

(2) 红碎茶

不同制法红碎茶：① 传统红碎茶；② 转子红碎茶；③ C.T.C 红碎茶；④ L.T.P 红碎茶；⑤ 不萎凋红碎茶。

不同叶型红碎茶：① 叶茶；② 碎茶；③ 片茶；④ 末茶。

不同产地品种红碎茶：① 大叶种红碎茶；② 中小叶种红碎茶。

(二) 再加工茶

1. 精制茶

① 眉茶；② 工夫红茶；③ 红碎茶；④ 乌龙茶等；

2. 花茶

① 茉莉花茶；② 珠兰花茶；③ 白兰花茶；④ 玳玳花茶；⑤ 玫瑰花茶；⑥ 桂花茶等。

3. 压制茶

① 茯砖茶；② 康砖茶；③ 黑砖茶；④ 金尖茶；⑤ 紧茶；⑥ 方包茶；⑦ 沱茶；⑧ 米砖茶等。

4. 袋泡茶

红、绿、花茶等。

5. 保健茶

养生茶、降压茶、减肥茶、美容茶、杜仲茶、甜菊茶等。

6. 名优小包装茶

名优绿茶、红茶、青茶等。

（三）深加工茶

1. 速溶茶

速溶红茶、速溶绿茶、速溶柠檬茶、速溶果味茶。

2. 茶软饮料

纯茶饮料、调配茶（茶可乐、茶汽水、茉莉清茶、绿茶水、乌龙茶水、冰红茶等）、浓缩茶（荔枝红茶、柠檬红茶、狝猴桃茶等）。

3. 茶食品

茶味冷冻制品（冰淇淋、雪糕、冰棍等）、茶味糖果、果冻、茶味糕点（饼干）、茶膳（如糯米糕、面条、面包、馒头、清明团子、茶米饭等）、全粉茶。

4. 茶酒类

茶发酵酒、茶配制酒。

5. 茶医药

药茶汤剂、药茶粉剂、药茶块剂、药茶冲剂、药茶片剂、茶色素胶囊等。

6. 茶化工品

茶添加剂、茶籽油、茶沐浴剂、茶化妆品、防臭剂、抗氧化剂。

第二章 茶叶加工

茶叶制造内容包括鲜叶加工、毛茶加工和茶叶深加工。把鲜叶制成毛茶,叫茶叶初制。成品茶是毛茶加工的产品。深加工的原料可以是鲜叶、毛茶或成品茶。

初制技术不同,茶叶品质也不同。以相同的鲜叶为原料,采用不同的制茶技术,毛茶品质千差万别。本章有选择地介绍六大茶类初制加工、名优绿茶加工和部分再加工茶技术。

第一节 基本茶类加工

六大茶类工艺流程:

(1) 绿茶类:鲜叶→杀青→揉捻(造形)→干燥;

(2) 黄茶类:鲜叶→杀青→揉捻→闷黄→干燥;

(3) 黑茶类:鲜叶→杀青→揉捻→渥堆→干燥;

(4) 白茶类:鲜叶→萎凋→干燥;

(5) 青茶类:鲜叶→萎凋→做青→炒青→揉捻→干燥;

(6) 红茶类:鲜叶→萎凋→揉捻→发酵→干燥。

一、绿茶

绿茶是我国产量最多、消费量最大的茶类。绿茶分大宗绿茶和名优绿茶两部分。大宗绿茶有长炒青、圆炒青、烘青、晒青和蒸青。下面重点介绍普通长炒青绿茶加工技术。

鲜叶加工最后阶段的干燥用炒干方法,毛茶习惯上称为"炒青",也称为"炒青绿茶"或"初制炒青绿茶"。为了与"圆炒青"相区别,亦称"长炒青"。

虽然各产区制造技术不尽相同,但主要工艺过程是一致的,均分为杀青、揉捻和干燥三道工序。

鲜叶采摘：从适制品种茶树上采摘的新梢，一般要求一芽二三叶。

1. 杀青

杀青是形成和提高绿茶品质关键性的措施。

（1）杀青目的：一是彻底破坏鲜叶中酶的活化，制止多酚类化合物的酶促氧化，以便获得绿茶应有的色、香、味；二是散发青气，增进茶香；三是炒热杀青蒸发部分水分，使叶质柔软，增强韧性，为揉捻创造条件。

（2）杀青方法：杀青方法主要有蒸汽杀青和炒热杀青两种。我国绿茶杀青多采用炒热杀青，也有少数地方采用蒸汽杀青。下面介绍炒热杀青方法。

目前各地使用的炒热杀青机器类型较多，型号不一。但基本上可分为锅式杀青机、滚筒杀青机和槽式杀青机三种类型，这里只介绍前两种杀青机的杀青方法。

无论用哪种杀青机，杀青基本经验可归纳为三条：一是"高温杀青，先高后低"，是指锅温而言，即杀青开始时要高，杀青后期要低。所谓"高温杀青"，不是越高越好。否则杀青叶容易焦灼，产生烟焦气和焦末。同时内部化学成分也会受到损失，影响茶叶品质。当然，锅温过低也不好，可能产生红梗红叶。只要在不使叶子产生红梗红叶的前提下，适当低温对绿茶品质有利。二是"透闷结合，多透少闷"。透是敞口透气杀青，闷是加盖闷气杀青。透杀使水蒸气和青草气迅速散发。透杀如果掌握得当，叶色往往较为翠绿。如果透杀时间过长，就容易使芽叶断碎或炒焦，还可能造成杀青不匀不透，产生青张或红梗。闷杀可利用杀青时产生的大量水蒸气热，使叶温迅速上升到80℃以上，而且受热均匀，能杀透、杀匀。如闷杀过度，则芽叶黄熟，香低味淡。所以透闷要适当结合，以多透少闷为好。三是"嫩叶老杀，老叶嫩杀"，是指杀青叶含水率高低而言的。高级叶（嫩叶）的杀青叶含水率低一些，低级叶（老叶）的杀青叶含水率高一些。如表2.1所示。

表 2.1　各级鲜叶杀青叶含水率参考表

项目＼级别	高级叶	中级叶	低级叶
鲜叶含水率	76%～77%	74%～76%	73%～74%
杀青减重率	40%～45%	30%～40%	25%～30%
杀青叶含水率	58%～60%	60%～62%	62%～64%

（3）锅式杀青机和滚筒杀青机杀青方法。

① 锅式杀青机：类型较多，现以 84 型单锅式杀青机为例，杀青方法如下：

锅温：投叶前锅温 260℃～300℃。高档叶宜高，低档叶宜低，投叶量多宜高，投叶量少宜低。露水叶、雨水叶再提高 10℃～20℃。因锅温测定较困难，所以在实际操作中，一般凭经验掌握。锅底约 25cm 直径范围白天呈灰白色，夜晚弱光下呈微红色，即为锅温适度的标志。鲜叶下锅后，可以听到爆声。如爆声很强烈，表示锅温偏高，应适当降低。如爆声很小，或没有爆声，表示锅温偏低，应及时提高。

投叶量与杀青时间：每次投叶量 5～10kg。投叶量应以锅温、鲜叶嫩度、叶表含水率等不同情况而定。锅温高、嫩度低、无表面水，投叶可多些，反之少些。如表 2.2 所示。

表 2.2　84 型锅式杀青机投叶量与杀青时间

投叶量＼时间＼叶别	高档叶	低档叶
5～7kg	6～8 分钟	5～6 分钟

鲜叶下锅后，先透杀 1 分钟左右，见水汽明显上升时，加盖闷杀。闷至水蒸气从盖缝中向外直冲时为适度，时间约 1～2.5 分钟，然后揭盖透杀，杀至适度为止。鲜叶下锅后立即闷杀亦可，闷杀时间约 1.5～3 分钟。闷杀结束时，粘在炒叶腔上的叶片要及时扫清，以免产生青张。

杀青适度后,及时出叶。当杀青叶基本出清,立即关上出叶门,尽快投入下一锅鲜叶,以免残留叶焦灼,产生烟焦气。出锅杀青叶立即摊开散水汽和降低叶温。

② 滚筒式杀青机:机体为圆筒形,筒长一般为 400cm,筒径有 60cm、65cm、75cm 等。该机具有操作方便、连续生产的特点。生产时待炉灶燃着后,将带动筒体电机启动,让筒体转动,均匀加热,以免筒体变形。当前、中部筒体内壁有点发红,有火星在筒内跳动时,开始投叶 10~15kg,然后再连续均匀投叶。杀青过程中,应随时检查出叶情况,掌握杀青程度,调节投叶量。温度较恒定,投叶量均衡,杀青叶质量就有保证。该机台时投叶量 150~300kg,全程杀青时间 2~3分钟。杀青结束前半小时就应降温,以免产生较多焦叶。

③ 杀青程度:掌握杀青程度从两方面衡量,一是以杀青叶含水率来表示。二是以杀青叶外观叶象来表示。杀青叶适度的标志是叶色由鲜绿转为暗绿,没有红梗红叶,手捏叶软,略有黏性,嫩茎弯折不断,紧捏叶子成团,稍有弹性,青草气消失,略带茶香。

2. 揉捻

(1) 揉捻目的:为炒青绿茶的紧结条索打下基础,适度破坏叶组织,揉出茶汁,冲泡时增浓香味。

(2) 揉捻方法:绿茶揉捻采用中小型揉捻机。型号很多,按揉桶直径大小来分,主要有 40 型、45 型、55 型、65 型等几种。工作原理相同,操作方法大同小异。揉捻技术因子是叶量、时间和压力,杀青叶的老嫩和温度也是影响揉捻的因素。

① 热揉与冷揉:所谓热揉,就是杀青叶不经摊凉趁热揉捻。所谓冷揉,就是杀青叶经摊凉,使叶温下降到一定程度时揉捻。长期的生产经验是,"嫩叶冷揉,老叶热揉,中档叶温揉"。这样可以兼顾茶叶的内质和外形,有利于提高茶叶质量。因为嫩叶含有优良的香味物质,冷揉可以发挥这些香味优势,形成优良的嫩香和鲜爽滋味。嫩叶纤维素含量低,蛋白质和水溶性果胶含量较多,容易揉捻成条。老叶纤维素含量多,表皮角质层也较厚,蛋白质和水溶性果胶含量较少,揉捻时不易成条。热揉可以促进淀粉水解糊化,增加叶表面附着物的黏稠度,有利于获得较好的条索。热揉可以促进茶多酚、芳香物

质和叶绿素等成分发生变化,有利于改善老茶香气,减轻苦涩味,提高叶底明亮度。中档叶介于嫩叶与老叶之间,温揉的道理不言而喻。

②投叶量与揉捻时间:投叶量要适当,过多过少都不好。投叶量过多,叶子在揉桶内压得太紧,翻转困难,揉捻不匀,容易产生扁条、碎茶。投叶量过少,揉捻叶受力不协调,上下翻转困难,不易卷紧,也容易产生扁条、碎茶。一般以揉桶自然装满为适度,不要紧压,也不能低于揉桶高度三分之二。

揉捻时间决定于叶子老嫩和投叶量多少。嫩叶揉捻时间短些,老叶要长些。投叶量少,揉捻时间要短些,投叶量多则要长些。不同揉捻机投叶量与揉捻时间见表2.3。

表 2.3　各种揉捻机投叶量与揉捻时间

项目　　　机型	40 型	45 型	55 型	65 型
投叶量(kg)	8±1	15±1.5	35±3.5	55±5
揉捻时间(分钟)	15~30	15~45	20~70	20~70

③加压:揉捻加压要掌握"轻、重、轻"的原则。开始不加压,以后逐步由轻到重,轻重交替,最后不加压或轻压。嫩叶加压宜轻,老叶加压宜重。加压必须适当,加压不足,条索松,加压过重,碎茶率高。加压过早,特别是加重压过早,容易产生扁条,碎茶也较多。

(3)揉捻程度:三级以上的叶子成条率要达到80%以上,三级以下的叶子成条率达60%以上。揉捻叶细胞破坏率一般为45%~55%。

3. 干燥

高、中档叶子经揉捻聚结的团块紧结,干燥前要解块。低档叶子的团块松泡,不需解块。

(1)干燥目的:蒸发水分,适度干燥,便于贮存保质;散发青气,发展香气,增进滋味浓醇;紧结条索。

(2)干燥方法:茶厂规模的大小,机械设备状况,以及销区对茶叶品质的要求不同,各地干燥方法很不一致,但工序一般分为二青、三青和辉干三道。这里介绍中华人民共和国专业标准 ZBB35001—

35002—88 推荐的干燥方法,"烘二青—炒三青—滚辉干"。二青指茶叶干燥的前期工艺过程,以烘干的方式;三青指茶叶干燥的中期工艺过程,以锅炒的方式;辉干指茶叶干燥的后期工艺过程,以滚筒干燥方式,使茶叶达到足干。

①　烘二青:影响二青叶含水率的因素是烘干温度、摊叶厚度、叶质老嫩。温度高,摊叶厚一些,温度低摊叶薄一些。嫩度高的叶子薄摊,嫩度低的叶子厚摊。二青叶含水率 35%～40%,老叶高一些,嫩叶低一些。叶子烘过干,炒时容易断碎,茶条难炒紧。叶子烘过湿,三青叶子在锅里翻炒困难,影响品质和操作。以 16 型自动烘干机为例,台时产量(揉捻叶)150～200kg,进风口温度 120±10℃,摊叶厚度根据烘干程度随时调节,时间 6～8 分钟。

②　炒三青:用 84 型锅式炒干机。投叶前锅温 100℃～120℃,投叶后即降低,锅温掌握先高后低,以叶温 45℃左右为宜。过低,炒时长,香味低闷,色泽枯暗;过高,易起爆点,炒时短,条索炒不紧。单锅投叶量(二青叶)8±1kg,根据二青叶含水量和叶质老嫩灵活掌握。含水量多的少投,含水量少的多投,嫩度高的少投,嫩度低的多投。炒三青时间 50±10 分钟。炒到手捏叶子有部分发硬,但不会断碎,有触手感觉,略有弹散力,含水率 15%～20%。

③　滚辉干:用滚筒式炒干机辉干,干茶芽叶完整,锋苗好,断碎少。但茶条比锅炒的稍弯曲,紧结度稍差。用滚筒式炒干机辉干要掌握三个环节:一是叶量要多,每筒投叶量(三青叶)30±5kg;二是温度不能太高,叶温 60℃～70℃,否则干燥快,时间短,达不到条索紧结的要求;三是保证辉干时间在 60～70 分钟。较低温度,较长时间,对干茶品质有利。

辉干毛茶摊放散热后,及时装袋入库。

二、黄茶

黄茶按鲜叶老嫩分黄芽茶、黄小茶和黄大茶。各地黄茶制造方法和对茶叶品质要求不同,但是有共同之处。"闷黄"是黄茶类制造技术的重要工序,是黄茶黄色、黄汤品质特征形成的关键工序。下面介绍黄大茶制造技术。

鲜叶采摘:采叶标准是一芽四五叶。采摘时间,春茶一般在立夏前后 2～3 天开采,采期一个月左右,采 3～4 批。夏茶一般在芒种后 3～4 天开采,采 1～2 批。采回来的鲜叶要摊放在洁净的地方,防止红变。

1. 炒茶

分生锅、二青锅、熟锅,三锅相连连续操作。生锅主要起杀青作用,锅温 180℃～200℃,投叶量 250～500g。叶量多少,视锅温高低和炒茶技术不同。炒法是:两手持炒茶扫帚与锅壁保持一定角度,在锅中旋转炒拌。竹丝扫帚有弹性,使叶子跟着扫帚在锅中旋转翻动,受热均匀。要转得快,用力匀,不断翻转抖扬,使水汽及时散发。炒 3～5 分钟,叶质柔软,叶色暗绿,可扫入第二锅内。

二青锅主要是起初步揉条和继续杀青的作用。锅温较生锅稍低。用炒茶把将叶子团住在锅中旋转,转圈要大,用力也较炒生锅大。茶叶顺着炒茶把转,不能赶着茶叶转,否则叶片满锅飞,起不到揉捻作用。当叶片皱缩成条,茶汁粘着叶面,有粘手之感,可扫入熟锅。

熟锅是进一步做成细条。锅温 130℃～150℃,方法与二锅基本相同。旋转搓揉,使叶子吞吐在竹丝帚间。待炒至条索紧细,发出茶香,待 3～4 成干,可出锅。

2. 初烘

炒后立即用高温快速烘焙。用小烘篮或烘茶炕炭火烘焙。温度 120℃左右,叶量每烘篮 2～2.5kg,每 2～3 分钟翻烘一次。约 30 分钟达七八成干,有刺手感为适度。下烘后进行堆积。

3. 堆积

堆积是黄变的主要过程。将初烘叶趁热装篓或堆积于圈席内,稍加压紧。高约 1 米,置于干燥的烘房内。时间长短视鲜叶老嫩、茶坯含水量及黄变程度而定,一般是 5～7 天。

4. 烘焙

利用高温进一步促进黄变和内质转化,以形成黄大茶特有的焦香味。采用明炭火高温烘焙。温度 130℃～150℃。每烘篮叶量 12.5kg 左右。两人抬篮,几秒钟翻动一次,翻叶要轻快而匀。火功要高,烘得足。待烘至茶梗折之即断,梗心呈菊花状,口嚼酥脆,焦香味浓,时间 40～60 分钟,下烘后趁热踩篓包装。

三、黑茶

黑茶是"边销茶",是我国边疆兄弟民族日常生活必需品。我国黑茶生产历史悠久,产区广阔,产销量大,品种花色很多。黑茶制造技术的重要工序是"渥堆",渥堆是形成黑茶品质的关键工序。黑毛茶的制造技术,以湖南安化黑毛茶制造具有代表性。下面介绍安化黑毛茶制造技术。

鲜叶采摘:一级以一芽三四叶为主,二级以一芽四五叶为主,三级以一芽五六叶为主。一般一年采摘两次,第一次在 5 月中下旬,第二次在 7 月下旬。

1. 杀青

由于黑茶鲜叶粗老,含水量少,除雨水叶、露水叶和较嫩的一级叶外,都要在杀青前洒水(灌浆)。洒水量大致为鲜叶重量的 10%。

手工杀青用 80～90cm 口径大锅斜装倾角 25°～30°,锅温 240℃～300℃,每锅投叶量 4～5kg,杀青时间 4～7 分钟。鲜叶下锅后,先用双手抖炒,感到烫手改用三丫木杈自前向后贴锅翻滚闷炒,使叶温升高,尽快破坏酶的活性。待叶子爆声稍止,再用木叉抖炒,散发水分,避免产生水闷气。如此交替进行两三次,每次 8～10 杈,杀青适度时,迅速用草把将叶子扫出,趁热揉捻。

2. 初揉

揉捻方法与绿茶同,但加压以松压、轻压为主,重压不宜太重。揉捻时间 55 型揉捻机 15～20 分钟,不要太长,以免增加碎片茶和脱皮梗。揉捻程度,较嫩叶卷成条状,粗老叶大部分折皱,小部分成泥鳅条。茶汁揉出,碎片茶、脱皮梗越少越好,不含扁平叶。

3. 渥堆

渥堆间要求清洁卫生无异味,避免阳光直射,室温保持 25℃以上,相对湿度 85% 左右。一、二级叶揉后解块,均匀地堆在篾簟上,厚15cm 到 25cm 之间,上盖湿布和覆盖物,保温保湿,以促进化学变化的进行。根据堆温变化情况,适时翻堆 1～2 次。三、四级叶初揉后不解块,堆高 65cm 左右。加盖覆盖物。一般不翻动,但堆温如超过45℃,要翻堆一次,以免"烧坯"。如初揉叶含水量低于 60%,可稍喷温水,喷细喷匀,每 50kg 茶坯喷水 3kg 左右。堆叶时,可适当撤压,但不能压得太紧,防止堆内缺氧,影响渥堆质量。在正常情况下,春季渥堆 12~18 小时,夏秋季 8~12 小时。渥堆适度,叶色暗黄或黄褐,青气消除,发出甜酒糟香气,叶表面附着茶汁被叶肉吸收,黏性小,茶团容易解散。渥堆不足有青气,叶色花杂,茶团不易解散。渥堆过度,摸之有泥滑感,有酸馊气味;复揉时,容易形成"丝瓜瓤",毛茶轻飘如虾皮,叶色乌暗,汤色混浊,香气极差。

4. 复揉

进一步破坏叶细胞组织,揉紧茶条。要求一、二级条索紧卷,三级泥鳅条增多,四级茶形成折皱。渥堆茶团需经解块后再复揉。揉法与初揉同,但加压更要轻些,时间短些。揉后解块薄摊,及时干燥。渥堆过度叶不复揉。

5. 干燥

干燥在特砌"七星灶"上进行。用松柴明火一次干燥,因而黑茶具有松烟香。七星灶由灶门、火弄、七星孔、匀温斜坡、焙床五部分组成,焙床上铺焙帘,用以摊茶。火力要匀,明火不透过七星孔。焙帘温度达到 90℃时上茶,要撒匀撒满,厚 3~5cm。经 20~30 分钟,手摸茶条稍感刺手时,上第二层叶。如此连续上五六层,总厚度 20cm 左右。当最后一层焙到七八成干时,将柴火退到灶口,适当降低火温,进行翻焙,上下翻转,使受热均匀,干度一致。当茎梗容易折断,茶叶手捻可成片,含水率约 10%时,下焙摊凉后装袋。

四、白茶

采摘标准不同,白茶分为银针、白牡丹、贡眉和寿眉。采自大白茶或水仙品种嫩梢的肥壮单芽制的成品称"银针"。采自大白或水仙品种嫩梢的一芽一二叶制成的成品称"白牡丹"。采自菜茶群体一芽二三叶制成的成品称"贡眉"。由制"银针"时采下的嫩梢经"抽针"后,剩下的叶片制成的成品称"寿眉"。白茶制法特点是不炒不揉,只经萎凋和干燥两道工序。萎凋是形成白茶特有品质的关键工序。下面以白牡丹制法为例,介绍白茶制造技术。

鲜叶采摘:采自大白茶或水仙品种的一芽二叶初展。鲜叶要"三白",即芽、第一叶、第二叶均密披白色茸毛。

1. 萎凋

萎凋方法有室内自然萎凋、复式萎凋与加温萎凋,这里介绍室内自然萎凋。用水筛,每筛摊叶 300g 左右,要求摊匀,不要重叠,然后放到萎凋架上,让其自然萎凋,不要翻动。经 35~45 小时,萎凋至七八成干,叶片不粘筛,芽尖与嫩梗"翘尾"叶缘略垂卷,叶面有皱纹,嗅之基本无青气,即可并筛(七成干时两筛并一筛,八成干时再两筛并一筛)。达到九五成干时下筛。萎凋历时 52~62 小时,不要超过 72 小时。

2. 干燥

萎凋适度后,立即烘焙,防止变色变质。手工烘笼烘焙,若萎凋叶达九成干,每笼摊叶 1~1.5kg,温度掌握 70℃~80℃,时间 15~20 分钟。若萎凋叶只达六七成干,分两次烘焙。初焙用明火,温度 100℃左右。复焙用暗火,温度 80℃左右。初焙至九成干下焙摊凉后进行复焙。复焙历时 10~15 分钟,中间翻拌 2~3 次。

五、青茶

青茶又称乌龙茶。青茶主产于我国福建、广东和台湾。不同产区的青茶,因为茶树品种、自然环境、鲜叶采摘嫩度和制造方法等不同,青茶品质存在差异。但其制造工序和基本原理相同,所以总的品质特征是相同的。下面仅介绍武夷岩茶手工制造技术。

鲜叶采摘:武夷岩茶以嫩梢叶片全部展开,形成驻芽的时候,采下一芽三四叶。采的鲜叶轻松地分装于挑运用的篮筐中,及时快运,及时付制。

1. 晒青

晒青可蒸发部分水分和散发青草气。一般在上午 10 时之前和下午 4 时之后进行。用水筛,筛径 80~90cm,每筛摊叶 300~400g。以叶片基本不重叠为宜。然后放到晒青架上晒青。隔十多分钟轻翻一次。露水叶和雨水叶要先晾青,晾干附着水后再晒青。

因鲜叶质量、日光强弱、空气湿度和风速等不同,晒青时间不同,短的 10 分钟左右,长的 60 分钟左右。晒至顶部二叶下垂,叶缘稍卷缩,叶色失去光泽,青气减弱,略显清香,减重率 10%～15% 为适度。

2. 晾青

晒青适度后,两筛并一筛,摊匀、抖散,放在室内凉青架上进行晾青。凉到热气散尽、叶片"回阳"为适度,30 分钟左右。然后三筛并为两筛,轻摇十几下,使叶子自然摊开,移入摇青间。

3. 摇青

摇青对青茶品质形成起关键作用。通过摇青,使叶缘细胞组织受到摩擦而被破坏,促进局部酶促氧化,形成"绿叶红边"的品质特征。

摇青在摇青间进行。室温 20℃～50℃,湿度 80%～85%。手工摇青,两手握水筛边缘,有节奏地回旋转动,使叶子在筛中作圆圈旋转和自转滚动,使叶缘细胞受摩擦碰撞而被破坏,茶汁流出,促进茶多酚的酶促氧化。摇青一般 6～8 次,总历时 8～10 小时。为补摇青不足,第二次或第三次摇青起往往辅以"做手"——用双手将叶子挤拢、放松,促使叶缘细胞受挤压而擦破。

摇青适度,叶缘呈朱砂红色,红的面积占全叶面积的 30% 左右。对光透视,叶脉透明,淡黄明亮。青气消失,显露兰花香。叶缘背卷,呈龟背形,叶片柔软光滑,翻动时有沙沙响声。含水率 65%～68%。

4. 炒、揉

手工炒、揉,分炒青、揉捻、复炒、复揉,即两炒两揉。炒青锅温 200℃～240℃,投叶量 750～1000g,时间 2 分钟左右。一般采用"多闷少扬"的滚炒方法,要求叶子受热均匀,不焦边,不产生闷气,酶活性被彻底破坏。出锅趁热揉捻,揉捻 20 多次,解块抖散,再重揉 20 多下,揉至茶汁流出,初步卷成条形即可。复炒锅温 160℃～200℃,投叶后,先闷炒 10～20 秒钟,再抖散复炒数次,使受热均匀。炒到热气上腾,叶子烫手时,出锅。趁热复揉 1 分钟左右,进一步揉紧茶条。

5. 焙、拣

复揉叶经毛火、摊放、簸拣和足火即为干茶。

毛火烘焙采用"薄摊、高温、快速"的方法。焙笼温度用明火

（100℃～140℃），时间 12～15 分钟,每笼摊叶 700g。烘 4～6 分钟后翻拌一下,再移到 95℃左右焙窑上,再烘 6～8 分钟,约七成干下烘。

毛火叶先筛去碎末,簸去黄片和轻飘杂物后,摊在水筛里,置于晾青架上,到第二天早晨拣剔。拣剔主要是去除茶梗、黄片。然后足火。采用低温慢焙。开始温度 80℃～85℃,摊叶 1.5kg。15 分钟左右翻拌一次,火温逐渐下降,焙至足干,进入"燉火"。两笼并一笼,温度 50℃左右。烘笼上加盖,时间 2～4 小时。"燉火"结束,要趁热装箱。

六、红茶

红茶有小种红茶、工夫红茶、红碎茶和紧压红茶。紧压红茶是用红茶的碎茶、片茶和末茶紧压而成的,其他都是用鲜叶加工而成的。其制造工序是鲜叶→萎凋→揉捻(或揉切)→发酵→干燥。条形红茶要揉捻,碎形红茶要切细。虽然制造方法不同,茶叶品质有差异,但制茶原理相同,所以红茶总的品质特征相同。下面介绍工夫红茶制造技术。

鲜叶采摘:采摘标准一芽二三叶。采摘嫩度偏高,茶叶品质较好。

1. 萎凋

（1）萎凋目的:适当蒸发水分,使叶质柔软,增强韧性,便于揉捻成条;浓缩细胞汁,增强酶活性;散发青草气,促进红茶香气形成。

（2）萎凋方法:有室内自然萎凋、日光萎凋、萎凋槽萎凋、萎凋机萎凋等。这里介绍萎凋槽萎凋方法。摊叶厚度 14～20cm,嫩叶、雨(露)水叶、大叶种叶要摊薄些。每槽(10×1.5m)摊叶 200～230kg,最多 250kg。过厚,上下层水分蒸发不匀;过薄,叶层易被吹成空洞,萎凋也不匀,影响萎凋质量。鼓风温度 25℃～30℃,不超过 35℃。气温较高,湿度较低时以不加温为好。风温掌握原则,先高后低,高、低、冷交叉进行。萎凋开始后和结束前 10～30 分钟不加温。高温快萎凋方法不可取,温度高,萎凋快,芽叶各部位失水程度不匀,理化变化不协调。温度低,萎凋慢,有利于提高品质。但温度低于 15℃,酶活性很弱,而且萎凋时间过长,对品质也不利。萎凋时间 6～8 小时。

（3）萎凋程度：嫩叶重萎凋，老叶轻萎凋，"宁轻勿重"。萎凋叶含水率58%～64%。感官判断，萎凋叶适度叶形皱缩，叶质柔软，嫩茎曲折不断，紧握萎凋叶成团，松手可缓慢松散。叶表光泽消失，叶色暗绿，青草气减退。

2. 揉捻

萎凋适度后的叶子要立即进行揉捻。工夫红茶揉捻程度比炒青绿茶重得多。

（1）揉捻目的：工夫红茶充分揉捻可以形成苗秀美观的外形，揉捻后茶汁聚叶表，干燥后色泽乌润有光泽。细胞组织破坏越充分，多酚类化合物的酶促氧化越充分，为形成红茶色香味奠定基础。

（2）揉捻方法：揉捻机型号根据生产规模需要而定，小、中、大型都可。我国红茶揉捻机最大桶径为92cm。各种揉捻机投叶量与揉捻时间如表2.4所示。

表2.4　各种揉捻机投叶量与揉捻时间

项目 \ 机型	45型	55型	65型	92型
投叶量(kg)	12～15	30～35	50～60	130～160
揉时(分钟)	40～60	60～90	60～90	90～120

揉捻一般分2～3次进行，每次揉捻后都要解块筛分，解散团块，散热降温，分别老嫩，使揉捻均匀，发酵易掌握。筛分机筛网配3孔、4孔。

加压原则"轻、重、轻"，加压的压力比炒青绿茶重得多。

揉捻室要求低温高湿。室温控制在20℃～24℃，相对湿度85%～90%。如气温高、湿度低，可在室内洒水或喷雾，增湿降温。

（3）揉捻程度：充分揉捻是发酵的必要条件。若揉捻不足，细胞损伤不充分，将使发酵不良，茶汤滋味淡薄，叶底易花青。检查揉捻程度，如细胞损伤率在80%以上，叶片90%以上成条，条索紧卷，茶汁充分外溢，黏附于茶条表面，用手紧握，茶汁溢而不成滴流为度。

3. 发酵

红茶发酵是茶多酚的酶促氧化过程，由绿叶变红叶。红茶的发酵随着揉捻程度的加重,发酵速度加快。虽然发酵从揉捻开始,但不能用揉捻代替发酵工序,这样对茶叶品质不利。

(1)发酵目的:创造条件,促进以多酚类化合物酶促氧化为核心的化学变化,为形成红茶特有的色、香、味品质准备基质。

(2)发酵技术:温度、湿度、通气(供氧)等是影响发酵质量的重要条件。发酵温度包括气温与发酵叶温。发酵过程中,茶多酚氧化放热,使叶温升高,氧化减弱,叶温下降。叶温在30℃左右最适,室温控制在24℃～25℃为宜。

发酵室的空气相对湿度保持在95%以上为好。相对湿度越低,发酵叶表层水分蒸发越快,正常发酵受阻。发酵室应喷汽洒水,保持高湿。

红茶发酵要消耗大量氧气,释放出二氧化碳气体。发酵室要保持空气流通,有条件的采用通气发酵设备。摊叶厚度影响叶温和通气。用木制发酵盒或竹筐,摊叶厚度8～12cm。嫩叶和叶型小的薄摊,老叶和叶型大的厚摊,气温低厚摊,气温高薄摊。

(3)发酵时间:从揉捻算起,春茶一般3～5小时,夏秋茶2～3小时。

(4)发酵程度:生产中目前仍靠看叶色、嗅香气来判断。叶色一二级叶有80%左右变为红黄色,三级以下叶70%左右达到紫铜色为发酵适度。发酵适度叶青草气消失,有花果香。发酵程度掌握"宁轻勿重"。

4. 干燥

(1)干燥目的:利用高温破坏酶的活化,制止多酚类化合物的酶促氧化。蒸发水分,紧缩茶条,使毛茶充分干燥,便于贮存保质。进一步发展红茶香味。

(2)干燥方法:工夫红茶用烘焙干燥,生产中多用烘干机烘焙。两次烘干,毛火高温薄摊快烘,足火低温厚摊慢烘。毛火进风温度110℃～120℃,足火80℃～100℃。毛火摊叶厚度1～2cm,足火摊叶厚度3～4cm,嫩叶、碎型叶薄摊,老叶、条状叶厚摊。

(3)干燥程度:毛火叶含水率20%～25%,足火叶含水率4%～6%为适度。实践中常以经验掌握,毛火叶基本干硬,嫩茎稍软,有八成干。足火达足干,梗折即断,用手指碾茶条即成粉末。

足干毛茶下烘干机后要摊凉,嫩叶凉透后装袋入库,老叶可以适当热装袋。

第二节　名优茶加工

我国名茶生产历史悠久,制茶经验丰富,花色品种繁多。形成名茶品质的因素很多,主要是:适制的优良茶树品种,得天独厚的生态环境,严格精细的采制技术。

我国的名优茶琳琅满目,千姿百态。经 1959 年全国的名优茶评比,其中西湖龙井、江苏碧螺春、黄山毛峰、君山银针、祁门红茶、六安瓜片、信阳毛尖、太平猴魁、武夷岩茶、安溪铁观音等被列为我国十大名茶;1982 年再次被评为国家、部级优质名茶;1985 年被选送到全国优质农产品展评会展出认定中国十大名茶。

一、十大名茶品质特征

(1) 西湖龙井(彩图 9-5)

"色翠、香郁、味醇、形美"四绝,扁平挺直光滑匀,香鲜嫩郁"橄榄味"(浙江西湖龙井)。

(2) 碧螺春(彩图 14-5)

披毫卷螺汤碧绿,香清雅高味鲜爽(江苏吴县、太湖洞庭山)。

(3) 黄山毛峰(彩图 3-1)

芽壮雀舌黄金片,香清高长味醇甜(安徽黄山市)。

(4) 君山银针(彩图 18-12)

银毫披露形似针,味甘醇和汤黄明(湖南岳阳市洞庭湖中的小岛)。

(5) 祁门红茶(彩图 3-3)

条紧细秀乌润色,味鲜带甜"祁门香"(安徽祁门县)。

(6) 六安瓜片(彩图 1-8)

宝绿色润形瓜片,香高味醇汤绿清(安徽金寨县齐云山)。

(7) 信阳毛尖(彩图 10-11)

条索紧细圆直光,味浓醇厚熟栗香(河南信阳、罗山等地)。

(8)太平猴魁(彩图3-2)

苍绿色润红丝线,鲜醇回甜兰花香(安徽太平县猴坑一带)。

(9)武夷岩茶(彩图6-4)

条壮紧结"蜻蜓头",醇厚甘爽"豆浆韵"(闽北武夷山)。

(10)铁观音(彩图6-7)

圆结螺钉砂绿润,香清高郁味"音韵"(闽南安溪县)。

二、名茶制作

茶叶外形特征是一些代表性名茶的标志,采制技术也有代表性。茶叶制造机械化是历史发展的必然,现在很多名茶都用机械制造代替手工方法。但手工往往更能够了解茶叶制造的技术真谛。下面介绍几种常见特形如扁形茶西湖龙井、条形茶黄山毛峰和尖形茶太平猴魁、针形茶南京雨花茶、圆形茶涌溪火青、卷曲形茶洞庭碧螺春等的采制技术。

(一)西湖龙井

西湖龙井,产于杭州市西湖区,主产区为梅家坞、龙井、翁家山、杨梅岭、九溪、梵村、满觉陇、双峰、茅家埠、灵隐、玉泉、金沙港、南山等13个村。

1. 鲜叶采摘

高级龙井采摘标准为一芽一二叶,顶叶包芽,三叶靠拢。中级采摘标准为一芽二叶。

2. 制造方法

过去高中级龙井用手工炒制,低级龙井杀青、揉捻两个过程采用机械,炒干仍用手工,现在高中低级龙井都可用机械制造。这里只介绍手工制造方法。

(1)青锅:破坏酶活性,制止酶性氧化;散发青草气,增进茶香;蒸发部分水分,促进叶内化学变化;理条做形,初步形成平直的外形。高级龙井锅温80℃~100℃,中级100℃~120℃。高级龙井每锅投叶100~150g,中级龙井200~400g。青锅历时,高级龙井12~15分钟,中级龙井 15～20 分钟。投叶前先擦柏油少许,再用粗草纸将油揩掉,使锅光滑。炒制手法,高级龙井青锅分为三个阶段,第一阶段带和抖结合进行,一带一抖,每分钟 40 多次。炒到叶子开始萎瘪时,将锅温降至 70℃～80℃,历时约 2 分钟。第二阶段搭(揿)、抖、甩相结合,每分钟操作 40 次左右。先是一搭一抖,间以两搭一抖,以后抖渐减少,甩渐增多。要求把叶子理顺、搭扁,起到理条作用,历时约 3 分钟。第三阶段捺、抓、甩三种手法巧妙结合,每分钟操作 30 多次,历时 7～9 分钟。要求炒成扁平直的形状,为龙井造型打好基础。青锅叶含水率约 20%。

中级龙井青锅分为两个阶段:第一阶段带抖 2～3 分钟。第二阶段搭、捺、抓、甩交替使用,有时也间用揿,时间 13～16 分钟,每分钟操作 80 多次。青锅叶含水率约 35%。

(2)辉锅:进一步整形,磨光,干燥,增进香味,达到"形美、色翠、香郁、味甘"的要求。投叶前锅温 60℃～80℃,高级龙井较低,中级龙井较高。整个辉锅过程锅温要求基本稳定。高级龙井每次投叶250～350g,中级龙井 400～500g。高级龙井历时 15～20 分钟,中级龙井 25～30 分钟。辉锅要手不离茶,茶不离锅。手里的茶叶要边进边吐,不能捏死。投叶后先用带、甩手法。待茶叶受热回软后,高级龙井改用捺、甩手法,结合手抓。中级龙井除捺、甩、抓外,并适当采用揿、扣、吐等手法。随着水分的逐渐蒸发,手势也要由重到轻。辉到叶质开始坚硬时,高中级龙井改用荡、磨、钩、吐等手法,等茸毛基本脱落,即可起锅。

为保持外形完整,辉锅不能辉得太干,毛茶含水率 7%～10%,及时"收灰"贮藏,防止变色,做好保质工作。

(二)黄山毛峰

黄山毛峰,主产区位于黄山风景区和黄山区的汤口、冈村、芳村、三岔、谭家桥、焦村;徽州区的充川、富溪、杨村、洽舍;歙县的大谷运、竦坑、许村、黄村、璜蔚、璜田;休宁县的千金台等地域。茶园多分布在高山区。

1. 鲜叶采摘

特级 1 芽 1 叶初展。一级一芽一叶开展至一芽二叶初展。二级一芽二叶开展至一芽三叶初展。三级一芽二三叶开展。

2. 制造方法

(1) 杀青:用平锅(俗称桶锅),锅温 150℃~180℃,高级毛峰低些。投叶量每锅 250~500g。鲜叶下锅后,迅速翻炒,要求捞得净、扬得高,散得开,杀透、杀匀。时间 3~5 分钟。出锅前,高级毛峰要理直条形。

(2) 揉捻:特级、一级毛峰不揉捻。二、三级毛峰用手轻揉 1~2 分钟,抖散。

(3) 烘焙:分毛火(俗称子烘)和足火(俗称老烘)。毛火每口杀青锅配四只烘笼,温度分别为 90℃、80℃、70℃、60℃,依次上烘。每隔 2~3 分钟翻烘一次。当第四笼烘至七八成干下烘摊凉。毛火叶回软后,8~10 笼并为一笼打足火。温度 60℃~50℃,低温长烘,增进香味。约一刻钟翻烘一次。烘至足干,然后拣去老片、茶梗和其他夹杂物,再补火烘软,趁热装入铁桶,密封待运。

(三) 太平猴魁

太平猴魁,主产于黄山市黄山区(原太平县)新明乡猴坑一带。

1. 鲜叶采摘

坚持"一早、四拣、八不要"原则。一早是在晨雾弥漫中采摘,雾消即停,一般采到十点钟左右。四拣是,一拣高山、阴山,二拣长势旺盛的"柿大茶",三拣挺直苗壮的枝条,四拣肥壮匀齐深绿色的芽头。八不要是,无芽不要,过大不要,过小不要,瘦薄不要,弯曲不要,病虫叶不要,紫色叶不要,淡绿叶不要。一般在谷雨、立夏间采摘一芽三四叶。采回后,精选一芽二叶为猴魁原料,第二叶以下及其他不合要求的芽叶降为魁尖原料。

2. 制造方法

(1) 杀青:用平口锅(口径 70cm,深 50cm)。锅温 100℃左右。每锅投叶量 100~150g。用单手勤翻扬炒 2~3 分钟,炒至叶色暗绿,叶张柔软,青草气消失,减重率约 50% 为适度。出锅,倒入茶盘,抖动去水汽,即送上烘。

(2)烘焙:分头烘、二烘、三烘三次烘焙。头烘一锅配烘顶四只,第一只温度 100℃～110℃,以下逐烘降低。杀青叶均匀倒在烘顶上,双手在烘顶边拍几下,使芽叶靠拢。2～3 分钟,倒入第二只烘顶,立即用手摊匀,趁软用两手掌在叶子上轻捺一遍,使其平直,整理条形。二三分钟,倒入第三顶,再轻捺一遍,使其平直。当倒入第四顶时,因叶片已脆,不能再捺了。待烘至叶脉可以折断,即下烘摊放 30～60 分钟。二烘开始温度 80℃左右,以后自然下降。每只烘顶摊头烘叶 250～400g。约 5 分钟,叶质柔软,即用翻倒的办法翻烘。使用棉花做成“枕头形”的软垫压捺,以固定形状。翻烘 5～6 次,25～30 分钟,达九成干起烘摊放到第二天清晨再进行第三次烘焙。三烘温度 40℃～50℃。每顶摊二烘叶 750～1000g。每隔 4～5 分钟翻一次,切忌捺压。历时 30 分钟,待梗能折断,含水率 3％～5％即可。趁热装入铁筒,筒内垫“箬叶”,可以提高猴魁香气,故有“茶是草,箬是宝”之说。待茶冷却后封盖。

(四)南京雨花茶

南京雨花茶,主产区为南京中山陵园、雨花台烈士陵园。南京市郊区、江宁、溧水、高淳、六合、江浦、金坛等产茶县(市)也有生产。

1. 鲜叶采摘

清明前后开始采摘,以 1 芽 1 叶初展为标准,要求大小匀齐,无虫伤、紫色、空心芽叶。

2. 制造方法

(1)杀青:锅温 140℃～160℃。投叶量 400～500g。抖闷结合,以抖杀为主,适当闷杀。杀青时间 5～7 分钟,减重率 25％左右。

(2)揉捻:杀青叶摊凉 2～3 分钟后揉捻。揉时 8～10 分钟,中间解块 3～4 次。幼嫩芽叶可不揉捻。

(3)搓条:是形成雨花茶独特外形的关键。锅温 85℃～90℃。投叶量 350g 左右。投叶后边炒边抖散,边将茶条理顺,置于手中轻轻滚转搓条,并与抖散相结合,防止郁闷。待叶子稍不粘手时,将锅温降至 60℃～65℃。五指伸开,两手合抱叶子,顺着一个方向,用力滚搓,轻重相间,同时进行理条。约 20 分钟,达到六七成干,转入拉条。拉条锅温 75℃~85℃。手抓茶叶沿锅来回拉炒,理顺拉直茶条,促使条索紧、直、圆、光。用力要适当,防止压扁、断碎、脱毫。10~15 分钟,达到九成干,起锅摊凉。

毛茶用圆筛、抖筛分清长短粗细,去片,割末,分级后用文火(50℃左右)烘焙 30 分钟,达到足干。

(五) 涌溪火青

涌溪火青,产区是泾县黄田乡石井坑和涌溪村,以涌溪的弯头山、大小盘坑、枫坑为主产地。

1. 鲜叶采摘

采一芽二叶初展,芽叶肥壮而挺,芽尖与叶要并齐靠拢。

2. 制造方法

(1) 杀青:用四号鼎锅(也叫"罐锅")或六号鼎锅。锅温 180℃左右,投叶量 1.2~1.3kg。鲜叶下锅后即用单手快速抖炒,叶要抛得开,抖得散。3~4 分钟叶质变软时,降低锅温至 120℃,继续翻炒。锅温逐渐下降到 80℃。杀青全程 10 分钟左右。至叶质柔软,紧握成团,松时不散即为适度。

(2) 揉捻:杀青叶出锅一分为二,二人同时趁热轻揉。掌握轻揉、轻抖的原则。经 2~4 分钟,茶叶成条,茶汁揉出,即可摊凉待炒二坯。

(3) 炒二坯:亦称"抖坯",在"鼎锅"内进行。锅温 80℃~90℃,投叶 1.0~1.25kg。炒时手心向上,手掌伸直,四指并拢,由锅心前沿锅壁至锅面翻炒,抖散水分。每分钟 20 次左右。经 3~4 分钟,待茶坯发烫即逐步降低锅温,至 50℃,再炒 15~20 分钟,改用顺锅半圆旋转翻炒。炒二坯全程经 50 分钟,使 70%的茶条初步形成弯曲虾形,起锅摊放。一般摊放 3~4 小时,厚度 3~5cm,然后进行掰老锅。

(4) 掰老锅:是火青定型的关键过程。视锅大小投二坯叶 6~6.5kg。用木炭加温,开始锅温 60℃左右,炒半小时至叶受热回软后加灰压火,锅温降至 50℃左右,而后又降到 40℃。炒法以右手或左手在锅前部手心向下做 180°的旋转翻炒,茶叶带翻带转,以挤压力的作用使茶条裹细卷紧。每分钟 10 次左右。约炒一小时,逐步并锅(三锅并两锅)。再炒两小时,并成一锅进行"掰老锅"。锅温保持40℃左右翻炒动作更慢更轻,不使茸毛脱落,每分钟翻炒 5～6 次。经 12～13 小时,使 80%～90%茶叶做成紧结腰圆形颗粒即为适度。

(六)洞庭碧螺春

洞庭碧螺春,主产区位于太湖之东、西洞庭山和邻近的光福、天平等地。吴县、锡山、宜兴、溧水、高淳、常熟、无锡市郊区等产茶县(市)均有生产。

1. 鲜叶采摘

高级碧螺春采摘标准为幼芽初展,芽大叶小,或稍有一芽一叶。采回鲜叶要严格拣,使大小均匀。

2. 制造技术

(1)杀青:锅温 120℃左右。投叶量 500g 左右。鲜叶下锅后,用手迅速旋转翻抖,动作要轻,翻抖均匀,旋转方向始终一致,为卷曲做形创造条件,时间 3 分钟左右。

(2)揉捻:杀青适度后,将锅温降至 70℃左右,在锅中揉捻。用单手或双手握叶,沿锅壁滚动翻转。方向一致,用力轻、重、轻,防止芽叶断碎,或茶汁揉出过多,粘锅结焦。每揉三四周,解块抖散一次,散发水汽。揉至基本成条卷曲,叶不粘手,容易散开为适度,历时 15～20 分钟。

(3)搓团:锅温 60℃～50℃,先高后低。一锅揉叶分成两团搓揉。将茶团握于两手掌心中,沿同一方向团转搓揉,促使茶条卷曲。每团搓揉四五转,放入锅中定型。两团搓好后,合并解块抖散。然后再反复操作,边搓团,边解块,边干燥。用力要均匀,由轻到重,再由重到轻,既要搓成螺形,又要保持芽叶完整,绒毛显露,历时 10～15 分钟,接近九成干即可。

(4)干燥:锅温 50℃左右。叶子均匀薄摊于锅中,或垫以洁净薄纸,翻动数次,3～5 分钟出锅。毛茶含水量在 8%～10%。为保持品质,以"收灰"保管为好。

第三节 再加工茶加工

所谓再加工茶类,顾名思义,就是指在六大基本茶类的基础上,采用一定的手段进行再次加工而成的茶叶。再加工茶或深加工茶的品种很多,如各类精制茶、花茶、紧压茶、袋泡茶、保健茶、速溶茶、茶软饮料、茶食品、茶酒、茶医药、茶化工品等,现介绍常见的花茶和压制茶的加工技术。

一、花茶

我国的再加工茶以花茶为主,这也是茶叶的主要品种之一,其产量大,销区广,深受人们的喜爱。窨制花茶的毛茶,主要是绿茶,其次是青茶和红茶,且以烘青数量为最多,窨花质量也最好。一级三窨茉莉花茶:茶与花的配比量为100:95,经三次窨花、一次提花,轻花多窨,逐次递减,高档烘青绿茶和优质茉莉鲜花经"六窨一提",还配以适量的白兰鲜花进行谐调,使茶叶与花香融为一体。花茶以香气鲜灵,滋味醇厚鲜爽而深受消费者喜爱。其品质特点是外形条索紧细匀直,色泽绿润显毫,香气鲜灵持久,汤色黄绿明亮,滋味醇厚鲜爽,叶底嫩黄柔软。

花茶往往依所窨制的香花不同而冠以不同的名称。如茉莉花茶、珠兰花茶、白兰花茶、玳玳花茶、玫瑰花茶、桂花花茶,等等。而其中又以茉莉花茶量最大。下面重点介绍茉莉花茶的加工方法。

1. 工艺流程

工艺流程:茶+花→拼和→堆窨→通花→收堆→起花→烘焙→冷却→转窨或提花→匀堆→装箱(图2.1)。

2. 关键技术

(1)茶坯处理

窨制花茶的茶坯一般要经过干燥处理。这是因为高档茶坯在于散发水闷气、陈味;中低档茶坯在于降低粗老味、陈味等,显露出正常绿茶香味,有利于花茶的鲜纯度提高。烘干机温度一般不宜太高,高档茶坯在100℃~110℃,中低档茶坯可在110℃~120℃。茶坯复火后必须通过摊凉、冷却,有利于鲜花吐香和茶坯吸香,提高花茶质量。

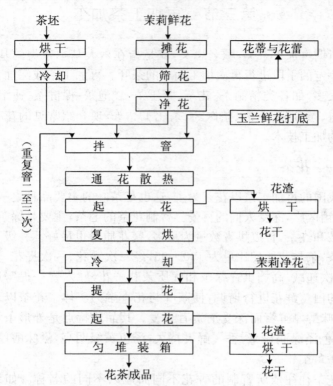

图 2.1　茉莉花茶窨制工艺流程图

(2) 鲜花养护

茉莉花具有晚间开放吐香的习性,鲜花一般在当天下午 2 时以后采摘,花蕾大、产量高、质量好。采收后,装运时不要紧压,用通气的箩筐装花为好;切忌用塑料袋装,容易挤压,不通气,易造成"火烧花"。

① 摊凉:鲜花进厂后及时按级分堆,必须迅速摊凉,使其散热降温,恢复生机,促进开放吐香。摊凉场地必须通风干净,摊凉时花堆要薄,一般不超过 10cm 厚。气温高时,可用轻型风扇吹风;雨水花,更要薄摊,吹风,蒸发花表面水,待表面水干后,才能堆积养护。

② 鲜花养护:目的在于控制花堆中的温度,使鲜花生机旺盛,促进开放猛烈吐香。鲜花开放适宜温度在32℃～37℃,因此,当气温低于30℃,必须把花堆高催温;当堆温达38℃以上,就要把花堆扒开,薄摊降温,增加氧气促进鲜花开放。防止堆温过高鲜花变质,一般堆高15～20cm。春、秋季节,由于气温低,一般堆高30～40cm,有时还用布盖住,保持堆温,促进鲜花开放。

③ 筛花:鲜花开放率在60%左右时,即可筛花,筛花的目的是分花大小,剔除青蕾花蒂;通过机械振动,又能促进鲜花开放正气。一般,优质花用于提花、转窨和高级茶头窨;一般花用于头窨。

④ 玉兰打底:目的在于用鲜玉兰"调香",提高茉莉花茶香味的浓度,"衬托"花香的鲜灵度。打底掌握适度,能提高花茶质量。玉兰花用量为茶叶的0.2%左右,若用多了容易引起"透兰"。

(3) 窨花拼和

窨花拼和是整个茉莉花茶窨制过程的重点工序。目的是利用鲜花和茶拌和在一起,让鲜花吐香直接被茶叶所吸收。窨花拼和要掌握好六个因素:配花量、花开放度、温度、水分、厚度、时间。

(4) 通花散热

通花散热的目的:一是散热降温;二是通气给氧,促进鲜花恢复生机,继续吐香;三是散发堆中的二氧化碳和其他气体。通花是根据在窨品堆温、水分和香花的生机状态来掌握的,从窨花到通花时间头窨5～6小时,逐窨次缩短半小时。通花散热就是把在窨的茶堆扒开摊凉,从堆高30～40cm,扒开薄摊堆高10cm左右,每隔15分钟,再翻拌一次,让茶堆充分散热,约1小时左右堆温达到要求时,就收堆复窨,堆高约30cm,再经5～6小时,茶堆温度又上升到40℃左右,花已成萎凋状,色泽由白转微黄,嗅不到鲜香,即可起花。

(5) 起花

在窨时间达10～12小时,花将失去生机,茶坯吸收水分和香气达到一定状态时,必须立即进行起花,用起花机把茶和花分开,即叫起花。起花顺序是"多窨次先起,低窨次后起,同窨次先高级茶,后低级茶"。如不能及时起花,则会在水热作用下,花渣变黄熟呈现闷黄味、酒精味,影响花茶质量。若当天窨制数量多,在短时间内来不及起花,必须将花堆扒开散热。

根据在窨品水分掌握适时起花:头窨 17%~18%,二窨 13%~14%,三窨 11%~12%,提花 8.5%。起花后做到茶叶中无花蒂、花叶;花渣中无茶叶。要即时烘焙,排除多余水分,保持适当的水分含量,适应下一工序转窨、提花或装箱。再窨品烘焙,要求快速,又要最大限度防止花香散失,解决这个矛盾,主要靠正确掌握烘干热风的温度和烘后茶叶水分含量。

(6)压花

压花是利用起花后的花渣再窨一次低档茶叶,目的在于利用花渣的余香,来压低低档茶的粗老味,增加花香。

要求:花要做到及时迅速,做到边起花边压花;提花的花渣仍洁白、香气纯正、吐香能力尚强,可压中档茶叶,其余正常花渣供低档茶压花,但腐熟变黄、变臭的花渣不能用来压花;花渣用量为 100kg 茶叶用 40~50kg 花渣,压一次可抵 5kg 的鲜花配花量;压花时间掌握在 4~5 小时。

(7)提花

提花目的是提高花茶的鲜灵度,要求朵大洁白香气浓烈的鲜花。

(8)匀堆装箱

匀堆装箱要及时进行,以免香气散失。要求品质一致;花茶含水量<8.5%。

二、紧压茶

紧压茶的原料有红茶、绿茶、黑茶等。其品种有沱茶、普洱方茶、竹筒茶、米砖、黑砖、花砖、茯砖、青砖、康砖、湘尖、金尖茶、方包茶、六堡茶、紧茶、圆茶、饼茶、固形茶等。产地有云南、湖南、湖北、四川、广西等。由于花色品种多、产地广、原料来路不一,其每种产品各有特色,但紧压茶的加工过程大同小异。现以砖茶为例,介绍如下。

1. 毛茶拼配

根据砖茶种类及其品质规格不同,在压制前毛茶必须拼配,方能付制。

2. 毛茶筛分

在筛分前,根据加工标准样,逐批选料试制小样,经品质审评确定毛茶配方,以保持全年各批次砖茶的品质水平基本一致。然后根据配方和付制要求,经过水分测定,符合付料标准 12% 左右的,即可将各种毛茶进行匀堆付制。筛分要求:毛茶筛分、风选、破碎作业,对半成品的粗细和身段比例是否适当,将直接影响到外形松紧厚薄和内质优劣。毛茶筛分规格,实行机口鉴定,根据成品质量要求,严防"半成品"过粗过细;在筛分、风选过程中,要特别注意产品卫生和剔除非茶类夹杂物;注意各种筛号茶的品质规格,并按比例拼堆。无论黑砖或花砖等,要求做到茶片、茶梗、茶末拼堆均匀。

3. 压制技术

分称茶、蒸茶、预压、压制、冷却、退砖、修砖和检砖。

(1) 称茶:要合理使用"半成品",保证产品单位重量符合标准和成批重量相对一致。为了正确计算和校正称量标准,实际称茶重量可用下式求得。

$$称茶重量 = \frac{成品单位标准重量 \times 成品标准干度}{茶坯的干度 \times (1 - 加工损耗率)}$$

例如黑砖单位标准重量为 90%(即标准含水量为 10%),压制前半成品的干度为 84%(即含水量为 16%),压制过程中(自称茶至包装止)加工损耗率为 1%,则

$$称茶重量 = \frac{2 \times 90}{84 \times (1-0.01)} = 180/83.16 = 2.165 \ (kg)$$

(2) 蒸茶:茶叶经过高温蒸汽后,组织柔软,弹性减弱,容易压成各种形体,但要注意茶质老嫩反映在蒸时的长短上。嫩茶粗纤维含量少,果胶含量高,容易黏结,老叶则相反,所以要根据茶质老嫩而决定蒸的时间。蒸茶的水汽应以饱和蒸汽为佳,即温度在 130℃、压力在 3 公斤左右。砖茶要求做到四边四角稍厚,并用手按紧,中心稍薄,促使砖片匀齐,四角分明,茶末更要扒散扒匀,因茶末较难发散水分,如集中一处就会导致砖片含水不一,在干燥过程中容易"烧心"和砖片外形不一。

(3) 预压:装好的茶匣,插入预压机下推压。目的在于缩小体

积,以便同一匣内能压两片砖,提高功效。

(4)压制:压茶目前已实现机械压制,根据茶叶的老嫩,体形大小进行压制。成型茶的几何尺寸,表面视匀整光滑度,圆整度,厚度均匀,松紧程度为质量标准。

(5)冷却:汽蒸施压后的砖茶,在压模内冷却,使其形状紧实固定。为了保证砖片不致松泡和起皮脱层,砖茶冷却时间不得少于 2小时。

(6)退砖:退砖时,按冷却定型先后的顺序,将凉砖车上的冷砖推送到链条输送带上,进入 3.5 吨压力的小摩擦轮退砖机退砖。在砖匣未对正机头以前,机头不得下降,以免压坏砖匣和使输送脱节。

(7)修砖:退出的砖茶,经输送带分为两组,各安装有四个刀片的修砖机进行修砖,将砖的八角边缘外溢的茶削平修齐,促使外形符合产品要求,达到四角分明。

(8)检砖:修砖后,进行茶砖检验。一方面检验砖的外形是否符合规格,砖面的商标是否清晰,厚薄是否均匀一致(正负误差为0.16cm),重量是否合格,如有不符合规格要求者,则应退料重新处理压制。另一方面检验水分含量是否符合要求(压制后砖茶含水量在 17%左右),这时的含水量对进烘后的产品质量影响很大。

4. 烘干

紧压茶在包装出厂前有含水量标准要求,如果进行摊凉使多余的水分自然蒸发,必然会延长周期,增大厂房设备,不符合经济要求,因此采用烘干让生产周期缩短,但紧压茶烘干速度过快容易脱皮、掉面,烘干速度过慢又延长生产周期,增加烘房设备,通过多年实践和实验,烘房温度控制在 40℃~60℃之间,烘时由 10 小时至 24 小时任意调整。根据各茶体形、重量及成型茶的含水量,分别安排时间表与温度和排湿次数。

操作时应注意上烘的顺序,各种茶不宜混装在同一烘房,因各茶的含水量、松紧度及蒸发速度不同,下烘前应抽样检验水分,水分合格后方能下烘。

5. 包装作业

出烘后的砖茶,即进行包装。包装前必须对砖片重量和包装材料严格检查。包装时，做到商标纸必须端正，刷浆匀薄，以能黏紧为度。无论是哪种包装，各茶的内包上都要印产品名称、净含量、标准代号、卫生许可证号、原料配料、保质期、生产日期、地址、条形码等；外包装上要印产品名称、毛重、净重、商标、出厂日期、卫生注册证号、生产厂家等标志。要求字迹清晰、整洁、美观醒目。

第三章 评茶基础

茶叶品质是依靠人的嗅觉、味觉、视觉和触觉等来评定的。而感官评茶是否正确,除评茶人员应具有敏锐的感官审评能力外,也要有良好的环境条件、设备条件及有序的评茶方法,诸如对各种评茶用具、评茶水质、茶水比例、评茶步骤及方法等,都有相应的规定。

第一节 评茶条件

评茶人员和评茶设备是评茶的基本条件。对评茶人员的身体和能力有一定的要求,从事评茶专业技术的人员须获得国家职业技能《评茶员》等级资格认证;设备用具的一致性,才有评茶结果的同一性。评茶设备方面比较简单而特殊,基本是国际化的,对其规格要求较为严密,以免产生人为的误差。可按 GB/T13063－1992 感官分析——建立感官分析实验室的一般导则、实验室一般要求、实验室的布局执行。

一、评茶人员的基本要求

1. 身体条件

(1) 必须身体健康,不得是肝炎、结核病等传染病患者也不得是肺功能衰弱的人和嗅觉较差、心脏功能差、味觉较差的人,无狐臭病症。

(2) 必须具备大多数人以上的视觉、嗅觉、味觉和触觉等感觉器官的灵敏度:

① 视觉——按国际标准视力表,裸眼或矫正后视力不低于 1.0,能辨别不同颜色——无色盲。

② 嗅觉——能识别不同类型香气(如:玫瑰、茉莉、薄荷、柠檬等芳香物),且灵敏度接近多数人平均阈值者。

③ 味觉——能正确识别不同浓度水溶液(如:蔗糖、柠檬酸、氯化钠、奎宁、谷氨酸钠等),且灵敏度接近多数人平均阈值者。

(3) 应无不良嗜好。无嗜酒、吸烟习惯;评茶前不吃油腻及辛辣刺激性食品;不涂擦芳香气味的化妆品。

(4) 在评茶过程中,应经常用清水漱口,以消除口腔杂味及茶味。

(5) 能持续评茶 2 小时以上(稍休,得以恢复感官疲劳)。

2. 能力要求

(1) 有良好的职业道德,能实事求是,秉公办事。

(2) 有一定的学习能力和语言表达能力。

(3) 具有相应的制茶专业基础理论和生产知识,注重制茶和评茶实践经验的积累。

二、评茶的设备与要求

1. 审评室的要求

(1) 位置选择

地处北半球地区的评茶室应背南朝北,窗户宽敞、不装有色玻璃。茶叶生产加工厂(场)的评茶室应离厂部近、离车间远,最好与贮茶室相连,避免与生化分析室、生资仓库、食堂、卫生间等异味场所相距太近,也要远离歌厅、闹市。

(2) 操作环境

① 光线均匀、充足、避免阳光直射。要求:来自北面自然光或标准合成光源,光照度为 1000lx;地板、墙壁不反光、色浅淡;光线明亮柔和,光度一致。

② 室温保持 15℃～27℃,相对湿度 70%。要求:恒温、恒湿。

③ 室内清洁、干燥,空气新鲜流通、无异味干扰。

④ 室内安静,无噪音干扰。

⑤ 干、湿审评台高度适宜,便于清洁。

(3) 室内评茶台的设计

评茶室内靠窗口设置干评台,用以放置样茶罐、样茶盘,用以审评茶叶外形形态与色泽。一般窗对北向透明,最好设置挡光板。室内灯光明亮(不产生雀斑光点)。

① 干评茶台——长 140cm,宽 70cm,高 90～100cm。桌面用无光黑色漆、无气味木板制成,可分为斜度或平面的。

② 湿评茶台——长 140cm,宽 36cm,高 88cm,台面镶边高 5cm。台面一端应留一缺口,以利台面茶水流出和清扫台面,全刷白漆。

③ 茶样柜——长 90cm,宽 42cm,高 150cm。审评室要配置适量的样茶柜或样茶架,用以存放样茶罐,要放在评茶室的两侧,柜架漆成白色。

2. 评茶用具

评茶用具是专用品,数量备足,规格一致,质量上乘,力求完善,尽量减少客观上产生的误差。评茶常用器具,如图 3.1 所示。

图 3.1　评茶用具

(1) 审评盘(白色):亦称样茶盘或样盘,是审评茶叶外形用的,用硬质薄木板制成。正方形:23cm×23cm×3cm,长方形:25cm×16cm×3cm,盘的高围角留一缺口,便于倾倒茶叶。审评毛茶一般采用篾制圆形样匾,直径为 50cm,边高 4cm。

(2) 审评杯:用来泡茶和审评茶叶香气。瓷质纯白,杯盖有一小孔,在杯柄对面的杯口,有一排锯形缺口,使杯盖盖着横搁在审评碗上,从锯齿间滤出茶汁,审评杯的容量一般为 150mL,国际标准审评杯规格是:高 65cm、内径 62cm、外径 66cm,杯柄相对杯缘的小缺口为锯齿形。青茶审评杯:钟形 110mL;压制茶:250mL。

(3)审评碗:为特制的广口白色瓷碗,用来审评汤色和滋味,毛茶用的审评碗容量为 250mL、精茶为 150mL,瓷色纯白一致。国际标准的审评碗规格为外径 95mm、内径 86mm、高 52mm。

(4)叶底盘(黑色):正方形长、宽、高为 10cm×10cm×2cm,长方形为 12cm×8.5cm×2cm,用无气味硬质、薄木板制成,留缺口。此外配置适量长方形白色搪瓷盘,盛清水漂看叶底。

(5)样茶秤:为特制的铜质称茶的衡器,称秤的杠杆一端有碗形铜质圆盘,置有 3g 或 5g 重的扁圆铜片一块,另一端带有尖嘴的椭圆形铜盘,用以装盛样茶。无称秤者,采用小型粗天平(1/10g 灵敏度)亦可。

(6)砂时计或定时钟:砂时计为特制品,用以计时,一般采用定时钟,5 分钟响铃报时。

(7)网匙:用细密铜丝网制成,用以捞取审茶碗中的茶渣碎片。

(8)茶匙:瓷质纯白,5mL 容量,用以取汤评审滋味用。

(9)汤杯:放茶匙、网匙用,用时盛开水。

(10)吐茶筒:审评时用以吐茶及装盛清扫的茶汤叶底。有圆筒形和半圆形两种,圆形高 80cm、直径 35cm、蜂腰直径 20cm,两节,上节底设筛孔,以滤茶渣,下节盛茶汤水用。

(11)烧水壶:电热壶(铝质、铜质或不锈钢质均可),或用一般烧水壶配置电炉或液化气燃具。

第二节 茶 样 摄 取

茶样摄取又称扦样、取样、抽样或采样,是从一批茶叶中摄取能代表本批茶叶品质总体水平的样茶的全过程。作为鉴别品质优劣和理化指标的依据,扦样是否正确,能否具代表性,是保证审评检验结果准确与否的关键。

一、采样的意义

茶叶审评的对象,一般是毛茶、精茶、再加工茶和深加工茶叶样品。每种样茶,都是由许多形态各异的个体组成,品质则是由构成品质的诸多因子组成,关系十分复杂。即使是同批茶叶,形状上也有大小、长短、粗细、松紧、圆扁、整碎的差异;有老嫩、芽叶、毫梗质地的差异;内含成分有组分的多少、比例及质与量的差异;且有地域、品种、加工条件和工艺技术的差异,从而造成外形和内质上的许多差别。即使经拼配的精茶,也有上、中、下三段品质截然不同的现象:上段茶条索较长略松泡,中段茶细紧重实,下段茶短碎;内质汤味有淡、醇、浓,香气有稍低、较高、平和;叶底上段茶完整,下段茶短碎带暗,中段茶较为嫩软。正是由于茶叶具有不均匀性,要扦取具有代表性的样品,更需认真细致。从大批茶取样要准确,鉴别时的取样同样要准确。尤其是湿评开汤用的 3~5g 茶,更需慎重,这 3g 茶的审评结果,是对一个地区、一个茶类或整批产品给予客观正确的鉴定,关系着全局。因此说,没有取样的代表性,就没有鉴定结果的正确性。

从收购、验收角度来看,样茶是决定一批茶的品质等级、经济价值和体现按质论价的实物依据。从生产、科学研究角度来说,样茶是反映茶叶生产水平、指导生产技术改进和正确反映科研成果的依据。

二、采样的办法

样品的种类可分为:原始样(基本样)、平均样、检验样和备查样四种。

1. 原始样

又称基本样,是在最初原袋或原箱中摄取的茶样。采样的数量和方法根据经营环节鉴别的要求不同而有所区别,可按国家标准《茶取样》GB8302-1987 规定执行。如:

(1)收购毛茶采样:一般以扦取有代表性茶样,提供评茶计价够用为准。在扦样前,应先检查每票毛茶的件数,分清票别,做好记号,再从每件茶叶的上、中、下及四周各扦取一定量,袋袋扦。

(2)毛茶调拨验收采样:每 10 袋扦 1 件,每件分别从上、中、下、四周扦取。

（3）茶厂加工的精茶采样：从打堆中扦取或从匀堆机在包装前流水线中扦取。

（4）出口茶采样：小于 5 件的摄取一件；6～50 件的摄取两件；50 件以上，每增加 50 件增取一件；500 件以上，每增加 100 件增取一件；1000 件以上，每增加 500 件增取一件。例如：出口茶叶 175 箱，应抽取其中 5 件，再在每箱中按要求摄取定量茶样。

（5）湿评茶取样：用食指、拇指和中指抓取大于 3g 的茶样，应一次抓够，宁可手中有余茶，不宜多次抓茶添增。采样前应将茶样和匀，一定要保持样品的三性，即：均匀性、代表性和完整性。

2. 平均样

是将同一批产品、不同点摄取的茶叶集中匀堆后平均分得的样品。平均样品，可以用分样器，也可以用手工分，手工多采用匀堆四分法、对角线法或直线复堆法三种方法摄取。

3. 检验样

又称为鉴评样，由平均样经均匀缩分后，达到感官鉴评所需的数量，且能代表该批茶样实际质量水平的样品。一般毛茶 180～250g，精制茶 200～300g。

4. 备查样

又称为档案样，是与检验样质量相同的茶样，以作备查的样品。

注意事项：采样工具要清洁、干燥、无异味，装样罐应能密封，装满为度。采样工作应在室内进行，避免日光直接照射、杂质污染与干扰。因茶叶吸湿性强，要快速装入密闭容器内，但取样动作要轻，防断碎，保持原形。茶样罐上应贴上标签，注明茶名、唛号、数量、日期、采样人姓名等。采得的样品应立即送发鉴评单位，以免延误工作。

第三节 鉴茶择水

鉴评茶叶是通过沸水冲泡或煮渍后来鉴定的，而鉴茶用水的软硬、清浊，对茶品质影响极大，尤其是对色泽、香味的影响更甚。一杯好的红茶，用好的水质冲泡，汤色红艳，香味浓强鲜爽。而用含铁量较高的水冲泡,则汤色乌暗,铁腥气味淡而苦,使人生恶,可见鉴茶用水的重要。俗话说:"茶是水之神,如无真水,其神不现;水是茶之体,如无茶精,其体不显。"

一、史话用水

据唐代张又新记述关于陆羽精于茶事的故事说:唐代宗年间,湖州刺史李季卿在去扬州时,路遇陆羽,李素知陆羽能茶辨水,便邀他到扬子驿站住下。李曰:"陆君善于茶,盖天下闻名矣,况扬子南零水又殊绝,今者二妙千载一遇。何旷之乎。"于是命军士执瓯操舟去南零取水。不多一会儿水取回,陆羽用勺盛起再倒回去曰:"江则江矣,非南零者。似临岸之水。"军士说:我亲自驾舟到深处取水,很多人看见,还有假吗?陆羽不言,将瓯之水倒之一半,陆羽突然停住,又用勺将水扬之,曰:"自此南零者矣。"军士突然大骇,服罪曰:"我取水回岸边时,因船摇晃、颠簸,使瓯中水洒掉一半,怕受罚,就在岸边把水加满。处士(指陆羽)都看出来了,真是神也!"李等十几个在场的人都非常惊讶,说陆羽辨水真是神鉴。

陆羽《茶经》记有:"其水用山水上,江水中,井水下。其山水,拣乳泉,石池漫流者上,其瀑涌湍激勿食之。"又说:"其江水取去人远者,井水取汲多者。"陆羽把山水,乳泉石池漫流的水看成是最好的泡茶用水是有科学道理的。宋徽宗赵佶的《大观茶论》记有:"水以清轻甘洁为美,轻甘乃水之自然,独为难得,古人品水,虽曰中零、惠山为上,然人相之远近,似不易得,但当取山泉之清洁者,其次则井水之常汲者可用。"他不喜欢江河水有"鱼鳖之腥,泥泞之污,虽轻甘无取"。明朝张又复在《梅花草堂笔谈》中记有:"茶性必发于水,八分之茶,遇十分之水,茶亦十分矣。八分之水,试十分之茶,茶只八分耳。"许次纾《茶疏》中曰:"精茗蕴香,借水而发,无水不可与论茶也。"可见水之重要。

古人称颂山泉,山泉之水,长流不息,经自然过滤后,形成泾洗,少夹有机物及过多的矿物质,水中有较充足的空气,保持水质的凛冽与鲜活。又如明朝张源在《茶录》中所载:"山顶泉清而轻,山下泉清而重,石中泉清而甘,砂中泉清而冽,土中清泉淡而白,流于黄石者为佳,泻于青石无用,流动者愈于安静,负阴者胜于向朝,真源无味,真水如香。"上面所说的水的轻重,即有当今的软水与硬水之意。

唐代开始,随着品茶人的增多,人们对茶的色、香、味等品质要求不断提高,对水的质量有了更高的要求。据唐代张又新《煎茶水记》记载,唐代刘伯刍,宋代陆游、文天祥、曾巩,元代赵子昂等,提出煮茶用水五泉如下:扬子江南零水,天下第一;无锡惠山泉,天下第二;苏州虎丘观音泉,天下第三;杭州西湖虎跑泉,天下第四;山东济南趵突泉,天下第五。清代,据陆以湉《冷庐杂识》记载,乾隆皇帝每次出行,都带一个特制银斗,精量各地泉水,以水轻重评泉水优劣,结果认为北京颐和园西山玉泉山水最轻,定为"天下第一泉"。实际上许多名泉都是以宜于煮茶而著称的。

二、水源与水质

1. 水源

自然界中的水源有雨水、雪水、泉水、溪水、河水、江水、湖水、水库水、井水、盐碱地区地下水、平原池塘水,自来水、蒸馏水、纯净水等。一般井水偏碱性的多;江湖水有时混浊带异味;自来水常有漂白粉的气味。多数人认为:泉水甜、河水浊、溪水浓、天水淡、井水涩。

水可分天然水和人工处理水两大类,天然水又分地表水和地下水两种。地表水与地下水质量不同,同一类型的水质亦有差异。同是江水,江中心的水与江岸边的水质量不同;同是井水,深井水与浅井水泡出的茶是两种不同的色香味。

水的处理分净化与软化两种方法,净化主要是除去水中的悬浮性杂质,使水清亮透明。软化则是除去水中溶解性的杂质,达到饮用水质的标准。

净化处理主要是依靠沉降(静置)、混凝(明矾)和过滤(砂滤棒)的办法使水澄清。水的软化方法很多,有石灰软化法、电渗析法、反渗透法及离子交换软化法等。经净化和软化处理的水,是很好的评茶用水。而净化和软化装置,要注意在一定时候进行反洗或再生,可重复使用。

2. 水中矿物质对茶叶品质的影响

根据彭乃特（Punnett，P. W.）和费莱特门（Fridman，C. B.）试验,证明水中矿物质对茶叶品质有较大的影响。

氧化铁:当新鲜水中含有低价铁 0.1mg/L 时,能使茶汤发暗,滋味变淡,愈多影响愈大。如水中含有高价氧化铁,其影响比低价铁更大。

铝:茶汤中含有 0.1mg/L 时,似无察觉,含 0.2mg/L 时,茶汤产生苦味。

钙:茶汤中含有 2mg/L 时,茶汤变坏带涩,含有 4mg/L 时,滋味发苦。

镁:茶汤中含有 2mg/L 时,茶味变淡。

铅:茶汤中少于 0.4mg/L 时,茶味淡薄而有酸味,超过时产生涩味,如在 1mg/L 以上时,味涩且有毒。

锰:茶汤中加入（0.1～0.2）mg/L 时,产生轻微的苦味,加到（0.3～0.4）mg/L 时,茶味更苦。

铬:茶汤中加入（0.1～0.2）mg/L 时,即产生涩味,超过0.3mg/L 时,对品质影响很大,但该元素在天然水中很少发现。

镍:茶汤中加入 0.1mg/L 时就有金属味,水中一般无镍。

银:茶汤中加入 0.3mg/L,即产生金属味,水中一般无银。

锌:茶汤中加入 0.2mg/L 时,会产生难受的苦味,但水中一般无锌,可能由于和锌质自来水管接触而来。

盐类化合物:茶汤中加入（1～4）mg/L 的硫酸盐时,茶味有些淡薄,但影响不大,加到 6mg/L 时,有点涩味。在自然水源中,硫酸盐是普遍存在的,有时多达 100mg/L,如茶汤中加入氯化钠 16mg/L,只使茶味略显淡薄,而茶汤中加入亚碳酸盐 16mg/L 时,似有提高茶味的效果,会使滋味醇厚。

3. 水的硬度对茶叶品质的影响

按所含的矿物质成分不同分为软水和硬水。水中 Ca^{2+}、Mg^{2+} 浓度小于8mg/L 的称为软水;Ca^{2+}、Mg^{2+} 大于8mg/L 的称为硬水。硬水又分为暂时性硬水和永久性硬水,若经煮沸会产生$Ca(HCO_3)_2$和 $Mg(HCO_3)_2$沉淀物(水垢)的水,称为暂时性硬水;否则为永久性硬水。

水的硬度影响水的 pH 值,pH 值对茶汤色很敏感,当 pH＝7 时,TF 自动氧化而损失,TR 氧化,汤色发暗,滋味失鲜爽度。因为 Ca,Mg 等酸式碳酸盐与酸性 TR 作用形成中性盐。

另据日本西条了康对水质与煎茶品质关系的研究,水的硬度对煎茶的浸出率有显著影响。因为硬水中的 Ca 与多酚类结合起着抑制溶解作用。与茶味有关的氨基酸及咖啡碱也随水的硬度增高而浸出率降低。

三、水的品质要求

自古以来,人们对喝茶用水都十分讲究,并总结出两个标准:水质和水味。水质要求"清、活、轻";水味要求"甘、冽(冷)"。清——对浊而言,要求水清洁"澄之无垢、挠之不浑";活——对死而言,要求水"有源有流",不是静止水;轻——对重而言,好水"质地轻、浮于上",劣水"质地重、沉于下";甘——指水含口中有甜美味,无咸、苦、涩感;冽——指水含口中有清凉感。

泡茶用水,古今中外都有一定的选择。但在水源困难的地方,不可能随心所欲地取得理想的泡茶用水,只要不含有肉眼所能见到的悬浮微粒,为无色、无臭、无味的液体,不含有腐败的有机物和有害的微生物,就可以认为是良好的饮水。在农村,一般饮用的河水、溪水,只要清晨挑用就比较清洁,在城市中用的自来水,如再用过滤器过滤一下就更好了。

总之,以下水不可取:

(1) 含矿物质多的"硬水"不能用,标准＞25 度;

(2) 带有泥土,混浊(浑浊度＞5mg/L,色度＞20 度,可见水生物及令人厌恶物)的水不能用。

(3) 放置过久的"死水"不能用。

(4) 含某种特质的水不用(如上述水中矿物质)。

(5) 烧水要避免用油质器具或烟重味。

在有自来水的地区,可以用符合生活用水水质标准(表3.1)的自来水评茶,如系本单位自装的自来水,水中矿物质较多者,需装一套离子交换树脂进行软化处理。

若用自来水泡茶时,先打开水龙头,除去含有铁锈的水;煮沸时,稍开盖(15 秒)挥发氯气或将自来水用澄清法过滤至无异臭、无异味。

表 3.1　生活饮用水水质标准(GB5747－2006)

类　别	项　目	标　准
1. 感官性状和一般化学指标	色	色度不超过 15 度,并不得呈现其他异色
	浑浊度	不超过 3 度,特殊情况不超过 5 度
	嗅和味	不得有异臭、异味肉眼可见物不得含有
	pH 值	6.5～8.5
	总硬度(以 $CaCO_3$ 计)	450mg/L
	铁(Fe)	0.3mg/L
	锰(Mn)	0.1mg/L
	铜(Cu)	1.0mg/L
	锌(Zn)	1.0mg/L
	挥发性酚类(以苯酚计)	0.002mg/L
	硫酸盐	250mg/L
	氯化物	250mg/L
	溶解性总固体	1000mg/L
2. 放射性指标	总 α 放射性	0.1Bq/L
	总 β 放射性	1.0Bq/L

续表

类　别	项　目	标　准
3. 毒理学指标	氟化物	1.0mg/L
	氰化物	0.05mg/L
	砷(As)	0.05mg/L
	硒(Se)	0.01mg/L
	汞(Hg)	0.001mg/L
	镉(Cd)	0.01mg/L
	铬(Cr^{6+})	0.05mg/L
	铅(Pb)	0.05mg/L
	银(Ag)	0.05mg/L
	硝酸盐(以 N 计)	20mg/L
	氯仿	60 $\mu g/L$
	四氯化碳	3 $\mu g/L$
	苯并芘	0.01 $\mu g/L$
	DDT	>1.0 $\mu g/L$
	六六六	>5.0 $\mu g/L$
4. 细菌学指标	细菌总数	100 个/mL
	总大肠菌群	3 个/L
	游离余氯	在与水接触 30 分钟后应不低于 0.3mg/L。集中式给水除出厂水应符合上述要求外，管网末梢水不应低于 0.05mg/L

第四节　鉴茶程序

茶叶品质的好坏，等级的划分，价值的高低，主要根据茶叶外形、香气、滋味、汤色、叶底等项目，通过感官审评来决定。

67

感官审评分为干茶鉴别和开汤鉴别,俗称干看和湿看。一般地,感官审评品质的结果应以湿评内质为主要根据,但因产销要求不同,也有以干评外形为主作为审评结果的。而且同类茶的外形内质不平衡不一致是常有的现象,如有的内质好、外形不好,或者外形好,色香味未必全好,所以,审评茶叶品质应外形内质兼评。

一、把盘

三层:面张、中段、下脚。

上(上段茶、面装茶)——粗长轻飘,身骨差;

中(中段茶、腰档,肚货)——细紧、重实,比例大好;

下(下段茶、下身茶)——碎、片、末多,则做工品质差。

把盘,俗称摇样匾或摇样盘,是审评干茶外形的首要操作步骤。

审评干茶外形,依靠视觉、触觉而鉴定。因茶类、花色不同,外在的形状、色泽是不一样的。因此,审评时首先应查对样茶、判别茶类、花色、名称、产地等,然后扦取有代表性的样茶,审评毛茶需 250～500g,精茶需 200～250g。

审评毛茶外形一般是将样茶放入木制样盘或篾制的样匾里,左手堵住样盘的缺口,右手托住其对角,利用手腕和肘作顺时针或逆时针的圆周回旋转动,使样盘里的茶叶均匀地按轻重、大小、长短、粗细等有次序地分布,然后把按层次分布在样匾里的毛茶通过上下颠簸收拢集中成为馒头形。这样,运用摇样盘"筛"与"收"的动作,使毛茶分出上中下三个层次。一般来说,比较粗长轻飘的茶叶浮在表面,叫面装茶,或称上段茶;细紧重实的集中于中心,叫中段茶,俗称腰档或肚货;体小的碎茶和片、末分离在茶堆四周,叫下脚茶,或称下段茶。审评毛茶外形时,对照标准样,先看面装,后看中段,再看下段。看完面装茶后,拨开面装茶后看中段茶,再看下段茶。看三段茶,根据外形审评各项因子对样茶评比分析确定等级时,要注意各段茶的比重,分析三层茶的品质情况。如面装茶过多,表示粗老茶叶多,身骨差,一般以中段茶多为好,如果下段茶过多,要注意是否属于本茶本末。如,条形茶或圆炒青若下段茶断碎片末含量多,表明做工、品质有问题。

审评圆炒青外形时,除同样先有"筛"与"收"动作外,再有"削"(切)或"抓"的操作。即用手掌沿馒头形茶堆面轻轻地像剥皮一样,一层一层地剥开,剥开一层,评比一层,一般削三四次直到底层为止。操作时,手指要伸直,手势要轻巧,防止层次弄乱。最后还有一个"簸"的动作,在簸以前先把削好的各层毛茶向左右拉平,小心不能乱拉,然后将样匾轻轻地上下簸动 3 次,使样茶按颗粒大小从前到后依次均匀地铺满在样匾里。综合外形各项因子,对样评定干茶的品质优次。此外,审评各类毛茶外形时,还应手抓一把干茶嗅干香及手测水分含量。

审评精茶外形,同样用回旋筛转的方法使盘中茶叶分出上中下三层。一般先看面装和下身,然后看中段茶。看中段茶时将筛转好的精茶轻轻地抓一把到手里,再翻转手掌看中段茶的品质情况,并权衡身骨轻重。看精茶外形的一般要求,对样评比上中下三档茶叶的拼配比例是否恰当和相符,是否平伏匀齐不脱档。看红碎茶可采用上下颠簸法,利用"风"促使颗粒按轻重和大小排队,对样评比粗细度、匀齐度和净度。同时抓一撮茶在盘中散开,使颗粒型碎茶的重实度和匀净度更容易区别。审评精茶外形时,各盘样茶容量应大体一致,便于评比。

二、开汤

三要素:茶量、水温、时间。

开汤,俗称泡茶或沏茶,为湿评内质重要步骤。开汤前应先将审评杯碗洗净,按号码大小次序排列在湿评台上。一般对于红、绿、黄、白散茶,准确称取样茶 3g 投入审评杯内(毛茶如用 200mL 容量的审评杯则称取样茶 4g),杯盖应放入审评碗内,然后以沸滚适度的开水从左到右以"慢—快—慢"的速度冲泡满杯,泡水量应至锯齿口。从第一杯倒水时起即应计时,随泡随加杯盖,盖孔朝向杯柄,5 分钟后按冲泡次序将杯内茶汤滤入审评碗内,倒茶汤时,杯应卧搁在碗口上,杯底提高且与碗口呈 15°倾角,最后沥尽茶汤将杯子放回原位。

日本分两次冲泡(第一次倒水七成,第二次加满),以保持浸入时间和浸出浓度一致。

开汤后应先嗅香气,快看汤色,再尝滋味,后评叶底,审评绿茶有时先看汤色。

三、嗅香气

三嗅:热嗅、温嗅、冷嗅。

鉴评茶叶香气是通过泡茶使其内含芳香物质得到挥发,挥发性物质的气流刺激鼻腔内嗅觉神经,出现不同类型不同程度的茶香。嗅觉感受器是很敏感的,直接感受嗅觉的是嗅觉小胞中的嗅细胞。嗅细胞的表面为水样的分泌液所湿润,俗称鼻黏膜黏液,嗅细胞表面为负电性,当挥发性物质分子吸附到嗅细胞表面后就使表面的部分电荷发生改变而产生电流,使嗅神经的末梢接受刺激而兴奋,传递到大脑的嗅区而产生了嗅感。

嗅香气应一手拿住已倒出茶汤的审评杯,另一手打开少许杯盖,靠近杯沿用鼻轻嗅或深嗅,也有将整个鼻部深入杯内接近叶底以增加嗅感的。为了正确判别香气的类型、高低和长短,嗅时应重复一两次,但每次嗅的时间不宜过长,因嗅觉易疲劳,嗅香过久,嗅觉就会失去灵敏感,一般在2~3秒。另外,杯数较多时,嗅香时间拖长,冷热程度不一,就难以评比。每次嗅评时都应将杯内叶底抖动翻个身,在未评定香气前,杯盖不得打开。

嗅香气应以热嗅、温嗅、冷嗅相结合进行。热嗅容易辨别香气正常与否及香气类型与高低,但因茶汤刚倒出来温度高,注意杯口与鼻子的距离,以免嗅觉神经受烫刺激,降低敏感性。温嗅以辨别香气的优次,温度适宜,准确性较大。冷嗅主要是了解茶叶香气的持久程度,或者在评比当中有两种茶的香气在温嗅时不相上下,可根据冷嗅的余香程度来加以区别。审评茶叶香气最适宜的叶底温度是55℃左右,超过65℃时感到烫鼻,低于30℃时茶香低沉,特别是对染有烟气木气等异气茶会随热气而挥发。凡一次审评多杯茶叶香气时,为了区别每杯茶的香气高低,可采用由高到低的顺序或不离杯碗位置将审评杯作上下移动,一般将香气好的往上推,次的往下摆,此项操作称为香气排队。在有不同茶类嗅香时,应将茶叶归类鉴评。同时审评香气时还应避免外界因素的干扰,如抽烟、擦香脂、香皂洗手等都会影响鉴别香气的准确性。

我国有些地方审评毛茶的香气是用竹箸从碗中夹取浸泡叶,放近鼻孔嗅香。在日本审评香气时亦用杓掏取茶叶,接近鼻孔辨别香气,认为在茶水高温时查其缺陷,温度降低后再查其特色。在印度及斯里兰卡等国家亦认为热嗅香气最好,热嗅能清楚地辨别大吉岭和斯里兰卡高山茶特殊的高香,同时,因制造不当而产生各种怪异气味都可在叶底上热嗅出来。

四、看汤色

三度:色度、亮度、混浊度。

汤色靠视觉审评。看汤色又称水色、汤门或水碗。茶叶开汤后,茶叶内含成分溶解在沸水中的溶液所呈现的色彩称为汤色,又称水色,俗称汤门或水碗。审评汤色要及时,因茶汤中的成分和空气接触后很容易发生变化,所以有的把评汤色放在嗅香气之前。汤色易受光线强弱及光线照射角度、茶碗规格、容量多少、排列位置、沉淀物多少、冲泡时间长短等各种外因的影响。冬季评茶,汤色随汤温下降逐渐变深;若在相同的温度和时间内,红茶色变大于绿茶,大叶种大于小叶种,嫩茶大于老茶,新茶大于陈茶,保鲜茶大于常温茶,在审评时应引起足够注意。如果各碗茶汤水平不一,应加调整。如茶汤混入茶渣残叶,应以网丝匙捞出,用茶匙在碗里打一圆圈,使沉淀物旋集于碗中央。如评茶碗数多的应从中选一有代表茶类的汤色作为参照物,然后按汤色性质及深浅、明暗、清浊等评比优次。

五、尝滋味

三步:吸吮、满舌、循环滚动。

滋味是由味觉器官来区别的。茶叶是一种风味饮料,不同茶类或同一茶类而产地不同都各有独特的风味或味感特征,良好的味感是构成茶叶质量的重要因素。茶叶的味感因茶叶呈味物质的数量与组成比例不同而异,味感有甜、酸、苦、辣、鲜、涩、咸、碱及金属味等。味觉感受器是满布舌面上的味蕾,味蕾接触到茶汤后,立即将受到刺激的兴奋波经过传入神经导到中枢神经,经大脑综合分析后,于是产生不同的味觉。舌头各部分的味蕾对不同味感的感觉能力不同。如舌尖最易为甜味所兴奋,舌的两侧前部最易感觉咸味而侧后部为酸味所兴奋,舌心对鲜味涩味最敏感,近舌根部位则易被苦味所兴奋。

审评滋味应在评汤色后立即进行,茶汤温度在 45℃～55℃ 较为适宜。如茶汤温度高于 70℃ 或太烫时评味,味觉会受强烈刺激而麻木,影响正常评味;如茶汤温度低于 40℃,味觉受两方面因素影响,一是味觉尝温度较低的茶汤迟钝、灵敏度差;二是茶汤中对滋味有关的物质溶解在热汤中多而协调,随着汤温下降,原溶解在热汤中的物质逐步被析出,汤味由协调变为不协调。

评茶味时用瓷质汤匙从审评碗中先取一浅匙吸吮入口内,由于舌的不同部位对滋味的感觉不同,再将茶汤布满舌面,最后卷舌抽吸将茶汤在口中循环滚动,才能正确地较全面地辨别滋味。尝味后的茶汤一般不宜咽下,尝第二碗时,匙中残留茶液应倒尽或在白开水汤中漂净,使不致互相影响。审评滋味主要按浓淡强弱、鲜滞及纯异等评优次。在国外认为在口里尝到的香味是茶叶香气最高的表现。为了正确评味,在审评前最好不吃有强烈刺激味觉的食物,如辣椒、葱蒜、糖果等,并不宜吸烟,以保持味觉和嗅觉的灵敏度。

六、评叶底

三度:嫩度、色度、匀度。

评叶底主要靠视觉和触觉来判别,根据叶底的老嫩、整碎、色泽、开展度和均匀程度等来评定优次,同时还应注意有无其他掺杂。

评叶底是将杯中冲泡过的茶叶倒入叶底盘或审评杯盖的反面,对不易分辨的也可放入白色搪瓷漂盘里,将叶张拌匀、铺开、撳平观察其嫩度、色度和均匀度的优次。倒时要注意把黏在杯壁、杯底和杯盖的茶渣倒干净。如感到不够明显时,可在盘里加茶汤撳平,再将茶汤徐徐倒出,使叶底平铺看或翻转看,或将叶底盘反扑倒在桌面上观察。用漂盘看则要加清水漂叶,使叶张漂在水中仔细观察分析。评叶底时,要充分发挥眼睛和手指的作用,手指按撳叶底的软硬、厚薄、平突、壮瘦、弹性等。再看芽头和嫩叶含量、叶张卷摊、光糙、色泽及均匀程度等区别好坏。

茶叶品质审评一般要通过上述干茶外形和汤色、香气、滋味、叶底五个项目的综合观察,才能正确评定品质优次、等级和价格的高低。实践证明,每一项目的审评都不能单独反映出整个品质,但茶叶各个品质项目又不是单独形成和孤立存在的,相互之间有密切的相关性。如香气的优次在滋味中反映出来,外形(整碎)在叶底中反映出来。因此综合审评结果时,每个审评项目之间,应作仔细的比较参证,然后再下结论。对于不相上下或有疑难的茶样,有时应冲泡双杯审评,以取得正确评比结果。总之,评茶时要根据不同情况和要求具体掌握,有的选择重点项目审评,有的则要全面审评。凡进行感官审评时都应严格按照评茶操作程序和规则,以取得正确的结果。

第五节 泡茶技巧

茶叶的冲泡,一般要备具、备茶、备水,经沸水冲泡后即可饮用。但要把茶固有的色、香、味充分发挥出来,冲泡得好,也不是易事。因为影响泡茶的因素有很多,如不同的茶类、茶量、水温、器具及不同的冲泡技艺和方法等。最主要的是茶量、水温、泡时三要素。

一、茶量

茶叶的用量,换句话说就是茶与水的比例。有"细茶粗吃,粗茶细吃"之说。一般来说,细嫩茶不揉茶汁流出较少,冲泡时要多放一点;粗茶揉捻重茶汁多,要少放些。同是绿茶有烘青和炒青,在同等茶水比的情况下,一般来说烘青茶汤滋味醇、味道淡,炒青茶汤滋味浓厚且富有收敛性。

高档茶一次泡得过多,会影响茶清幽、淡雅的真味;低档茶的用量过多,粗老气较重,难以入口。鉴品用茶量和冲泡的水量多少,对汤味浓淡和液层厚薄很有关系。如茶量多而水少,叶难泡开,且茶汤过分浓厚。反之,茶少水多,汤味就过于淡薄。同量茶样,冲泡用水量不同,或用水量相同而用茶量不同,都会影响茶叶香气及汤味的差别或发生审评上的偏差。试验表明:用同一种茶、同量样茶(2.8g),冲泡时间相同,分别用水量为 200mL、100mL、50mL、20 mL 冲泡,其水浸出物含量分别为 34.10%、30.55%、27.55%、22.90%。用水量不同水浸出物就不同,水多,茶叶中可冲泡出的水浸出物绝对量就多;水少,可以浸出的水浸出物量就少。再从茶汤滋味口感试验:用水量为 50mL、100mL、150mL、200mL 的茶汤滋味口感分别为:太浓、较浓、适宜、平淡。茶多水少味道浓,茶少水多滋味淡。

审评茶叶品质往往是多种茶样同时冲泡进行比较和鉴定,用水量必须一致,国际标准规定,一般红绿茶审评采用专用的评茶杯碗,取茶 3g 用 150mL 沸水冲泡。如毛茶审评杯容量为 250mL,应称取茶样 5g,茶水比例都为 1:50。但审评岩茶、铁观音等乌龙茶,因品质要求着重香味并重视耐泡次数需用特制钟形茶瓯审评,其容量 110mL,投入茶样 5g,茶水比例为 1:22。至于各种压制茶由于销售对象不同,饮用方法不同,审评用水用茶数量、冲泡或煮渍以及浸出时间各有不同,茶水比一般为 1:80。

综上所述,平常饮茶用量多少与消费者习惯、茶叶种类、冲泡器具及水温与冲泡时间都有很大关系,这也直接影响汤味的口感。以 250mL 一杯水为例,一般红、绿茶可放 3～5g,而乌龙茶应放 8～12g。

二、水温

水的温度应该根据茶叶的品质来定,大家一般认为,高级细嫩绿茶,水温最好在 80℃～90℃,其中低档茶,可用 100℃的滚水冲泡。

鉴评泡茶用水的温度应达到沸滚起泡的程度,水温标准是 100℃。沸滚过度的水或不到 100℃的水用来泡茶,都不能达到评茶的良好效果。

陆羽《茶经》云:"其沸,如鱼目、微有声,为一沸;边缘如涌泉连珠,为二沸;腾波鼓浪为三沸,以上水老、不可食也。"明许次纾《茶疏》云:"水一入铫,便需急煮,候有松声,即去盖以消息其老嫩。蟹眼之后,水有微涛,是为当时。大涛鼎沸,旋至无声,是为过时,过则汤老而香散,决不堪用。"以上是古人对烧水煮茶的历史记载,可供参考。评茶烧水应达到沸滚而起泡为度,这样的水冲泡茶叶才能使汤的香味更多地发挥出来,水浸出物也溶解得较多。水沸过久,能使溶解于水中的空气全被驱逐而变为无刺激性。用这种开水泡茶,必将失去像用新沸滚的水所泡茶汤应有的新鲜滋味。俗称千滚水是不能喝的。如果水没有沸滚而泡茶,则茶叶的水浸出物就不能最大限度地泡出来。

水浸出物是茶叶经冲泡后所有可检测的可溶性物质,水浸出物含量多少在一定程度上反映茶叶品质的优劣。试验以 100℃的沸水泡出的水浸出物为 100%,80℃热水的泡出量即为 80%,60℃温水的泡出量只有 45%。沸水与温水冲泡后的水浸出物含量相差一倍多,游离氨基酸及多酚类物质的溶解度与冲泡水温完全呈正相关。其次,绿茶中富含维生素 C,其浸出量也是随着水温提高而增加的。从以上分析,用样茶 3g,注入 150mL 沸滚适度的 100℃开水冲泡 5 分钟,能得到较高的茶水浸出物量,这对乌龙茶、中低档花茶、红茶和普洱茶等都较为适应。而对细嫩的高级绿茶,一般以水温 85℃左右的开水冲泡能获得较为理想的茶汤品质。

此外,品茶杯的冷热和室外环境温度高低等对茶叶品质也有影响。据有人测试冷的品茶杯在开水冲下去后,水温就降为 82.2℃,5 分钟后降低到 67.7℃。所以古人泡茶有燖盏程序。目前审评或品饮乌龙茶时,通常将钟形审茶瓯或饮茶小杯先以开水烫热以便于准确鉴评其香味优次。所以审评其他茶叶品质为慎重计,往往也先将品茶杯用开水烫热,这样冲泡半分钟后水温只降到 88.8℃,3 分钟时 82.2℃,5 分钟时 78.8℃,能取得审评的良好效果。至于泡饮细嫩名优绿茶,从欣赏角度出发,保持汤清叶绿,可对外形紧秀的茶以落滚开水注入杯中然后放入茶叶(上投法)。日本的高级玉露茶,采用 50℃左右的开水冲泡,中级煎茶用 60℃~80℃开水冲泡,一般香茶则用 100℃开水冲泡。

至于外界环境温度对茶叶品质的影响,有人选择四种不同环境温度(0℃、20℃、30℃、40℃)进行绿茶冲泡试验,结果表明:茶叶中的内在化学成分如水浸出物、茶多酚、氨基酸等含量随着环境的温度升高而增加;0℃的茶汤浅绿尚亮、味清淡、香气较持久;40℃的茶汤欠亮、香气欠持久、略带涩味;20℃和30℃条件下栗香高长、汤绿亮、滋味鲜醇爽口,品质接近。因此,泡茶的外界环境温度不宜过高或过低,宜选用 25℃左右。茶汤浓度大、内含物多,并不等于口感好,只有各组分达到一定比例的时候茶汤的品质才好。

三、泡茶的时间

茶叶汤色的深浅明暗和汤味的浓淡爽涩,与茶叶中水浸出物的数量特别是主要呈味物质的泡出量和泡出率有密切关系。以取上级煎茶 3g 冲泡为例,投入小茶壶内,用沸水 180mL 浸泡 2 分钟后,倒出茶汤供测定用,再用 180mL 沸水浸泡 2 分钟后倾出茶汤待测,同一操作共泡三次。测定结果表明:绿茶主要呈味成分各次冲泡后的泡出量是:头泡最多,而后直线剧降。各个成分的浸出速度有快有慢。如呈鲜甜味的氨基酸和呈苦味的咖啡碱最易浸出,头泡 2 分钟的泡出率几乎占总泡出量的 2/3,头泡二泡共 4 分钟可浸出量达 90% 以上;而呈涩味的儿茶素浸出较慢,头泡泡出率为 52%,二泡约 30%,头泡二泡共浸出约 80%,其中滋味醇和游离型儿茶素与收敛性较强的酯型儿茶素两者浸出速度亦有差别,以游离型儿茶素的浸出速度较快,头泡二泡 4 分钟可浸出 87%,而酯型儿茶素泡出量为 76%。

泡茶的时间与茶汤的品质有很大关系。据中国农业科学院茶叶研究所试验资料,取三份 3g 龙井茶分别用 150mL 水冲泡 3 分钟、5 分钟、10 分钟,其主要成分泡出量是不同的。在 10 分钟内冲泡茶汤的主要化学成分含量最高。其中游离型氨基酸因浸出较易,3 分钟与 10 分钟浸出量相比出入甚微。多酚类化合物 5 分钟与 10 分钟相比,虽冲泡时间加倍,但浸出量增加不到 1/5。冲泡 5 分钟以后的浸出物,主要是多酚类化合物残余的涩味较重的酯型儿茶素成分,这在滋味品质中属于不利成分。良好的滋味,要在适当的浓度基础上,涩味的儿茶素、鲜味的氨基酸、苦味的咖啡碱、甜味的糖类等呈味成分组成之间的相互调和是最为重要的。实践证明,冲泡不足 5 分钟,汤色浅,滋味淡,红茶汤色缺乏明亮度,因为茶黄素的浸出速度慢于茶红素。超过 5 分钟,汤色深,涩味的多酚类化合物特别是酯型儿茶素浸出量多,味感差。尤其是冲泡水温度高,冲泡时间长,引起多酚类等化学成分自动氧化缩聚的加强,导致绿茶汤色变黄,红茶汤色发暗。实践证明,在 150mL 茶汤中,多酚类化合物含量少于 0.182g 的味淡,多则浓,过多又变涩。而多酚类化合物与咖啡碱浸出的含量须成一定的比率,以 3:1 为宜。因此茶叶冲泡时间对茶汤品质影响较大,就绿茶来说,冲泡的时间长茶汤味浓颜色黄,时间短的色绿味淡香气持久。国内外审评红、绿茶的泡茶时间定为 5 分钟。但在日常饮茶中应根据每人各自的生活习惯及其所选茶类调整冲泡时间,一般 2～5 分钟为宜。

综上所述,茶量、水温、冲泡的时间等是影响茶汤品质的主要因素,另外,还要看所选茶叶。绿茶如毛峰茶一般要求茶量 3～5g,水温 85℃,冲泡时间 2～3 分钟;乌龙茶要求茶量足、水温高(100℃)、冲泡时间逐次递增(2 分钟、3 分钟、5 分钟);红茶按常规冲泡法即 3g茶、5 分钟、150mL 沸水;花茶要求温度偏高、时间短;嫩茶要求茶量足、温度低,老茶反之;陈茶要求温度高、时间短;不揉捻或轻揉捻的茶叶如黄花云尖等冲泡要求水温低、时间长;揉捻重的茶如岳西弦月、霍山炒青等要求水温高、时间短,茶量因人饮茶习惯浓淡自取。冲泡方法可根据个人爱好及条件,一般可分为煮茶法、点茶法和泡茶法。泡茶时,投放茶叶有上投法、中投法和下投法三种。还有些地方有"洗茶"习惯,即将茶叶放入杯内快速用泡茶水冲洗一遍,将碎末和黄片叶等悬浮物倾出后再续水泡茶。

茶叶的种类繁多,花样齐全,要想喝出茶汤的真谛,鉴赏茶叶的品质,除调整好茶量、水温和冲泡时间外,选择适宜的茶具也很重要。如:名优绿茶应选用无色透明的玻璃杯,不加盖或加半盖,既适合冲泡绿茶所需的温度,又能欣赏到绿茶诱人的汤色及芽叶伸展变化的过程;中档绿茶可选用景德镇白瓷器杯冲泡;花茶则选用能够保温留香的盖碗;乌龙茶、红茶和普洱茶宜用质朴典雅的紫砂壶冲泡。但是具体的泡茶方法和器具的选择都与个人的饮用习惯有很大关系,以泡茶效果佳为宜。

第六节　鉴评方法

目前我国茶叶鉴评分为干看外形和湿评内质两种。茶叶外形鉴别有形状(条索松紧或嫩度)、色泽、整碎、净度四个因子,毛茶结合嗅干茶香气,手测水分;内质鉴别有汤色、香气、滋味、叶底四个项目,习惯上又称为八项因子。

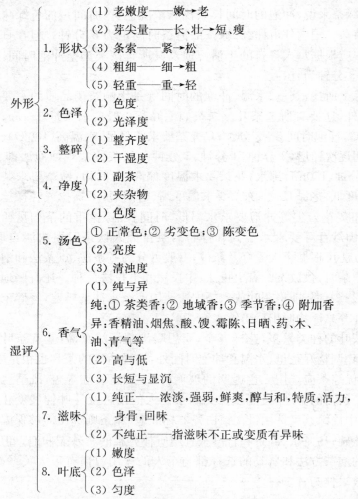

外形
1. 形状
(1) 老嫩度——嫩→老
(2) 芽尖量——长、壮→短、瘦
(3) 条索——紧→松
(4) 粗细——细→粗
(5) 轻重——重→轻
2. 色泽
(1) 色度
(2) 光泽度
3. 整碎
(1) 整齐度
(2) 干湿度
4. 净度
(1) 副茶
(2) 夹杂物

湿评
5. 汤色
(1) 色度
① 正常色;② 劣变色;③ 陈变色
(2) 亮度
(3) 清浊度
6. 香气
(1) 纯与异
纯:① 茶类香;② 地域香;③ 季节香;④ 附加香
异:香精油、烟焦、酸、馊、霉陈、日晒、药、木、油、青气等
(2) 高与低
(3) 长短与显沉
7. 滋味
(1) 纯正——浓淡,强弱,鲜爽,醇与和,特质,活力,身骨,回味
(2) 不纯正——指滋味不正或变质有异味
8. 叶底
(1) 嫩度
(2) 色泽
(3) 匀度

　　干看时取一定数量的茶叶放入干评盘内,通过"把盘"操作,将茶叶分成上、中、下三个层次,试比较三部分茶的比例;红、绿茶湿评时一定要先拌匀干评盘中的样品,准确地称取 3g 具有代表性的茶样,150mL 沸水冲泡 5 分钟。青茶湿评取 5g 样茶,110mL 沸水冲泡 2

分钟、3分钟、5分钟,分别鉴别香气鲜爽度、滋味浓度与耐泡度。

鉴茶时必须外形、内质兼评,深入了解各个审评因子的内容,熟练地掌握审评方法,进行细致的综合分析、比较,以求得正确的审评结果。

一、外形鉴评

茶叶外形主要是由原料老嫩、加工方法、技术水平而决定的。鉴别内容分为形状、条索、芽尖、色泽、匀整度、副产品夹带、非茶类夹杂物、干湿度等。现分述如下:

1. 形状

我国茶叶外形形状千姿百态,种类有长条形、尖形、卷曲形、扁形(剑片形)、圆形、颗粒形、螺钉形、片形、粉末形、针形、花朵形、晶形、束形、雀舌形、团块、腰圆形等,都各自固有形状(若一一说明,则属茶叶分类问题)。各类茶无论何种形状,都有自己的特定形状及一定的外形规格,这是区别商品茶种类和等级的依据。条形茶的条索要求紧直、圆浑、有锋苗;扁形茶的形状要求扁平、挺直、尖削、光滑;圆珠形茶的颗粒要求圆结。若条形茶的条索带扁,扁形茶带浑条,圆珠形茶呈卷曲条状等都不符合其形状要求。以标准形态为鉴别依据,越接近越好。品质好坏的一般条件即老嫩、粗细、轻重、松紧、整齐等。

(1)嫩度:是决定茶叶品质的基本条件,是外形鉴别的重点因子。一般说来,嫩叶中可溶性物质含量高,饮用价值也高,又因叶质柔软,叶肉肥厚,有利于初制中成条和造形,有利于再加工中提高精制率。故条索紧结重实,芽毫显露,完整饱满,外形美观。而嫩度差的则不然。鉴别时应注意一定嫩度的茶叶,应具有符合该茶类规格的条索,同时一定的条索也必然具有相应的嫩度。当然,由于茶类不同,对外形的要求不尽相同,因而对嫩度和采摘标准的要求也不同。例如:青茶和黑茶要求采摘具有一定成熟度的新梢;安徽的六安瓜片也是采摘成熟新梢,然后再经扳片,将嫩叶、老叶分开炒制;太平猴魁必须具有一芽二叶开张面的"三尖"叶子。所以,鉴评茶叶嫩度时应因茶而异,在普遍性中注意特殊性,对该茶类各级标准样的嫩度要进行详细分析,并探讨该因子鉴评的具体内容与方法。嫩度主要看芽头嫩叶比例与叶质老嫩,有无锋苗和毫毛及条索的光糙度。

① 芽头嫩叶比例:芽头精制称为芽尖,嫩度好指芽头嫩叶比例大,含量多。鉴评时要从整盘茶去比,不能单从个数去比,因为同是芽与嫩叶,还有长短、大小、厚薄之别。凡是芽及嫩叶比例相近,芽壮身骨重,叶质厚实的品质就好。所以采摘时要老嫩匀齐,制成毛茶外形才整齐,而老嫩不匀的芽叶初制时难以掌握,且老叶身骨轻,外形不匀整,品质就差。一般,齐山翠眉 6.5 万个单芽/500g;白云春毫 2 万个芽头(一芽一叶)/500g;FBOP 红碎茶以芽尖多少分级。

② 锋苗和毫毛:锋苗指芽叶紧卷做成条的锐度。条索紧结、芽头完整锋利并显露,表示嫩度好,制工好。嫩度差的,制工虽好,条索完整,但不锐无锋,品质就次。如初制不当造成断头缺苗,则另当别论。芽上有茸毛又称毫毛,毫毛多、长而粗的好。一般炒青绿茶看锋苗(或芽苗),烘青、条形红茶看芽毫(或芽头)。因炒青绿茶在炒制中茸毛大多脱落,不易见毫,而烘制的茶叶茸毛多、且保留多,芽毫显而易见。但有些采摘细嫩的名茶,虽经炒制,因手势轻,芽毫仍显露。芽的多少,毫的疏密,常因品种、茶季、茶类、加工方式等不同而不同。同样嫩度的茶叶,福鼎大白茶品种显毫,骑马洲品种不显毫;春茶显毫,夏秋茶次之;高山茶显毫,平地茶次之;人工揉捻茶显毫,机揉茶次之;烘青、条形红茶比炒青绿茶显毫。

③ 光糙度:嫩叶细胞组织柔软且果胶质多,容易揉成条,条索光滑丰润。而老叶质地硬,条索不易揉紧,条索表面凸凹起皱,干茶外形较粗糙。如扁形茶的形状比规格、糙滑,以扁平、挺直、尖削、光滑的好,粗糙、短钝和带浑条的差。从规格来看:龙井茶形扁平、挺直、尖削碗钉状;大方茶形扁直,稍厚,较宽长且有较多棱角。从糙滑度来看:扁形表面平整光滑,茶在盘中筛转流利而不钩结的称光滑,反之则糙。

(2) 粗细(大小):一般来说,细的比粗的好,小的比大的好。如:青茶(包括花茶)、绿茶(眉茶)、红茶(O、P 型红碎茶)要求颗粒细小、条索紧结、重实;球状茶越圆越细越好;碎型红茶,细小粒子属佳品;龙井茶以叶片扁尖幼小为上。但福建色种茶、武夷岩茶和安溪铁观音、贡熙、红茶中的 P 形,茶形状稍可粗大(就本身茶条卷曲、紧结程度上来评价);特级乌龙茶和白毛猴银针(白茶),重茶芽;白牡丹、寿眉等茶由老嫩与芽头多少来决定品质优劣。

(3)条索:看条索的茶有炒青、烘青、条茶、工夫红毛茶。看松紧是否符合标准定型(似搓紧的绳索)。条形茶的条索比松紧、弯直、圆扁、壮瘦、轻重,条索以紧直、圆浑、壮实、沉重的好,粗松、弯曲、瘦扁、轻飘的差。

松紧:条细空隙度小,体积小,为条紧;条粗空隙度大,体积粗大,为条松。

弯直:可将茶样盘筛转,看茶叶平伏程度,不翘的叫直,反之则弯。

圆扁:指长度比宽度大若干倍的条形,其横切面近圆形的称为"圆",否则为扁。

壮瘦:芽头肥壮、叶肉肥厚的鲜叶有效成分含量多,制成的茶叶条索紧结壮实、身骨重。

轻重:指身骨轻重。嫩度好的茶,叶肉肥厚条索紧结而沉重;嫩度差,叶张薄,条粗松而轻飘。

炒青、烘青、条形红毛茶要求紧直有锋苗的为好;松扁曲碎的为差。青茶要求紧卷结实、略带扭曲的为好;敞叶的为差。龙井、旗枪、大方茶要求平扁、光滑、尖削、挺直、匀齐的为好;粗糙、短钝、浑条的为差。珠茶要求圆结的为好;呈条索的不好。黑毛茶要求皱折较紧无敞叶。

(4)轻重:测轻重的茶比较多,即取一定量的茶放在手心上掂量其轻重。一般来说,重的茶精制率高,汤浓耐泡,易贮藏不变质;否则与此相反,原料粗老或加工粗放,味淡薄或水味重,浪费包袋材料等。条状茶要求重如铁线;球状茶要求重如钢球;圆珠形茶比颗粒的松紧、匀整、轻重、空实,以颗粒圆紧、重实、匀整为好,扁松、轻空为差。

松紧:芽叶卷结成珍珠状颗粒,粒小紧结而完整的称"圆紧",反之颗粒粗大谓之"松"。

匀整:指匀齐的各段茶的品质符合要求,拼配适当。

轻重:颗粒紧结,叶质肥厚,身骨重的称为重实;叶质粗老,扁薄而轻飘的谓之轻飘。

空实：颗粒圆整而紧结称之实，与重实含义相同。颗粒粗大或朴块状身骨轻的谓之空。

圆珠形茶中，珠茶是圆珠形，而涌溪火青和泉岗辉白茶是腰圆形，贡熙是拳圆形或团块状并有切口或称破口，虽同是圆珠形茶尚有差别。

在茶叶品种相同、干燥程度相当的情况下：高山茶比平地茶重；春夏茶比秋冬茶重。

2. 色泽

干茶的色泽主要从色度和光泽度两方面去看。色度即指茶叶的颜色及色的深浅程度。光泽度指茶叶接收外来光线后，一部分光线被吸收，一部分光线被反射出来，形成茶叶色面的亮暗程度。各类茶叶均有其一定的色泽要求，如红茶以乌黑油润为好，黑褐、红褐次之，棕红更次；绿茶以翠绿、深绿光润为好，绿中带黄或黄绿不匀者较次，枯黄花杂者差；青茶则以青绿光润呈宝色的较好，黄绿欠匀者次之，枯暗死红者差；黑毛茶以油黑色为好，黄绿色或铁板色都差。干茶的色度比颜色的深浅。

（1）色度：六大茶类就是根据绿、黄、黑、青、白、红六种颜色来确定的。就某种茶的颜色而言又由其深、浅程度决定的。如绿茶的色泽，有深绿、浅绿、淡绿、翠绿、黄绿、乌绿、灰绿等。首先看色泽是否符合该茶类应有的色泽要求。正常的干茶，原料嫩的高级茶，颜色深，随着级别下降颜色渐浅。

（2）光泽度：光泽度可从润枯、鲜暗、匀杂等方面去评比。

① 润、枯："润"表示茶叶色面油润光滑，反光强。一般可反映鲜叶嫩而新鲜，加工及时合理，是品质好的标志。"枯"是有色而无光泽或光泽差，表示鲜叶老或制工不当，茶叶品质差，劣变茶或陈茶的色泽枯且暗。

② 鲜、暗："鲜"为色泽鲜艳、鲜活，给人以新鲜感，表示成品新鲜，初制及时合理，为新茶所具有的色泽。"暗"表现为茶色深且无光泽，一般为鲜叶粗老，贮运不当，初制不当或茶叶陈化等所致。紫芽种鲜叶制成的绿茶，色泽带黑发暗，过度深绿的鲜叶制成的红茶，色泽常呈现青暗或乌暗。

③ 匀、杂："匀"表示色调和一致。色不一致,茶中多黄片、青条、筋梗、绿茶中的红梗红叶、焦片末等谓之杂。

综合分析:如茶色符合规格、有光泽、润带油光为好。一般来说,高山茶色绿带黄、光泽好、鲜活;低山、平地茶,色深绿。绿茶看干燥时的火候掌握,火温过高,色枯黄;温度低(或不及时),色灰黄、暗。

3. 整碎

整碎指外形的匀整程度。毛茶基本上要求保持茶叶的自然形态,完整的为好,断碎的为差。精茶的整碎主要评比各孔茶的拼配比例是否恰当,要求筛档匀称不脱档,面张茶平伏,下盘茶含量不超标,上、中、下三段茶互相衔接。

(1) 整齐度:主要看"目的形状"占总体比例的大小。如:花碎橙黄白毫(F. B. O. P.),粗细为平圆7孔底,14孔面,金黄芽尖显露,含毫量20%～25%,颗粒重实、匀齐、有毫尖。精制与毛茶来路有关,要按来路分级付制,分级标准按大小分。如:红茶通过 1.8mm× 1.8mm 筛孔则属于 B. O. P(碎茶);绿茶通过 3.0mm×3.0mm 筛孔则称珍眉;眉茶、珠茶、红茶中的各等级茶,对形状的整齐度很重视;乌龙茶和色种茶次之。

名茶、精茶、成品茶等很重视整齐度。毛茶忌上、中、下三段茶比例失调,中段脱节。毛茶的匀整度与品种单纯、生长时间、采摘、栽培管理及加工方法等密切相关。

(2) 干湿度:除用仪器精测外,有凭经验、感觉直观手测法。毛茶含水量多少与茶叶品质和收购定价有密切关系。各类毛茶的含水量在 6%～7% 间,品质较稳定,含水量超过 8% 的茶叶易陈化,超过 12% 易霉变。手测水分要在实践中不断积累经验,逐步提高测定的准确性。对于缺乏经验的人,可先选择几种干燥程度不同的毛茶,在感官测定水分后,再与烘箱法的测定结果相比较,以校验感官测定的正确程度。含水量不同,毛茶的软硬、韧脆程度以及手捏茶叶时感觉的强弱,茶叶受力后发出的声音都各不相同。手测水分时,力的作用可概括为六个字:抓、握、压、捏、捻、折,并与看、听、嗅相结合,因为不同含水量的茶叶,其外观表现和感觉反映是不同的。以条形茶举例如下:

含水量在 5％左右：抓茶一把，用力紧握很刺手。发出"沙沙"响声，条脆，手捻即成粉，嫩梗轻折即断。干嗅香高。

含水量在 7％左右：抓茶一把，用力紧握，感觉刺手，有"沙沙"声，条能压碎尚脆，手捻成粉末，嫩梗轻折即断。香气充足。

含水量在 10％左右：抓茶一把，用力紧握，有些刺手，条能折断，手捻有片末，嫩梗稍用力可断。香气正常。

含水量在 13％左右：抓茶一把，用力紧握微有弹性感，条索松宽、无显著折断，手捻略有细片，间有成线条状，嫩梗用力可折断，但梗皮不脱离。

含水量在 16％左右：抓茶一把，用力紧握如布，茶条弯曲，张手时逐渐伸展，手捻有棉条、时有碎片，嫩梗用力不断。有水汽，新茶出现陈气。

4. 净度

指茶叶中含夹杂物程度。不含夹杂物的净度好，反之则净度差。茶叶夹杂物有茶类夹杂物和非茶类夹杂物之分。

（1）副茶（茶类夹杂物）：茶类夹杂物又称为副茶，指粗茶、轻片、茶梗、茶籽、茶朴、茶末、毛衣等；除去夹杂物的净茶又称为正身茶，该"目的茶"均有其标准形态，一般条紧、身骨重。

（2）夹杂物（非茶类夹杂物）：非茶类夹杂物分为有意物和无意物两类。无意物指采、制、存、运中混入的杂物，如：泥沙、石子、杂草、树叶、谷粒、煤屑、棕毛、竹片、铁丝、钉子等。有意物指人为有目的性地添加的夹杂物，如：茶叶固形用的粉浆物，胶质物，滑石粉等。除花茶的花箔外，任何夹杂物都严禁含有。

茶叶是供人们饮用的食品，要求符合卫生规定，对非茶类夹杂物或严重影响品质的杂质，必须拣剔干净，禁止混入茶中。对于粗茶中梗、籽、朴等，应根据含量多少来评定品质优劣。禁止有害人体健康的夹杂物，以免影响茶叶内、外销售。

二、内质鉴评

内质审评汤色、香气、滋味、叶底四个因子。将杯中冲泡出的茶汤倒入审评碗，茶汤处理好后，先嗅杯中香气，后看碗中汤色（绿茶汤色易变,宜先看汤色后嗅香气),再尝滋味,最后察看叶底。

1. 汤色

汤色指茶叶冲泡后溶解在热水中的茶汤所呈现的色泽。汤色审评要快,因为溶于热水中的多酚类物质与空气接触后很易氧化变色,使绿茶汤色变黄变深,青茶汤色变红,红茶汤色变暗,尤其高档绿茶变化更快。故绿茶宜先看汤色,即使其他茶类,在嗅香前也宜先看一遍汤色,做到心中有数,并在嗅香时,把汤色结合起来看。尤其在严寒的冬季,避免嗅了香气,茶汤已冷或变色。汤色鉴评主要从色度、亮度和混浊度三方面去评比。

(1)色度:指茶汤颜色。茶汤汤色除与茶树品种和鲜叶老嫩有关外,主要是制法不同,从而使各类茶具有不同颜色的汤色。评比时,主要从正常色、劣变色和陈变色三方面去看。

① 正常色:即一个地区的鲜叶在正常采制条件下制成的茶,冲泡后所呈现的汤色。如绿茶绿汤,绿中带黄;红茶红汤,红艳明亮;青茶黄绿或橙黄明亮;白茶浅黄明净;黄茶黄汤;黑茶橙红或红浓等。在正常的汤色中由于加工精细程度不同,虽属正常色,尚有优次之分,故在正常汤色中应进一步区别其浓淡和深浅。通常色深而亮,表明汤浓物质丰富,浅而明是汤里物质不丰富。至于汤色的深浅,只能是同类同地区的作比较。

② 劣变色:由于鲜叶采运、摊放或初制不当等造成变质,汤色不正。如鲜叶处理不当,制成绿茶轻则汤黄,重则变红;绿茶干燥炒焦,汤黄浊;红茶发酵过度,汤深暗等。

③ 陈变色:陈化是茶叶特征之一,在通常条件下贮存,随时间延长,陈化程度加深。从保鲜库里刚拿出的茶,茶汤颜色的变化比常温保存下的颜色变化速度快。如果初制时各工序不能持续,杀青后不及时揉捻,揉捻后不及时干燥,会使新茶制成陈茶色。绿茶的新茶汤色绿而鲜明,陈茶则黄褐或灰暗。

(2)亮度:指亮暗程度。亮指射入汤层的光线,吸收的少而被反射出来的多,暗却相反。凡茶汤亮度好的品质亦好。茶汤能一眼见底的为明亮,如绿茶看碗底反光强且汤面形成薄层"油面"为明亮。红茶还可看汤面沿碗壁的金黄色圈(称黄金圈)的颜色和厚度,光圈的颜色正常,鲜明而厚的亮度好;光圈颜色不正且暗而窄的,亮度差,品质亦差。

(3)混浊度:指茶汤清澈和混浊程度。清指汤色纯净透明,无混杂,清澈见底。混、浊或浑都是指汤不清,视线不易透过汤层。"混"浊多半指茶汤中能明显看到有沉淀物或细小悬浮物,而"浑"浊多半指茶汤中颗粒以分子状态结合成络合物而模糊不清。劣变或陈变产生的酸、馊、霉、陈的茶汤,浑浊不清。杀青炒焦的叶片,干燥烘或炒焦的碎片,冲泡后进入汤中产生沉淀,都能使茶汤混而不清。但在浑(混)汤中要区别两种情况,一种是"冷后浑"或称"乳凝现象",由于温度急剧下降,茶汤中咖啡碱与多酚类物质及其氧化产物间形成络合物,它溶于热水,又称为"乳溶现象",而不溶于冷水,茶汤冷却后被析出产生"冷后浑",也是茶叶品质好的表现;另一种现象是鲜叶细嫩多毫,加工过程中茸毛脱落,如高级碧螺春,茶汤中茸毛多,悬浮于汤中,这也是品质好的表现。

2. 香气

香气是茶叶冲泡后随水蒸气挥发出来的芳香物质的气味。茶叶的香气受茶树品种、产地、季节、采制方法等因素影响,使得各类茶具有独特的香气风格,如红茶的甜香,绿茶的清香,青茶的花果香等。就是同一类茶,也有地域性香气特点。鉴评香气除辨别香型外,主要是比较香气的纯异、高低和长短。

(1)纯异:纯指某茶应有的香气,异指茶香中夹杂有其他气味。香气纯,还要区别茶类香、地域香、季节香和附加香。

① 茶类香指某茶类应有的香气,如绿茶要清香,黄大茶要有锅巴香,黑茶和小种工夫红茶要有松烟香,青茶要有花香或果香,白茶要有毫香,红茶要有甜香等。

② 地域香即地方特有香气,如同是炒青绿茶有嫩香、兰花香、熟板栗香等。同是红茶有蜜糖香、橘糖香、果香和玫瑰花香等地域性香气。产地香有高山、低山、洲地之区别,一般高山茶香高于低山茶。

③ 季节香即不同季节香气之区别,我国红绿茶一般是春茶香高于夏秋茶,秋茶香气又比夏茶好,大叶种红茶香气则是夏秋茶比春茶好。在同一茶类相同季节里,随着生长期不同香气也有差异,早期采

制的茶香气高于晚期采制的茶。

④ 附加香是指外加的香气,不仅具有茶叶本身香气,而且还引入其他花香。如以茶为素坯窨制的花茶,有茉莉花茶、珠兰花茶、白兰花茶、桂花茶、玫瑰花茶、栀子花茶等。

异气指茶香不纯或沾染了外来气味,轻的尚能嗅到茶香,重的则以异气为主。香气不纯如烟、焦、酸、馊、陈、霉、日晒、水闷、青草气等,还有鱼腥气、木气、油气、药气等。

(2) 高低:香气高低可以从以下六个方面来区别,即浓、鲜、清、纯、平、粗。

浓:香气高,入鼻充沛有活力,刺激性强。

鲜:如呼吸新鲜空气,有醒神爽快之感。

清:清爽新鲜之感,有刺激性中弱和感受快慢之分。

纯:香气一般,无粗杂异气,感觉纯正。

平:香气平淡,时有时无,但无杂异气味。

粗:感觉糙鼻,有时感到辛涩,属老叶粗气。

(3) 长短:指时间或持久程度。从热嗅到冷嗅或长时间都能嗅到香气表明香气长,反之则短。另外,香气随着温度的变化又分为表面香和骨子香,热汤嗅香气明显的称为表面香;香气纯正,冷闻都能嗅出香气的称为骨子香,有骨子香的茶多半是高山茶或干燥好的茶。

香气以高而长、鲜爽馥郁为好,高而短次之,低而粗为差。凡有烟、焦、酸、馊、霉、陈及其他异气的为低劣。

3. 滋味

滋味是评茶人的口感反应。茶叶是饮料,其饮用价值取决于滋味的好坏。审评滋味先要区别是否正常,正常的滋味可区别其浓淡、强弱、鲜、爽、醇、和。不纯的滋味可区别其苦、涩、粗、异。

(1) 纯正:指品质正常的茶类应有的滋味。

浓淡:浓指水浸出的内含物丰富,有黏厚的感觉;淡则相反,内含物少,淡薄无味。

强弱:强指茶汤吮入口中感到刺激性或收敛性强,吐出茶汤短时间内味感增强;弱则相反,入口刺激性弱,吐出茶汤口中味平淡。

鲜与爽:鲜似食新鲜水果,感觉爽快;爽,指爽口。

醇与和：醇表示茶味尚浓，回味也爽，茶汤刺激性小；和表示茶味平淡，内含物质少，基本没有刺激性。

（2）不纯正：指滋味不正或变质有异味。

苦：苦味是茶汤滋味的特点，对苦味不能一概而论，应加以区别。如茶汤入口先微苦后回甘（有甜味），这是好茶；先微苦后不苦也不甜者次之；先微苦后也苦者又次之；先苦后更苦者最差。后两种味觉反应属苦味。

涩：似食生柿，有麻嘴、厚唇、紧舌之感。涩味轻重可从刺激的部位来区别，涩味轻的在舌面两侧有感觉，重一点的整个舌面和两腮有紧口、麻木感。一般茶汤的涩味，最重的也只在口腔和舌面有反应，先有涩感后不涩的属于茶汤味的特点，不属于味涩，吐出茶汤仍有涩味才属涩味。涩味一方面表示品质老杂，另一方面是季节茶的标志。

粗：粗老茶汤味在舌面感觉粗糙，且味淡薄，稍带滞钝、涩口感。

异：属不正常滋味，如酸、馊、霉、焦味等。

茶汤滋味与香气关系密切，评茶时凡能嗅到的各种香气，如花香、熟板栗香、青气、烟焦气味等，往往在评滋味时也能感受到。一般说香气好，滋味也是好的。若鉴别香气或滋味单一因子有困难时，在尝滋味时可使香气从鼻中冲出，以相互辅证。

4. 叶底

叶底指冲泡后剩下的茶渣。叶底虽然没有饮用价值，但干茶经冲泡吸水膨胀，恢复芽叶原状，可直接反映出叶质老嫩、色泽、匀度及鲜叶加工合理与否。有利于分辨新、陈茶，正常加工、劣变茶，季节茶，绿、红茶，等级茶，毛茶与精茶等。看叶底主要依靠视觉和触觉，鉴评叶底主要看嫩度，色泽和匀度。

（1）嫩度：以芽及嫩叶含量比例和叶质老嫩来衡量。芽以含量多、粗而长的好，细而短的差。但应视品种和茶类要求不同而有所区别，如碧螺春细嫩多芽，其芽细而短、茸毛多。病芽和驻芽都不好。叶质老嫩可以从软硬度和有无弹性来区别：手指揿压叶底柔软，放手后不松起的嫩度好；质硬有弹性，放手后松起的表示粗老。叶脉隆起触手的老，不隆起平滑不触手的嫩，叶边缘锯齿状明显的老，反之为嫩。叶肉厚软的为嫩，软薄者次之，硬薄者为差。同一茶树品种，叶质老嫩还与叶张大小有关,一般叶质嫩叶张小,叶质老叶张大。新茶与陈茶:新茶叶底易展开、叶质柔软;陈茶蛋白质凝固,随着陈化期延长,条索有弹性,叶质较硬。

(2)色泽:主要看色度和亮度,其含义与干茶色泽有所不同。干茶色泽是以空气为介质,色型多,表面不平,看时恍惚,主要看色度和光泽度;叶底色面,薄摊一层水,似多了一面镜子,易分辨色度和亮度。鉴评时掌握该茶类应有的色泽和当年新茶的正常色泽。新茶,色新鲜明亮,若有爆点或焦糊点明显易辨;陈茶,呈黄褐色或暗黑色、反光率差,若有爆点或焦糊点模糊、不易辨。还可以看发酵程度,如绿茶叶底以嫩绿、鲜绿、黄绿明亮者为优;深绿次之;暗绿带青张或红梗红叶者差;靛蓝叶底为紫色芽叶制成,在绿茶中认为品质差。红茶叶底以红艳、红亮为优;红暗、乌暗花杂者差。乌龙茶(半发酵)淡绿叶红镶边、鲜亮为佳,灰黄(发酵不足)次之,褐色(发酵过度)为最差。

(3)匀度:主要看老嫩、大小、厚薄、色泽和整碎等因子的一致性。若这些因子都比较接近、一致匀称的即匀度好,反之则差。匀度与采制技术有关,匀度是评定叶底品质的辅助因子,匀度好不等于嫩度好,不匀也不等于鲜叶老。粗老鲜叶制工好,也能使叶底匀称一致。匀与不匀主要看芽叶组成和鲜叶加工合理与否。

鉴评叶底时还应注意看叶张舒展情况,是否掺杂等。因为干燥、温度过高会使叶底缩紧,泡不开不散条的为差,叶底完全摊开也不好,好的叶底应具备亮、嫩、厚、稍卷;次的为暗、老、薄、摊等;有焦片、焦叶的更次;变质叶、烂叶等为劣变茶。

总之,茶叶色、香、味、形四因子是鉴评的重点,它们之间既有其独立性,又有贯通性。如:

$$色泽 \begin{cases} (干茶) 色度、油润、光泽度 \\ (汤色) 色度、亮度、混浊度 \\ (叶底) 色度、明度、匀杂度 \end{cases}$$

香气　嫩→鲜;清→纯;粗→异

滋味　浓→厚;鲜→醇;爽→淡

干茶色泽鲜活油润、有光泽的,汤色和叶底色泽都好;否则差。

一般香气好的茶,滋味也好。

第七节　鉴品术语

世界茶叶产销国家对茶叶品质的鉴定普遍采用感官审评作为主要手段,而评茶术语是感官审评结果的主要表达方式。评茶术语(以下简称术语)是记述茶叶品质感官鉴定结果的专业性用语。准确运用术语是评茶人员必备的一项基本功,掌握了这项基本功,才能对所评茶叶的品质情况作出确切的表达和评价。

术语有等级术语和对样术语之分。等级术语反映各级茶的品质要求和等级特征,具有级差的特征。如条形毛茶的条索,一级"细嫩芽头尖",二级"条索紧而圆",三级"粗中有细嫩",四级"轻松在上边",五级"稍粗多黄片",六级"粗松梗朴显"等。运用时能表示出品质的高低顺序。对样术语是以评比样(包括标准样)为对照物,表示被评茶与参比样相比较时,记述品质差距的术语。指出哪些因子高于或低于参比样,或与参比样相符。对样评茶时往往用记号:高"△",稍高"⊥",相符"√",稍低"T",低"×"等在记录单上表示被评茶各审评因子与参比样对应因子间的品质差距。因此,同一术语可用于不同等级的茶叶,例如"高"可用于一级茶,也可用于六级茶,它仅表示被评茶的某审评因子的品质明显高于参比样对应因子的品质。对样术语本身不能反映被评茶的品质档次。而等级术语反映被评茶各因子的品质优次,这就是两种术语不同之处。

术语所用词汇的含义可分为两类:一类是褒义词;一类是贬义词。褒义词用来指出产品品质的优点或特点,如香气"高爽"、"持久",滋味"浓厚"、"鲜爽"等。贬义词用来指出产品品质的缺点,如香气"低闷",滋味"苦涩"等。

我国茶类多,花色品种丰富,茶类、花色不同,品质特征各异,有些术语对这种花色是褒义词,对另一花色却是贬义词。如"卷曲"对碧螺春、都匀毛尖等卷曲形茶来说是褒义词,而对银针、眉茶等针形、条形茶来说则属缺点,是贬义词。又如"扁直"对龙井、大方等扁形茶来说是褒义词,但对条形茶和圆形茶来说则属缺点。焦香、陈香、松烟香对一般茶类均属缺点,但古劳茶必须具有"焦香",小种红茶、黑茶应具有"松烟香味"的特点,而普洱茶、六堡茶以陈香为佳。因此,有些术语词汇含义不是绝对的,在使用术语时既要对照实物标准样来正确评比,又要根据各类茶的品质特征,结合长期评茶工作中形成的经验标准作出正确的结论。

有的术语只能专用于一种茶类,有的则可通用于几种茶类。例如"鲜灵",只宜用于花茶香气,"鲜浓"则可用于多种茶类滋味。有的术语只能用于一项品质因子,有的则可相互通用。例如"醇厚"、"醇和"只适用于滋味,而"纯正"、"纯和"既可用于滋味,也可用于香气。"柔嫩"只能用于叶底,而不能用于外形,而"细嫩",外形、叶底则可通用。掌握了术语的这些性质,有助于我们正确运用术语。

我国的茶类、花色品种为世界之最,各类茶的品质受诸多因素的影响,各个等级品质状况错综复杂,要想以非常完整、完全统一的术语表述是较为困难的。国家技术监督局发布了国家标准《茶叶感官审评术语》(GB/T 14487-93)。标准中规定了一套评茶术语(表3.2)和定义,适用于我国各类茶叶的感官审评。现将其中常用术语和定义,评语中常用的名词和副词介绍如下。

表 3.2 评茶术语汇总表

茶类	干 看			湿 评			
	形状	色泽	汤色	香气	滋味	叶底	
绿茶	细紧 紧秀 圆头 盘花 卷曲 细圆 圆紧 圆实 粗圆 粗扁 团块 扁削 尖削 扁平 光滑 光扁 光洁 挺秀 紧条 宽条 折叠 宽皱 浑条 细直 蝌蚪形 狭长条	绿翠 绿润 银绿 墨绿 起霜 灰绿 灰黄 灰暗	绿艳 浅绿 淡黄 深黄 红汤 青暗 黄暗	鲜嫩 鲜爽 清香 馥郁 花香 清高 板栗香 浓 高锐 纯 鲜灵 幽香 香薄 香浮 透兰 透素	鲜醇 浓醇 醇厚 爽口 鲜浓 熟闷味 苦涩 粗腥	嫩绿 柔嫩 青绿 黄绿 绿黄 青张 靛青 枯黄 露黄 深绿	
黄茶	扁直 肥直 梗叶连枝 鱼子泡	金黄 光亮 褐黄 青褐	黄亮 橙黄	嫩香 清鲜 清纯 焦香 松烟香	甜爽 甘醇 醇和	肥嫩 嫩黄 黄褐 黄青	

茶类	干看		湿评			
	形状	色泽	汤色	香气	滋味	叶底
黑茶压制茶	起层 落面 平滑 金花 缺口 龟裂 烧心 断甑 纹理清晰 包心外露 泥鳅条 折叠条 端正 紧度适合 斧头形	乌润 半筒 黄 黑褐 棕褐	橙红 红暗 棕红 棕黄 红黄	陈香 菌花香	陈醇 粗淡 甜陈 滑口	黄黑 红褐 褐红 猪肝色 青黄
乌龙茶	蜻蜓头 壮结 扭曲	砂绿 枯燥 死红	金黄 清黄 红色	岩韵 音韵 浓郁	清醇 甘鲜 粗浓	肥亮 软亮 红边 硬挺 暗红张
白茶	毫心肥壮 茸毛洁白 芽叶连枝 叶缘垂卷 平展 破张 蜡片	铁板青 铁青	微红 黄暗	嫩爽 毫香 鲜纯 酵气 失鲜	清甜 醇爽 青味	红张 暗张
红茶	毫尖 紧卷 皱片 粗大 细小 毛衣 筋皮 毛糙 轻松	褐黑 栗褐 栗红 枯红 灰枯	红艳 红亮 姜黄 粉红 冷后浑	鲜甜 高甜 甜和 甜香 麦芽香 焦糖香 果香	浓强 甜浓 浓涩	红匀 红明 乌暗 乌条 花青 深红 泛红 灰白 紫铜色
通用术语	显毫 锋苗 身骨 重实 轻飘 匀整 脱档 匀净 挺直 弯曲 平伏 紧结 紧直 紧实 肥壮 壮实 粗实 粗松 松条 松扁 扁块 圆浑 圆直 扁条 短钝 短碎 爆点 下脚重	油润 枯暗 调匀 花杂	清澈 鲜艳 鲜明 深浅 明亮 混浊 沉淀物	高香 纯正 平正 钝浊 闷气 粗气 青臭气 高火 老火 陈气 劣变气	回甘 浓厚 醇正 平和 淡薄 青涩 熟味 陈味 高火味 老火味 劣异味	细嫩 柔软 嫩匀 肥厚 开展 摊张 粗老 瘦薄 破碎 鲜亮 暗杂 硬杂 焦斑 匀杂

一、术语和定义

（一）绿茶术语

1. 干茶形状术语

细紧　条索细长紧卷而完整,锋苗好。也适用于红茶和黄茶干茶形状。

　　紧秀　紧细秀长,显锋苗。也适用于高档条形红茶干茶形状。
同义词:苗秀。

　　蝌蚪形　圆茶带尾,条茶一头粗突。

　　圆头　条形茶中结成团块的茶。

　　盘花　含芽尖,加工精细,炒制成盘花圆形或椭圆形的颗粒。

　　卷曲　呈螺旋状或环状卷曲。也适用于黄茶干茶形状。

　　细圆　颗粒细小圆紧,嫩度好,身骨重实。

　　圆紧　颗粒圆而紧结。

　　圆实　颗粒稍大,身骨较重实。

　　粗圆　颗粒稍粗大尚成圆,但外形显粗糙、不光滑。

　　粗扁　颗粒粗松带扁。

　　团块　颗粒大如蚕豆或荔枝核,多数为嫩芽叶黏结而成。

　　扁削　扁茶边缘如刀削过,不起丝毫皱折。

　　尖削　扁削而尖锋显露。

　　扁平　扁直平坦。

　　光滑　表面油润发亮。

　　光扁　扁平光滑。

　　光洁　表面尚油润发亮。

　　挺秀　挺直、显锋苗、造形秀美。

　　紧条　扁条过紧。

　　狭长条　扁条过窄、过长。

　　宽条　扁条不紧过宽。

　　折叠　叶张不平呈皱叠状。此术语也适用于白茶干茶形状。

　　宽皱　扁条折皱而宽松。

　　浑条　扁条不扁呈浑圆状。

　　细直　细紧圆直、两端略尖,形似松针。

2. 干茶色泽术语

　　绿翠　碧绿青翠、鲜艳。也适用于叶底。

　　嫩绿　浅绿微黄。也适用于叶底。

　　深绿　绿得较深,有光泽。

　　墨绿　深绿泛乌有光泽。也适用于白茶干茶色泽。同义词:

乌绿。

    绿润   色绿而鲜活,富有光泽。

    起霜   表面带银白色有光泽。

    银绿   色深绿表面银白起霜。

    灰绿   绿中带灰,光泽不及银绿。也适用于白茶干茶色泽。

    青绿   绿中带青。也适用于绿茶叶底色泽和乌龙茶干茶色泽。

    黄绿   以绿为主,绿中带黄。也适用于绿茶汤色和叶底;黄茶干茶和叶底的正常色泽及白茶不正常的干茶色泽。

    绿黄   以黄为主,黄中泛绿。也适用于汤色和叶底。

    露黄   面张含有少量黄朴片及黄片。

    灰黄   色黄带灰。

    枯黄   色黄而枯燥。也适用于白茶干茶色泽。

    灰暗   色深暗带死灰色,无光泽。

    灰褐   色褐带灰无光泽。也适用于红茶干茶色泽。

3. 汤色术语

    绿艳   绿中微黄,鲜艳透明。

    浅黄   黄色较浅。也适用于黄茶和白茶汤色。

    深黄   黄色较深。也适用于白茶和黄茶汤色。

    红汤   汤色发红,绿茶已变质。

    黄暗   色黄而暗。也适用于叶底色泽。

    青暗   色青而暗。也适用于绿茶、压制茶和红茶叶底色泽。

4. 香气术语

(1) 一般绿茶香气术语

    馥郁   芬芳持久,沁入心肺。也适用于乌龙茶和红茶香气。

    鲜嫩   具有新鲜悦鼻的嫩茶香气。也适用于红茶香气。

    鲜爽   新鲜爽快。也适用于绿茶滋味、红茶香味和乌龙茶滋味。

    清高   清香高而持久。也适用于黄茶和乌龙茶香气。

    清香   清鲜爽快。也适用于乌龙茶香气。

    花香   茶香鲜锐,具有令人愉快的似鲜花香气。也适用于乌龙茶和红茶香气。

    板栗香   似熟栗子香。也适用于黄茶香气。

甜香 香气有甜感。也适用于黄茶、乌龙茶和条红茶香气。

（2）烘青花茶香气术语

鲜灵 花香新鲜充足，一嗅即感。

浓 花香浓郁，强烈持久。

纯 花香、茶香比例调匀，无其他异杂气。

幽香 花香文静、幽雅柔和持久。

香薄 花香短促、薄弱。同义词：香弱。

香浮 花香浮于表面，一嗅即逝。

透兰 茉莉花香中透露白兰花香。

透素 花茶中的花香薄弱，茶香突出。

5. 滋味术语

爽口 有刺激性，回味好，不苦不涩。也适用于乌龙茶和红茶滋味。

鲜浓 鲜洁爽口，富收敛性。也适用于红茶滋味。

熟闷味 软熟沉闷不爽。也适用于黄茶和红茶滋味。

6. 叶底术语

青张 夹杂青色叶片。也适用于乌龙茶叶底色泽。

靛青 蓝绿色。

（二）黄茶术语

1. 干茶形状术语

扁直 扁平挺直。

肥直 芽头肥壮挺直，满披白毫，形状如针。也适用于绿茶和白茶干茶形状。

梗叶连枝 叶大梗长而相连。

鱼子泡 干茶有如鱼子大的突起泡点。

2. 干茶色泽术语

金黄光亮 芽头肥壮，芽色金黄，油润光亮。

嫩黄光亮 色浅黄，光泽好。

褐黄 黄中带褐，光泽稍差。

青褐 褐中带青。也适用于压制茶干茶、叶底色泽和乌龙茶干茶色泽。

黄褐　褐中带黄。也适用于乌龙茶干茶色泽和压制茶干茶、叶底色泽。

黄青　青中带黄。

3. 汤色术语

黄亮　黄而明亮,有深浅之分。也适用于黄茶叶底色泽和白茶汤色。

橙黄　黄中微泛红,似橘黄色,有深浅之分。也适用于压制茶、白茶和乌龙茶汤色。

4. 香气术语

嫩香　清爽细腻,有毫香。也适用于绿茶、白茶和红茶香气。

清鲜　清香鲜爽,细而持久。也适用于绿茶和白茶香气。

清纯　清香纯和。也适用于绿茶、乌龙茶和白茶香气。

焦香　炒麦香强烈持久,火温过高呈"糊味"。

松烟香　带有松木烟香。也适用于黑茶和小种红茶特有的香气。

5. 滋味术语

甜爽　爽口而感有甜味。

甘醇　味醇而带甜。也适用于乌龙茶、白茶和条红茶滋味。同义词:甜醇。

鲜醇　清鲜醇爽、回甘。也适用于绿茶、白茶、乌龙茶和条红茶滋味。

6. 叶底术语

肥嫩　芽头肥壮,叶质柔软厚实。也适用于绿茶、白茶和红茶叶底嫩度。

嫩黄　黄里泛白,叶质嫩度好,明亮度好。也适用于黄茶汤色和绿茶汤色、叶底色泽。

(三)黑茶、压制茶术语

1. 干茶形状术语

泥鳅条　茶条圆直较大,状如泥鳅。

折叠条　茶条折皱重叠。

端正　砖身形态完整,砖面平整,棱角分明。

纹理清晰　砖面花纹、商标、文字标记清晰。

起层　砖茶表面翘起而未脱落。

落面　砖茶表层有部分脱落。

紧度适合　压制松紧适度。

平滑　砖面平整,无起层落面或茶梗突出现象。

金花　茯砖茶中灰绿曲霉菌的金黄色孢子。金花普遍茂盛、孢子大,品质为佳。

斧头形　砖身一端厚一端薄,形似斧头。

缺口　砖茶、饼茶等边缘有残缺现象。

包心外露　黑茶外露于表面。

龟裂　砖面有裂缝现象。

烧心　砖茶中心部分发暗、发黑或发红。烧心砖多发生霉变。

断甑　金尖中间断落,不成整块。

2. 干茶色泽

乌润　乌而油润。此术语也适用于红茶和乌龙茶干茶色泽。

半筒黄　色泽花杂,叶尖黑色,柄端黄黑色。

黑褐　褐中带黑。此术语也适用于压制茶叶底色泽,乌龙茶和红茶干茶色泽。

棕褐　褐中带棕。此术语也用于压制茶汤色、叶底和红茶干茶色泽。

青黄　黄中泛青,原料后发酵不足所致。

猪肝色　红而带暗,似猪肝色。

褐红　红中带褐。

3. 汤色术语

橙红　红中泛橙。此术语也适用于乌龙茶汤色。

红暗　红而深暗。此术语也适用于红茶汤色。

棕红　红中泛棕,似咖啡色。此术语也适用于红茶干茶色泽及红碎茶茶汤加奶后的汤色。

棕黄　黄中泛棕。此术语也适用于红碎茶干茶色泽。

红黄　黄中带红。

4. 香气术语

陈香　香气陈纯,无霉气。

菌花香　茯砖发花正常茂盛所发出的特殊香气。

5. 滋味术语

陈醇　滋味陈醇而无霉味。

粗淡　味淡薄,喉味粗糙。此术语也适用于绿茶、红茶、乌龙茶滋味。

6. 叶底术语

黄黑　黑中带黄。

红褐　褐中泛红。此术语也适用于干茶色泽和汤色。

(四)乌龙茶术语

1. 干茶形状术语

蜻蜓头　茶条叶端卷曲,紧结沉重,状如蜻蜓头。

壮结　肥壮紧结。

扭曲　茶条扭曲,折皱重叠。

2. 干茶色泽术语

砂绿　似蛙皮绿而有光泽。

枯燥　干枯无光泽,按叶色深浅程度不同有乌燥、褐燥之分。

3. 汤色术语

金黄　以黄为主,带有橙色,有深浅之分,明亮。

清黄　茶汤黄而清澈。

红色　色红,有深浅之分。

4. 香气术语

岩韵　武夷岩茶具岩骨花香韵味特征。

音韵　铁观音特有的似兰花香味特征。

浓郁　浓而持久的特殊花果香。

5. 滋味术语

清醇　茶汤味新鲜,入口爽适。

甘鲜　鲜洁有甜感。

粗浓　味粗而浓。

6. 叶底术语

肥亮　叶肉肥厚,叶色透明发亮。

软亮　叶肉柔软,叶色透明发亮。

红边　做青适度,绿叶有红边或红点,红色明亮鲜艳。

暗红张　叶张发红,夹杂的暗红叶片。

死红　叶张发红,夹杂伤红叶片。

硬挺　叶质老,按捺后叶张很快恢复原状。

(五)白茶术语

1. 干茶形状术语

毫心肥壮　芽肥嫩壮大,茸毛多。

茸毛洁白　茸毛多、洁白而富有光泽。

芽叶连枝　芽叶相连成朵。

叶缘垂卷　叶面隆起,叶缘向叶背微微翘起。

平展　叶缘不垂卷而平展。

破张　叶张破碎。

蜡片　表面形成蜡质的老叶。

2. 干茶色泽术语

铁板　色深红而暗似铁锈色,无光泽。

铁青　似铁色带青。

3. 汤色术语

微红　色微泛红。

黄暗　色黄较深暗。此术语也适用于黄茶和绿茶劣变的汤色和叶底色泽。

4. 香气术语

嫩爽　活泼、爽快的嫩茶香气。

毫香　白毫显露的嫩芽叶所具有的香气。

鲜纯　新鲜纯和,有毫香。

酵气　白茶萎凋过度,有红茶发酵气。

失鲜　极不鲜爽,有时接近变质。

5. 滋味术语

清甜　入口感觉清鲜爽快,有甜味。

醇爽　醇而鲜爽,毫味足。此术语也适用于黄茶滋味。

青味　茶味淡而青草味重。

6. 叶底术语

红张　萎凋过度,叶张红变。

暗张　暗黑,多为雨天制茶形成死青。

(六)红茶术语

1. 干茶形状术语

毫尖　金黄色有毫的嫩芽。

紧卷　碎茶颗粒卷得很紧。

皱片　颗粒虽卷得不紧,但边缘折皱,是片茶好的形状。

粗大　比正常规格大的茶。

细小　比正常规格小的茶。

毛衣　茶叶中的细筋毛,红碎茶中含量较多。

筋皮　嫩茎和梗揉破的皮。

毛糙　形状大小、粗细不匀,有毛衣、筋皮。

轻松　颗粒松,身骨轻。

2. 干茶色泽术语

褐黑　乌中带褐有光泽。此术语也适用于压制茶干茶色泽。

栗褐　褐中带深棕色,似成熟栗壳色。

栗红　红中带深棕色。

泛红　色带红而无光泽。

枯红　色红而枯燥。

灰枯　色灰而枯燥。

3. 汤色术语

红艳　似琥珀色,鲜艳明亮,金圈厚而艳丽。

红亮　红而透明光亮。此术语也适用于叶底色泽。

红明　红而透明,亮度次于"红亮"。

深红　红较深,无光泽。此术语也适用于压制茶汤色。

浅红 泛红,深度不足。

冷后浑 茶汤冷却后出现浅褐色或橙色乳状的浑浊现象,为优质红茶象征之一。

姜黄 红碎茶茶汤加牛奶后,呈姜黄明亮。

粉红 红碎茶茶汤加牛奶后,呈明亮玫瑰红色。

灰白 红碎茶茶汤加牛奶后,呈灰暗混浊的乳白色。

4. 香气术语

鲜甜 鲜爽带甜感。此术语也适用于滋味。

高甜 高而带甜感。

焦糖香 烘干充足或火功高致使香气带有饴糖甜香。

甜和 香气纯和,虽不高,但有甜感。

高锐 香气鲜锐,高而持久。

果香 类似某种干鲜果香。如核桃香、苹果香等。

麦芽香 干燥得当,带有麦芽糖香。

5. 滋味术语

浓强 茶味浓厚,刺激性强。

甜浓 味浓而带甜,富有刺激性。

浓涩 富有刺激性,但带涩味,鲜爽度较差。

6. 叶底术语

红匀 红色深浅比较一致。

紫铜色 色泽明亮,呈紫铜色,为优良叶底的一种颜色。

乌暗 叶片如猪肝色,为发酵不良的红茶。

乌条 叶色乌暗而不开展。

花青 带有青色的叶张或青色的斑块,红里夹青。

(七)各类茶通用术语

1. 干茶形状术语

显毫 茸毛含量特别多。同义词:茸毛显露。

锋苗 芽叶细嫩,紧卷而有尖锋。

身骨 茶身轻重。

重实 芽叶嫩度好,做工也好,身骨重,茶在手中有沉重感。

轻飘　身骨轻,茶在手中分量很轻。

匀整　上中下三段茶的粗细、长短、大小较一致,完整,比例适当,无脱档现象。同义词:匀称。

脱档　上下段茶多,中段茶少,三段茶比例失调。

匀净　匀整,不含梗朴及其他夹杂物。

挺直　光滑匀齐,不曲不弯。同义词:平直。

弯曲　不直,呈钩状或弓状。同义词:钩曲(耳环)。

平伏　茶叶在盘中相互紧贴,无翘起架空现象。

紧结　卷紧而结实。

紧直　卷紧而圆直。

紧实　松紧适中,身骨较重实。

肥壮　芽叶肥嫩身骨重。同义词:雄壮。

壮实　尚肥嫩,身骨较重实。

粗实　嫩度较差,形粗大尚重实。

粗松　嫩度差,形状粗大而松散。

松条　卷紧度较差。同义词:松泡。

松扁　不紧而呈平扁状。

扁块　结成扁圆形或不规则圆形带扁的块。

圆浑　条索圆而紧结,不扁不曲。

圆直　条索圆浑而挺直。

扁条　条形扁,欠圆浑。

短钝　茶条折断,短而无锋苗。同义词:短秃。

短碎　面张条短,下段茶多,欠匀整。

下脚重　下段中最小的筛号茶过多。

爆点　干茶上的突起泡点。

2. 干茶色泽术语

油润　干茶色泽鲜活,光泽好。

枯暗　色泽枯燥,无光泽。

调匀　叶色均匀一致。

花杂　叶色不一,形状不一。此术语也适用于叶底。

3. 汤色术语

清澈　清净、透明、光亮、无沉淀物。

鲜艳　鲜明艳丽，清澈明亮。

鲜明　新鲜明亮。此术语也适用于叶底。

深　茶汤颜色深。

浅　茶汤颜色浅似水。

明亮　茶汤清净透明。

暗　不透亮。此术语也适用于叶底。

混浊　茶汤中有大量悬浮物，透明度差。

沉淀物　茶汤中沉于碗底的物质。

4. 香气术语

高香　茶香高而持久。

纯正　茶香不高不低，纯净正常。

平正　较低，但无异杂气。

低　低微，但无粗气。

钝浊　滞钝不爽。

闷气　沉闷不爽。

粗气　有老茶的粗糙气。

青臭气　带有青草或青叶的气息。

高火　微带烤黄的锅巴香，干度十足所产生的火香。

老火　带轻微的焦茶气。

陈气　茶叶贮藏不善产生的陈变气味。

劣变气　烟、焦、酸、馊、霉等茶叶劣变或被外来物质污染所产生的气息。使用时应指明属何种劣异气。

5. 滋味术语

回甘　回味较佳，略有甜感。

浓厚　茶汤味厚，刺激性强。

醇厚　爽适甘厚，稍有刺激性。

浓醇　浓爽适口，回味甘醇，刺激性比浓厚弱比醇厚强。

醇正　清爽正常，略带甜。

醇和　醇而平和，带甜。刺激性比醇正弱而比平和强。

平和　茶味正常、刺激性弱。

淡薄　入口稍有茶味,以后就淡而无味。同义词:和淡;清淡;平淡。

涩　茶汤入口后,有麻嘴厚舌的感觉。

粗　粗糙滞钝。

青涩　涩而带有生青味。

苦　入口即有苦味,后味更苦。

熟味　茶汤入口不爽,带有蒸熟或闷熟味。

高火味　高火气的茶叶,在尝味时也有火气味。

老火味　近似带焦的味感。

陈味　滋味淡、无活力,带有陈变的气息。

劣异味　烟、焦、酸、馊、霉等茶叶劣变或污染外来物质所产生的味感。使用时应指明属何种劣异味。

6. 叶底术语

细嫩　芽头多,叶子细小嫩软。

柔嫩　嫩而柔软。

柔软　手按如棉绸,按后伏贴盘底。

匀　老嫩、大小、厚薄、整碎或色泽等均匀一致。

杂　老嫩、大小、厚薄、整碎或色泽等不一致。

嫩匀　芽叶匀齐一致,嫩而柔软。

肥厚　芽头肥壮,叶肉肥厚,叶脉不露。

开展　叶张展开,叶质柔软。同义词:舒展。

摊张　老叶摊开。

粗老　叶质粗硬,叶脉显露。

瘦薄　芽头瘦小,叶张单薄少肉。

破碎　断碎、破碎叶片多。

鲜亮　鲜艳明亮。

暗杂　叶色暗沉、老嫩不一。

硬杂　叶质粗老、坚硬、多梗、色泽驳杂。

焦斑　叶张边缘、叶面或叶背有局部黑色或黄色烧伤斑痕。

二、评语中常用名词和副词

1. 常用名词

芽头　未发育成茎叶的嫩尖,质地柔软。

茎　尚未木质化的嫩梢。

梗　着生芽叶的已显木质化的茎,一般指当年青梗。

筋　脱去叶肉的叶柄、叶脉部分。

碎　呈颗粒状细而短的断碎芽叶。

夹片　呈折叠状的扁片。

单张　单瓣叶子,有老嫩之分。

片　破碎的细小轻薄片。

末　细小呈粉末状。

朴　叶质粗老,外形松大、轻飘呈折叠状的块、片块。

红梗　梗子呈红色。

红筋　叶脉呈红色。

红叶　叶片呈红色。

渥红　鲜叶堆放中,叶温升高而红变。

丝瓜瓤　渥堆过度,叶质腐烂,只剩下叶脉的网络,形成丝瓜瓤。

麻梗　隔年老梗,粗老梗,麻白色。

剥皮梗　在揉捻过程中,脱了皮的梗。

绿苔　指新梢的绿色嫩梗。

上段　摇样盘后,上层较轻松、长大的茶叶。也称面装或面张。

中段　摇样盘后,集中在中部较细紧、重实的茶叶。也称腰档。

下段　摇样盘后,沉积于底层或茶堆四周细小的碎茶、片末。也称下身或下脚。

中和性　香味不突出的茶叶,适于拼配。

2. 常用副词

稍或略　某种程度不深时用。

较　两者相比,有一定差距。

欠　在规格上或某种程度上不够要求,且差距较大时用。

尚　某种程度有些不足,但基本还接近时用。

有　表示某些方面存在。

显　表示某些方面比较突出。

带　在某种程度上轻微时用。

微　在某种程度上很轻微时用。

第八节　综合判定

我国茶叶花色品种众多,各类茶叶品质千差万别,要想准确的用鉴茶术语表达,除有经验的评茶师而外,尚有一定的难度。于是在茶叶销售、名优茶评比上,常采用计分方法来表示茶叶品质的优次。本节着重介绍怎样对样评茶、评茶计分方法及其综合判定。

一、对样评茶

1. 茶叶标准样概述

(1)毛茶标准样:指初制茶在收购或验收时,对样审评其外形内质,以确定其等级和茶价的实物依据。

我国统一建立毛茶标准样始于 1953 年。当初红绿毛茶分五级14 等,一至四级各分上中下 3 个等,五级分上下 2 个等,各级实物样设在中等,故称中准制。1954 年外销红绿毛茶标准样改为五级 18等,其中一、二级各设 5 个等。

1979 年商业部对毛茶标准样进行了全面改革和修订。如红毛茶、炒青及烘青绿毛茶统一改为六级 12 等(每级 2 个等),一级一样,在双等上设一个实物标准样,为各级最低界限。

为使毛茶实物标准样逐步向标准化发展,1983 年商业部颁布了屯绿、婺绿、遂绿、舒绿、杭绿、温绿、平绿七套初制炒青毛茶的标准。标准对七套初制炒青毛茶品质规格的基本要求、感官特征、理化指标提出了具体要求。此外,就评茶设备、取样和审评方法作了说明和要求。对感官审评常用术语作了统一解释。对理化检验的水分、碎末茶、灰分、水浸出物、粗纤维等的测定,在仪器和材料及测定方法等方面作了统一规定。

毛茶标准样原按管理权限分国家标准、部标准(行业标准)、省标准（地方标准）和企业标准。由于茶叶容易吸潮陈化变质，毛茶标准样必须每年换配一次，以有效地保证毛茶实物标准样的正确性和代表性。现按茶农和茶商当年实物样进行自由买卖。

（2）加工标准样：指毛茶据以对样加工成精茶使各个花色的成品茶达到规格化、标准化的实物依据。加工标准样亦称加工验收统一标准样，产销双方用以对样评比产品进行交接验收，有的加工标准样茶与贸易标准样茶通用。制定加工标准样茶的目的是为加强精制茶厂的经济技术管理，控制成品茶质量水平，保证出厂产品符合国家规定的标准和要求。

我国各类茶叶的加工标准样亦于 1953 年开始建立，它是根据市场需要和生产可能制定的。外销茶加工标准样由拼配商审定，内销茶、边销茶加工标准样由产方提出经销方同意而制定。原各类加工标准样茶使用一定时期（3～4 年）后换配新样，换样以制样时核定的品质水平为准。现茶叶市场放开，加工标准样根据茶商或拼配厂提出，销、购双方认可后，茶厂据以对样加工，对产品实行出厂负责制。受货单位据以对样验收产品，实行交换结算，如发生升降级或不合格情况，均按规定的标准样茶各项品质因子和理化指标进行评比和处理。加工标准样茶有外销绿茶、花茶、压制茶、乌龙茶、工夫红茶、红碎茶等。

（3）贸易标准样：主要指茶叶对外贸易中作为成交计价和货物交接的实物依据。我国出口茶叶贸易样分红茶、绿茶、特种茶（包括花茶、乌龙茶、白茶、压制茶）和各类小包装茶。每一茶类按花色各分若干级，编制固定号码，为贸易标准样的茶号，如特珍一级为 9371。

贸易标准样是于 1954 年开始建立的，它与加工标准样茶基本上是相适应的，有利于产销结合和货源供应。茶叶出口贸易的合同签订或函电成交，一般凭贸易标准样的等级茶号进行交易，凭茶号进行贸易往来，对于简化手续、加强外商的信任感和扩大国际贸易都有积极作用。

茶叶贸易标准样是由主管茶叶的出口经营部门根据市场需要和生产可能制定的，隔几年按原标准样品质水平换配新样。是产销和商检等部门共同执行的依据，如发现交货品质与贸易标准样不符合，国家商品检验局不予放行。

2. 对样评茶的应用范围

（1）用于产、供、销（或购销）的交接验收，其评定结果作为产品交接时定级计价的依据。这种对样评茶是以各级标准样为尺度的，根据产品质量高低评定出相应的级价。符合标准样的，评以标准级，给以标准价；高于或低于标准的，按其质量差异幅度大小，评出相应的级价或档次，级价或档次按品质高低上下浮动。因此，并不强求产品品质与对照样相符。如毛茶收购和加工验收标准样就属这一类。

（2）用于质量控制和质量监管，其评定结果为货样是否相符的依据。这种对样评茶应以标准样为准，交货品质必须与对照样相符，高于或低于标准样的都属不符。符合标准样的评为"合格"，不符合的评"不合格"。交货品质不允许上下浮动。对外贸易标准样和成交样就属这一类。我国输出茶检验标准规定："各类各级茶，必须符合中华人民共和国对外经济贸易部制定的标准样茶和出口合同规定的成交样茶。"要求交货品质必须与样相符。在国际贸易中，货样是否相符，是衡量商品信誉的重要标志。出口茶叶的对样评茶，就是为了保证商品质量，维护商品信誉而采取的一项重要措施。

虽然购销交接对样评茶与出口茶的对样评茶两者审评项目相同，但侧重点有所不同，前者在于评定茶叶品质的高低优次和相应级价，而后者在于评定货样是否相符。如成交时的样品是碎茶，交货时拼有条茶，或样品是片茶，交货时拼有末茶，无论内质如何，由于外形规格不符，都应评为不合格。内质当然也是如此。在评定内质时，不仅应对照标准样茶，同时应对照同期、同茶号的交货品质水平，然后确定内质。

3. 对样评茶的方法

正确的对样评茶，除按一般方法进行审评外，还应采取如下措施。

（1）三样评茶："三样"即贸易标准样、交货样和参考样（也称档案样）。标准样和成交样是依据，但同时应参考同时期、同销区、同客户的交货样，这对保持前后期的交货品质均衡，正确掌握货样相符是行之有效的。

（2）双杯评茶：为使审评结果更加准确，评茶时可采取双杯制，如发现两杯之间有差异时，再泡，直至二杯结果基本一致。

（3）密码评茶：为防止评茶人员的主观片面性，使审评结果更为客观可靠，可采用密码审评，有时可把交货样作为标准样，把标准样作为交货样，互相对比，衡量交货水平。

（4）排队评茶：按某因子品质优次，进行调整位置排队评茶。

二、对样评分

对样评分是对照标准样，审评样茶的每个品质因子，逐项评比，分别给以适当的分数，评分的高低应以标准样为依据，是用分数来记录茶叶品质优次的方法。

评分和评语虽然都是表示茶叶品质优次的方法，但作用不同。评分是以数值直观地表示茶叶品质的优劣，从分数上可以看出被评茶叶质差或级差的大小，但不能看出质差的原因，仍需以评语作补充，评语是对被评茶叶品质因素的说明，指出高或低于评比样的实况，但不能看出品质差距的程度，须靠分数来表达。因此，两者应当同时并用。

计分则是按照各类茶各个品质因子规定的权数，将各个品质因子所得的分数进行加权平均或算术平均，其值即为该批成品茶的品质总分。

评分的方法各国有所不同，有用 100 分制的，有用 30 分制或 5 分制的，有增分法和减分法，也有把标准定为最高分或最低分的。对评茶来说分数只是一种表达品质高低的标记，只要统一标准，掌握方法，结果正确，可以任意选用，但必须按照该地区惯用的方法来评分，否则会失去实用价值。我国现行的对样评分、计分方法有以下三种。

1. 百分法

百分法的用法有两种。

（1）将标准样茶的各项品质因子都定为 100 分，其综合平均数 100 分为标准分，并与国家核定的标准价格相结合而成为品质系数。评茶时依成品茶比标准样茶品质的高低而增减分数，各因子评分的综合平均分与品质系数的乘积为相应价格。

（2）以等级实物标准样为依据，100分最高分，对各级标准样茶规定一个分数范围，级与级间的分距相等，例如一级茶为91～100分，二级茶为81～90分，以此类减，每个级距差10分。有特级的，则特级为101～110分。

这种评分法适用于已经建立等级规格的成品茶，如工夫红茶、眉茶、珠茶、花茶、乌龙茶和白茶等。

2. 十分制评分法

各类毛茶或商品茶在收购、验收过程中均按10分计算，共有八项因子需要鉴评，其每项因子分数分配如表3.3所示。

表3.3　各类茶叶品质因子评分比例表

项目 茶类	外形				内质			
	形状	整碎	净度	色泽	香气	滋味	汤色	叶底
工夫红茶	1.5	1.0	1.0	0.5	1.5	2.0	1.0	1.5
红碎茶	1.0	0	1.0	1.0	2.0	3.0	1.0	1.0
小种红茶	1.5	1.0	1.0	0	2.0	2.5	1.0	1.0
绿茶	1.5	1.0	1.0	0.5	1.5	2.0	1.0	1.5
乌龙茶	1.5	1.0	0.5	0.5	2.5	3.0	0.5	1.0
花茶	1.5	1.0	0.5	0.5	3.0	2.5	0.5	1.0
压制茶	2.0	0.5	0.5	1.0	2.0	2.5	1.0	0.5
普洱茶	1.5	1.5	0.5	0.5	2.0	2.5	1.0	1.0
白茶	1.0	1.5	1.0	0.5	1.5	2.0	1.0	1.5

3. 五分制评分法

压制茶采用五分制给分，其审评项目包括形状、色泽、香气、滋味、汤色、叶底。各审评项目在2.1～3分者，为最低品质（即成品茶标准样）；在3.1～4分者，为中等品质；在4.1～5分者，为上等品质。压制茶出厂品质不得低于最低品质分数。

内质、外形各项因子，可按内质、外形两方面分别进行算术平均计算，但外形、内质两方面的分数不得平均。如内质、外形两方面的分数,有一方面低于标准者,就以不合格论处。

其他成品茶在交接验收时,对照标样常采用五级符号表示法。如下:

低×　稍低┬　符合标样√　稍高┴　高△

4. 七档制评分法

对照标准样或成交样,按下列规定给分:

比标准样(或成交样)	评分
高	+3
较高	+2
稍高	+1
相当	0
稍低	−1
较低	−2
低	−3

5. 增减分法

它是以标准样或成交样为依据,按规定因子逐项对样评比,各项因子根据其是否符合标准样或成交样的程度给分,并按各审评因子得分计算总分。给分只表示增分或减分,表示与标准样或成交样之间的差距大小,不能区分等级。

(1)审评因子权数分配,见表3.4。

表 3.4　各类茶评分系数(加权数)表

茶　类	外形	内　质				外：内
		汤色	香气	滋味	叶底	
特种绿茶	30	10	25	25	10	3：7
普通绿茶	45	5	20	20	10	9：11
工夫红茶	30	10	25	25	10	3：7
红碎茶	25	15	25	25	10	1：3
乌龙茶	15	10	35	30	10	3：17
黄茶	30	10	20	30	10	3：7

续表

茶　类	外形	内　质				外：内
		汤色	香气	滋味	叶底	
白　茶	20	10	30	30	10	2：8
黑　茶	30	10	25	25	15	3：7
花　茶	30	5	35	25	5	3：7
袋泡茶	5	25	30	35	5	1：19
速溶茶	10	35	20	35	—	1：9
紧压茶	30	10	25	25	10	3：7
液体茶	—	35	30	35		0：10
普洱茶	20	10	30	30	10	2：8

（2）结果计算。品质总得分按下式计算：

$$总得分\ X = Aa + Bb + \cdots + Nn$$

式中，A、B…N 表示各品质审评因子的评分；a、b…n 表示各品质审评因子的相应权数。

另外，还有部分评茶不是对照某一评比样（含标准样）来评定茶叶品质，而是被评茶相互之间比较评定品质优次的，这种审评称为非对样评茶。评茶时虽然没有实物标准样，但各类各级茶的品质特征及要求、品质优次的规律，评茶人员必须做到心中有数，这需要具有一定的评茶经验的人方能胜任。如名优茶评比、茶叶科学研究试验样品（以下简称科研茶）等的审评就属这一类。一般是茶类、花色、等级相同或相近的茶在一起比较优次，否则没有可比性。

三、综合判定

1. 依据
按标准（GB、行业、地方或企业），或商品包装上的质量标志。

2. 方法
（1）感官审评。单项判定应附有：① 审评因子的权数分配；② 审评计分方法。

可采用七档制评分：高（＋3），较高（＋2），稍高（＋1），相当（0），稍低(−1),较低(−2),低(−3)。负分累计达到了−3分则判感官不及格。但不合格的地方应用评茶术语给以描述。

（2）理化限量指标,如表3.5所示。

表3.5　理化限量指标

项目	指标	项目	指标
水分,%(m/m)	≤6.5(绿茶)	粗纤维,%(m/m)	≤16.5
总灰分,%(m/m)	≤7.0	水溶性灰分,占总灰分,%(m/m)	≥45.0
碎末茶,%(m/m)	1.5～6.0	酸不溶性灰分,%(m/m)	≤1.0
水浸出物,%(m/m)	≥34.0	水溶性灰分碱度(以 KOH 计)	1.0～3.0

（3）卫生指标,如表3.6所示。

表3.6　卫生指标　　　　　（单位:mg/kg）

项目 茶类	铅	铜	六六六	DDT	氰戊菊酯	氯氰菊酯	甲氰菊酯	溴氰菊酯
一般茶	≤2.0	≤60.0	≤0.2	≤0.2	≤0.1	≤0.1	≤0.1	≤5.0
绿色食品茶	≤1.0	≤15.0	≤0.05	≤0.05				
有机茶	≤1.0	≤30.0	不得检出		不得检出			

3. 综合判定

（1）升(降)值处理

① 外形一项稍高,内质一项(主)或两项(次因子)高于标准样,作升半档处理;

② 内质一项稍高,外形一项(主)或两项(次因子)高于或低于标准样的,同样作升(降)半个档处理;

③ 品质总水平符合何档的,按何档验收;

④ 高于上档品质的,按上中档之间的差价加半个档或一个档以上作价验收;

⑤ 也可用对样评档法或评分法,直接验收计价。

（2）不合格处理

① 凡劣变、有污染、有异味的为不合格；

② 水浸出物、灰分、粉末碎茶等其中任两项不合格的为不合格；

③ 水分、卫生等一项不合格的均为不合格；

④ 净含量不合格的判商品定量包装不合格。

四、名优茶评比实例

1. 确定评分原则及标准

全国性名优茶评比，一般由具有高级职称、来自不同产区的 7 位专家组成评委，可分为两个小组，每组 3 人，其中 1 位主评，2 位副评兼记录员。1 组先评外形，1 组先评内质，然后互换。两组各自密码审评（参评样品登记入库后全部换用统一的金属样罐包装，编制密码），各组分别评分、注明评语。审评时，组长先亮分和评语，其他评委若无异议便通过，若有不同意见，当场加分或减分，最后确定该因子的定分，确保给分的公正性。

评茶前首先要确定审评项目及方法、给分标准、各审评因子权数、评分原则、计分方法、品质优次排列等规则。

开汤取样：乌龙茶 5g，速溶茶 0.5g，袋泡茶使用原装袋（去标签），其他茶均 3g 冲泡，所有茶样均以 150 mL 沸水冲泡 5 分钟进行湿评。冲泡前压制茶须解块，花茶须剔除花干。

2. 给分标准

把茶叶品质档次分为甲、乙、丙三个级，各级的品质要求及给分标准如下：甲级，没有发现疵次，给 94 分中准分，再根据品质高低加或减 1～4 分。乙级，有不太明显的疵次，给 84 分中准分，再根据品质高低加或减 1～4 分。丙级，有明显疵次，给 74 分中准分，再根据品质高低加或减 1～4 分。各因子不同档次评语、评分不同。

评茶时，根据各因子品质注下评语，看属于哪个品质档次，评出分数，评语和评分同时使用。因子品质处于同档次的不同编号茶，若相互间看不出差异，评语、评分可相同；若相互间有差异，但差异不显著，可用相同评语，给分相差 1～2 分；若相互间差异显著，给分差距 3～5 分，评语也要有所反映。如有 10 个品种试验茶（烘青花色），其汤色达到甲级档次的有 1♯、3♯、5♯、6♯，1♯最好，嫩绿明亮，可评

98分;3♯与1♯相比几乎看不出差异,评语和评分可以和1♯相同;5♯和1♯比稍有差异,比1♯微黄,但不显著,评语可和1♯相同,评分低1~2分;6♯和1♯比差异显著,比1♯稍黄,评语只能用嫩黄绿明亮,给分低3~5分。

3. 品质总分计算

各因子评分乘以相应权数之积为各因子实际得分,各因子实际得分之和为感官审评品质总分。

4. 品质优次排列

在同一茶类中,根据品质总分高低,由高分到低分按次序排列,但不同茶类之间不按高低次序排列。当两种(多种)茶品质总分相等时,根据5个品质因子权数的高低排列(即按权数大的品质因子实际得分高低排列)。

5. 结论

(1)名优茶评比。感官审评结束,从审评结果记录中统计出每个编号茶各因子的评分、计算品质总分。根据品质总分高低决定品质优次。由非评茶工作人员揭秘每个编号对应的茶样,上报主办组织后再公示。

(2)市场抽样检查。总得分结果为-3分者为不合格。任何单一品质审评因子低、评分为-3分者为不合格。按国家标准《茶叶品质感官审评方法》检验。

(3)试验茶样鉴定。各因子审评时,通过反复比较,排出参评茶各因子从优到次的顺序,在审评结果记录表上按优次顺序记下茶样编号,注写评语,给出分数。既要体现品质等次,又要拉开各样品间差距。

第四章 茶品特征

我国生产的绿茶、黄茶、黑茶、青茶、白茶和红茶六大茶类,由于制法不同,鲜叶中的主要化学成分特别是多酚类中的一些儿茶素发生不同程度的酶性或非酶性的氧化。因氧化产物的性质不同,从而形成六大茶类各自的品质特征。绿茶、黄茶和黑茶在初制中,均先通过高温杀青破坏鲜叶中的酶活性,制止了多酚类的酶促氧化。绿茶经做形、干燥形成绿汤绿叶的特征。黄茶、黑茶经闷黄或渥堆使多酚类产生不同程度的非酶促氧化,形成黄茶的黄汤黄叶,黑茶具有干茶油黑、汤色橙黄或红浓的特征。相反,红茶、青茶和白茶类在初制中,却先萎凋为促进多酚类的酶促氧化准备条件,红茶经揉捻或揉切、发酵、干燥形成红汤红叶品质;青茶经晒青、摇青、做青、杀青(炒青)、做形、干燥形成汤色金黄和绿叶红边特征;白茶经长时间萎凋干燥形成干茶灰绿、芽毫银白,毫香毫味的特征。各类初制毛茶经加工称精茶(成品茶),毛茶和精茶经再加工称再加工茶或深加工茶。各种加工茶除具有各类茶品质特征外,其外形与内质也有明显的差别。

第一节 绿茶品质特征

绿茶类按杀青方式不同分为炒热杀青绿茶和蒸汽杀青绿茶(简称蒸青)。其中炒热杀青绿茶经杀青后揉捻做形,按干燥的方式不同又分为炒青、烘青和晒青。在初制中,由于高温湿热作用,多酚类部分氧化、热解、聚合和转化后,其主要化学成分适量变化,苦涩味减少,具绿汤绿叶,香味鲜爽生津的品质特征。

一、炒青绿茶

绿茶鲜叶经炒热杀青、做形、干燥的成茶分为炒青、烘青和晒青三种。

（一）炒青品质特征

鲜叶经杀青后再做形及炒制干燥中,受到机械或手工力的作用形成长条形、圆珠形、扁平形、针形、卷曲形等各种形状的绿茶。长条形称长炒青,圆珠形称圆炒青。

1. 长炒青品质特征

炒青绿茶因产地不同,自然环境不同,其品质也有差异。我国主要有屯炒青、舒炒青、婺炒青、遂炒青、温炒青和杭炒青等,毛茶分六级十二等。精制后的成品都属于外销眉茶。

（1）初制绿毛茶品质特征:一般高档炒青茶外形条索紧结(紧细)稍圆直,有锋苗,重实,匀整,色泽绿润,微嫩茎梗朴;内质汤色黄绿明亮,香气高爽持久带有栗香,滋味浓厚鲜爽,富收敛性,叶底黄绿明亮、嫩匀。

屯炒青——条索紧结重实、匀整、锋苗显,色泽绿润鲜活,稍嫩茎;汤色黄绿明亮,香气高爽持久带栗香,滋味浓厚爽口,叶底黄绿明亮,叶质厚软,嫩匀。

舒炒青——条索紧细匀整、锋苗显、色泽绿润微灰,稍嫩茎;汤色绿明亮,香气高爽持久,有鲜嫩香,滋味醇厚爽口,叶底黄绿鲜亮,嫩匀柔软。

婺炒青——条索壮结稍圆直、重实、匀整、色泽绿润微黄稍嫩茎;汤色黄绿明亮,香气栗香高爽持久,滋味浓厚爽口,叶底黄绿明亮,叶质肥厚嫩匀。

杭炒青——条索紧细、匀整、有锋苗,色泽绿润,稍有嫩茎;汤色黄绿明亮,香气高爽持久带清香,滋味浓醇鲜爽,叶底黄绿明亮,嫩软较匀。

遂炒青——接近于屯炒青,较屯炒青色泽稍黄,锋苗不够显。

温炒青——条索细稍扁,色泽灰黄。

此外,我国湖南、四川、贵州、云南、广东等省都有少量炒青,安徽宣、郎、广炒青属芜毛绿。现介绍屯炒青、舒炒青各级品质规格(GB/T14456—9),见表4.1、4.2。

表 4.1　屯炒青品质特征

级别	外　形				内　质			
	条索	色泽	整碎	净度	香气	滋味	汤色	叶底
一	紧结重实显锋苗	绿润	匀齐	无梗片稍有嫩茎	嫩香鲜爽持久	鲜醇浓爽	嫩绿清澈	嫩匀肥厚绿明亮
二	紧结锋苗尚显	尚绿润	匀整	稍有嫩茎	高爽尚持久	鲜醇厚	尚嫩绿明亮	尚嫩匀黄绿明亮
三	紧实	绿稍润	尚匀整	有嫩茎	尚高	醇厚	黄绿尚亮	黄绿尚明
四	尚壮实	黄绿	尚匀整	有嫩茎梗片	纯正	醇和	黄绿尚明	黄绿尚匀
五	稍粗松	绿黄	尚完整	有梗朴片	尚纯	平和	绿黄稍明	稍老欠匀
六	粗松	绿黄稍枯	尚完整	梗朴片稍多	稍粗	稍粗淡	绿黄稍暗	粗老不匀

表 4.2　舒炒青品质特征

级别	外　形				内　质			
	条索	色泽	整碎	净度	香气	滋味	汤色	叶底
一	细紧匀直显锋苗	绿润	匀整	稍有嫩茎	鲜嫩高爽持久	鲜爽醇厚	清澈绿亮	嫩绿明亮
二	紧结锋苗尚显	尚绿润	匀整	稍有嫩茎	鲜嫩尚持久	鲜醇	绿明亮	嫩绿尚亮
三	紧实	绿稍润	尚匀整	有嫩茎梗	尚高	醇厚	绿尚明	尚匀嫩绿明
四	尚紧	黄绿尚润	尚匀整	有嫩梗片	纯正	醇和	黄绿尚明	黄绿尚明
五	稍松欠匀	黄绿稍枯	尚完整	有梗朴片	稍粗	平和	黄绿	稍粗老欠匀色黄绿
六	粗松	绿黄较枯	尚完整	梗朴片稍多	有粗老气	稍粗淡	绿黄稍深	粗老色暗

（2）精制眉茶品质特征：根据原料老嫩、加工工艺的不同，按形态和色香味的品质特征，花色分为珍眉、雨茶、贡熙、凤眉、秀眉和茶片等。

珍眉——条索紧细如眉，有锋苗，匀整，色泽绿润起霜，洁净；汤色黄绿明亮,香气高爽持久,滋味醇(浓)厚爽口,叶底黄绿明亮,嫩匀。各级品质见表4.3。

表4.3 珍眉感官品质特征

级别	外 形				内 质			
	条索	色泽	整碎	净度	香气	滋味	汤色	叶底
特珍特级	细嫩显锋苗	绿光润起霜	匀整	洁净	鲜嫩清高	鲜爽浓醇	嫩绿明亮	含芽嫩绿明亮
特珍一级	细紧有锋苗	绿润起霜	匀整	净	高香持久	鲜浓爽口	绿明亮	嫩匀嫩绿明亮
特珍二级	紧结	绿润	尚匀整	尚净	高香	浓厚	黄绿明亮	嫩匀绿明亮
珍眉一级	紧实	绿尚润	尚匀整	尚净	尚高	浓醇	黄绿尚明亮	尚嫩匀黄绿明亮
珍眉二级	尚紧实	黄绿尚润	匀称	稍有嫩茎	纯正	醇和	黄绿	尚匀软黄绿
珍眉三级	粗实	黄绿	匀称	带细梗	平正	平和	绿黄	叶质尚软绿黄
珍眉四级	稍粗松	黄	尚匀称	带梗朴	稍粗	稍粗淡	黄稍暗	稍粗绿黄
珍眉不列级	粗松带扁条	黄稍花	尚匀称	有轻朴梗	粗	稍粗淡带涩	黄较暗	粗老黄暗

雨茶——条索似雨点,原系珠茶中分离出的长身茶,现大部分从眉茶中获取,细紧短钝,(带蚰蜒条)匀称,色泽绿润,稍有黄条,茎梗;汤色黄绿稍黄明亮,香气高纯,滋味浓厚爽口,叶底黄绿明亮,尚嫩匀。

贡熙——长炒青中圆形茶,外形颗粒近似珠茶,圆结重实,匀整,有盘花芽叶,带切口,耳环状。色泽绿较润翠;汤色黄绿稍浅明亮,香气尚高爽,滋味醇厚,叶底黄绿明亮(稍欠展),尚嫩匀。

秀眉——从长炒青或圆炒青加工中分离出的部分嫩茎梗、筋、细条和片形茶拼配而成。分为特级、一级、二级、三级。条索呈嫩茎细条,带片形,身骨轻,色泽黄绿稍枯暗;汤色绿黄稍暗,香气低纯,滋味稍粗涩,叶底黄暗,稍粗。

凤眉、茶片——从长炒青加工中分离出的部分细小、短钝的条形茶拼配而成为凤眉,不分级,同样分离出的部分轻身形茶为茶片,不分级。

特针——大部分为嫩筋、细条、匀称、色泽黄绿稍花;汤色黄绿稍深尚亮,香纯,味尚浓,叶底黄绿尚亮、尚嫩、嫩筋较多。

2. 圆炒青品质特征

珠茶产于浙江嵊县、新昌、上虞等县,因历史上毛茶集中绍兴平水镇精制和集散,成品茶外形细圆紧结似珍珠,故称"平水珠茶"或称平绿,毛茶称平炒青。

(1) 毛茶品质特征:外形颗粒圆结重实,色泽墨绿油润;汤色黄绿明亮,香纯味浓,叶底黄绿明亮,嫩匀完整。平炒青精制后花色有珠茶、雨茶、秀眉和茶片等。毛茶分一至六级,(GH016-84)。

圆炒青感官品质特征要求,见表4.4。

表4.4　圆炒青品质特征

级别	外形				内质			
	颗粒	色泽	整碎	净度	香气	滋味	汤色	叶底
一级	细圆重实	深绿光润	匀整	净	香高持久	浓厚	清绿明亮	芽叶较完整嫩绿明亮
二级	圆紧	绿润	匀整	稍有嫩茎	高	浓醇	黄绿明亮	芽叶尚完整黄绿明亮
三级	圆结	尚绿润	匀称	稍有黄头	纯正	醇和	黄绿尚明亮	尚嫩尚匀黄绿尚明亮
四级	圆实	黄绿	匀称	有黄头	平正	平和	黄绿	有单张黄绿尚明亮
五级	粗圆	绿黄	尚匀	有黄头扁块	稍低	稍粗淡	绿黄	单张较多绿黄
六级	粗扁	绿黄稍枯	尚匀	有朴块	有粗气	粗淡	黄稍暗	粗老绿黄稍暗

(2) 精茶品质特征:以圆炒青为原料,经整形、归类、拼配成圆形茶分为特级、一至五级和不列级(GB/T14456-93)。珠茶感官品质

特征要求,见表 4.5。

表 4.5　出口珠茶感官品质标准

级别	外形				内质			
	颗粒	整碎	色泽	净度	香气	滋味	汤色	叶底
特级	细圆紧结重实	匀整	深绿光润起霜	洁净	香高持久	浓厚	嫩绿明亮	芽叶完整嫩绿明亮
一级	圆紧重实	匀整	绿润起霜	净	高	浓醇	黄绿明亮	嫩匀黄绿明亮
二级	圆结	匀称	尚绿润	稍有黄头	尚高	醇厚	黄绿明亮	尚嫩匀黄绿明亮
三级	圆实	尚匀称	黄绿	显黄头有嫩茎	纯正	醇和	绿黄	尚嫩匀黄绿尚明亮
四级	尚圆实	尚匀称	绿黄	显黄头有茎梗	平正	平和	黄	叶质尚软尚匀绿黄
五级	粗圆	尚匀称	绿黄稍枯	显黄头有筋梗	稍粗	粗淡	黄稍暗	稍粗老稍黄暗
不列级	粗扁	尚匀称	黄枯	有朴片老梗	粗	粗带涩	黄暗	粗老黄暗

3. 特种炒青绿茶品质特征

因产地、制工不同,形状各异。主要有条形、圆珠形(腰圆形和盘花形)、扁形、针形、卷曲形、环钩形等。其品质风味各有特色。

(1) 扁形

① 西湖龙井:产于杭州市西湖区。鲜叶采摘细嫩,要求芽叶均匀成朵,制造前经过适当摊放,高级龙井做工特别精细,具有"色绿、香郁、味甘、形美"的品质特征。

龙井茶外形扁平、挺直、光滑、匀齐,形似碗钉,芽毫隐藏稀见,色泽嫩绿(或)翠绿调匀、光润;香气鲜嫩馥郁,清高持久,汤色绿清亮,滋味甘鲜醇厚,有新鲜橄榄的回味,叶底嫩绿成朵,匀亮。

龙井因产地不同,产品各显特色,历史上有"狮"、"龙"、"梅"三个类型。狮峰龙井色泽绿微黄,俗称"糙米色",香郁味甘醇,品质最佳。梅坞龙井形状格外扁平光滑,色泽绿翠。西湖龙井叶质肥嫩,芽毫显露,形状和香气都不及狮峰龙井。近几年来归并为一类统称为西湖龙井,但品牌不一,品质有所差异。

② 浙江龙井:产于浙江省,在浙江省西湖龙井产区以外所产的龙井统称为"浙江龙井",风格似西湖龙井,品质稍逊西湖龙井,浙江龙井中以新昌县所产的大佛龙井最有名。

③ 旗枪:产于龙井茶区四周及毗邻的余杭、富阳、萧山等县。采摘不及龙井精细,外形扁平光洁,尚匀整,叶端带嫩茎,色泽绿润;内质香气清爽,汤色浅绿明亮,滋味醇正鲜和,叶底绿明尚匀嫩。

④ 大方:产于安徽歙县老竹铺、金川地区和浙江临安、淳安毗邻地区,以歙县老竹大方最著名。大方多作为窨制花茶的素坯,窨花后称为花大方。形状扁而平直,有较多棱角,匀整,色泽黄绿微褐显白毫,光润;汤色黄绿明亮,香气栗香持久,滋味醇较厚爽,耐冲泡,叶底黄绿明亮,厚软,芽叶成朵。

⑤ 天柱剑毫:产于安徽潜山县的天柱山,创制于1985年。外形扁平挺直、匀齐似剑、白毫显露,色泽翠绿油润;内质汤色浅绿清亮,香气嫩清香、微花香鲜爽持久,滋味鲜醇尚厚甘爽。叶底嫩绿明净,柔嫩成朵。

⑥ 白云春毫:产于安徽庐江县汤池"二姑尖"一带,创制于1985年。干茶外型微扁平,披白毫如雪,色泽绿润;内质嫩香持久、清新高雅悠长,滋味鲜醇爽口、回甜。汤色绿清澈,叶底细嫩,芽状一片片形似雀舌,黄绿明亮,匀齐。

(2)圆形

① 涌溪火青:产于安徽泾县黄田涌溪,已有百多年的历史,以涌溪的弯头山、大小盘坑、枫坑为主要产地。外形颗粒紧结重实呈腰圆形似绿豆,白毫显露,色泽墨绿油润;内质汤色浅杏黄清亮,香气清鲜馥郁,有自然的兰花香,滋味醇厚甘爽,味中有香,叶底嫩绿微黄明亮,嫩软成朵。耐冲泡,可冲泡五六次,以二三次品质最好。

② 泉岗辉白:产于浙江嵊州市泉岗,形似珠茶盘龙卷曲,白毫隐露,色泽绿中带辉白;汤色嫩绿明亮,香高有栗香,滋味浓醇爽口,叶底绿亮嫩匀、厚软完整。

(3)卷曲形

① 洞庭碧螺春:产于江苏吴县太湖的洞庭山,以碧螺峰的品质

最好。外形条索纤细匀齐呈螺状卷曲,白毫遍布,色泽银绿隐翠匀润;内质汤色浅黄绿明亮,有悬浮茸毛,香气嫩清香带毫香高爽持久,滋味醇厚较鲜浓甘爽,叶底嫩绿明净,芽叶幼嫩匀齐。

形成碧螺春品质特征的主要原因除茶园依山傍水,云雾弥漫、茶树和果树交错其间,创造的产生花果香味的优越环境条件外,和鲜叶采摘特别细嫩,制工精细也是分不开的。加工 1kg 干茶的芽头达 12万～14 万个,在初制时还有一个搓团提毫的手法,使白毫更为显露、条索更为卷曲。

② 高桥银峰:产于湖南长沙高桥。制法特点是杀青、初揉后在炒干时做条和提毫。外形条索呈波形卷曲,锋苗显,银毫遍布显露,色泽翠绿;内质香气鲜嫩清高,汤色浅黄绿清亮,滋味醇厚甘爽,叶底嫩绿明净,柔嫩成朵。

③ 都匀毛尖:产于贵州都匀县。外形可与碧螺春媲美,内质可与信阳毛尖并论,畅销国内外。鲜叶要求嫩匀细小短薄,一芽一叶初展嫩绿芽叶,形似雀舌,长 2～2.5cm。外形条索细紧卷曲,白毫遍布,色泽绿润;内质香气高鲜,汤色浅黄绿明亮,滋味鲜浓回甜,叶底嫩绿明亮匀净。

(4)针形

① 南京雨花茶:产于南京中山陵园和雨花台一带。外形条索紧秀圆直呈松针状,白毫显露,色泽深绿油润;内质汤色浅黄绿清亮,香气清高幽雅,滋味浓厚鲜爽,叶底嫩绿明亮细嫩匀齐。

② 安化松针:产于湖南安化县。外形细紧挺秀状似松针,白毫显露,色泽墨绿油润;内质汤色浅黄绿清亮,香气鲜嫩馥郁,滋味鲜浓,叶底嫩绿明净,细嫩匀齐。

③ 信阳毛尖:产于河南信阳地区,以车云山的品质最好。制法吸取六安瓜片的帚炒杀青和西湖龙井的理条手法。外形紧细圆直,锋苗显,色泽深绿隐翠油润,白毫显;内质汤色浅绿明净,香气嫩清香高鲜持久,滋味鲜醇厚,叶底嫩绿匀亮,细嫩匀齐。

④ 韶山韶峰:产于湖南韶山。外形条索紧圆、壮直,锋苗挺秀,银毫显露,色泽翠绿光润;内质汤色绿亮,香气清香芳郁,滋味醇鲜,叶底嫩匀,芽叶成朵。

⑤ 古丈毛尖：产于湖南古丈县。鲜叶采摘标准为一芽一二叶初展，采回后须适当摊放，初制经三炒、三揉，最后还有提毫和收锅两个过程，形成条索紧细圆直，白毫显露，色泽翠绿匀润；汤色绿亮明净，内质香高爽持久，滋味浓醇甘爽，叶底柔软，绿匀明亮。

（5）条形

① 休宁松萝：产于安徽休宁县而得名。外形条索紧细稍弯曲，色泽墨绿油润；内质汤色黄绿明亮，香气栗香高爽持久，滋味浓厚带苦，叶底黄绿明亮，嫩匀。松萝尚可作为中药治积食或外敷疮口用。

② 蒙顶甘露：产于四川名山县蒙顶的甘露峰，蒙山种茶已有2000年左右历史，品质极佳。解放后恢复了传统名茶"黄芽"（属黄茶类），并创制了"甘露"、"石花"、"万青银叶"和"五叶长春"四个新花色，都是烘炒结合的绿茶。

蒙顶甘露的鲜叶采摘以一芽一叶初展为标准，初制特点是鲜叶摊放，高温杀青，三炒三揉和精细烘焙。外形条索紧卷多毫，色泽嫩绿油润；内质汤色黄绿清亮，香气鲜嫩馥郁，滋味醇厚回甜，叶底嫩绿明净，秀丽匀整。

③ 婺源茗眉：产于江西婺源县。用优良品种上梅洲茶树的幼嫩芽叶制成，白毫特多。鲜叶采摘标准为一芽一叶初展。初制分杀青、揉捻、烘坯、锅炒、复烘五个工序，属于半烘炒绿茶。外形条索紧结，芽头肥壮匀齐，白毫遍布，色泽绿润；内质汤色杏黄清亮，香高鲜持久，嫩香显，滋味鲜醇厚回甘，叶底幼嫩，芽较壮，匀齐，嫩绿明净。

④ 桂平西山茶：产于广西桂平县海拔700m的西山，已有300年的历史。鲜叶多为一芽一叶或二叶初展，做工精细，分摊放、杀青、揉捻、干燥四个过程。干燥过程先炒后烘。品质特征外形条索紧细稍曲，白毫遍布，色泽墨绿油润；内质汤色杏绿清亮，香气清鲜持久，滋味醇（浓）厚甘爽，叶底嫩绿明亮，柔嫩成朵。

⑤ 凌云白毫：又称凌云白毛茶。产于广西凌云、乐业两县的高山云雾中，大部分在海拔800m以上。鲜叶为大叶种，一、二级以一芽一、二叶为标准。干燥分手工炒干和机器烘干两种。外形条索紧卷稍弯，满披白毫，色泽银灰绿稍匀润；内质汤色浅黄绿清亮，香气清高持久，滋味浓厚鲜爽，叶底嫩绿明亮，芽叶柔嫩肥壮。

⑥ 金奖惠明茶:产于浙江云和县。曾于 1915 年巴拿马万国博览会上获金质奖章而得名。外形条索细紧匀齐,苗秀为锋毫,色泽绿润;内质香高而持久,有花果香,汤色清澈明亮,滋味甘醇爽口,叶底细嫩,嫩绿明亮。

(6)环钩形

黄山银钩:产于安徽黄山歙县。条索细紧弯曲呈钩状、匀齐、白毫显,色泽深绿匀润;内质汤色浅黄绿清亮,嫩栗香高鲜持久,滋味醇尚厚鲜爽,叶底嫩绿明亮,柔嫩匀。

(二)烘青品质特征

鲜叶经炒杀青后做形及烘干中受到机械或手工力的作用不同形成针形、雀舌形、尖形、朵形、条形、片形等多种形状。条形烘青随鲜叶原料的变化而分六级十二等。特定嫩度高档称毛峰,毛尖茶。一般称烘青绿茶(安徽泾县条茶也属此类。但不作茶坯)。精制后大部分作窨制花茶的茶坯。

1. 烘青绿毛茶品质特征

普通烘青主产于安徽歙县、福建闽东宁德、浙江金华、湖南茶陵、江苏句容、广东高要(五级十等)等。

外形条索紧细稍弯匀整,显锋毫;色泽深绿油润;内质汤色黄绿稍浅明亮,香高爽持久,带清香,滋味醇厚鲜爽,叶底黄绿鲜亮,嫩匀完整。烘青一至六级品特征(GB/T 14456-93)见表 4.6。

表 4.6 烘青感官品质特征要求

级别	外形				内质			
	条索	整碎	色泽	净度	香气	滋味	汤色	叶底
一级	细紧显锋苗	匀整	绿润	稍有嫩茎	鲜嫩清香	鲜醇	黄绿明亮	柔软匀整嫩绿明亮
二级	细紧有锋苗	匀整	尚绿润	有嫩茎	清香	浓醇	黄绿明亮	尚嫩匀黄绿明亮
三级	紧实	尚匀整	黄绿	有茎梗	纯正	醇和	黄绿尚明亮	尚嫩黄绿尚明亮

级别	外　形				内　质			
	条索	整碎	色泽	净度	香气	滋味	汤色	叶底
四级	圆实	尚匀整	黄绿	稍有朴片	稍低	平和	黄绿	有单张黄绿
五级	稍粗松	欠匀整	绿黄	有梗朴片	稍粗	稍粗淡	绿黄	单张稍多绿黄稍暗
六级	粗松	欠匀整	黄稍枯	多梗朴片	粗	粗淡	黄稍暗	较粗老黄稍暗

2. 精制(茶坯)的品质特征

烘青毛茶经精制后的成品茶条索紧直,有锋毫,平伏匀整,色泽绿匀润;内质汤色黄绿明亮,叶底嫩绿稍黄,香气高爽持久,滋味醇厚爽口。各级品质特征(GB9172—88)见表4.7。

表 4.7　花茶坯感官品质特征要求

级别	外　形				内　质			
	条索	整碎	色泽	净度	香气	滋味	汤色	叶底
一级	细紧匀直显锋苗	匀整	绿润	净	嫩香	醇浓鲜爽	黄绿清亮	细嫩匀齐明亮
二级	紧直有锋苗	匀整	尚绿润	稍有嫩茎	清香	醇厚	黄绿明亮	嫩匀绿亮
三级	紧直	尚匀整	绿	有嫩茎	尚高	醇和	黄绿尚明亮	尚嫩匀尚绿亮
四级	尚紧略扁	尚匀整	黄绿	有筋梗	纯正	平和	黄绿	稍有摊张黄绿
五级	稍松带扁条圆块	尚匀	黄绿稍暗	有梗朴	平和	平淡	绿黄稍暗	稍粗大黄绿稍暗
六级	松扁轻	尚匀	黄稍枯	显梗多朴片	粗	粗淡	绿黄较暗	较粗稍黄暗

3. 特种烘青绿茶品质特征

特种烘青绿茶原料采摘细嫩,初制过程中的后一道工序采用烘干。产品主要有芽形、雀舌形、朵形(玉兰朵、兰花朵、舒展朵)、尖形、片形、条形、卷曲形等。

（1）芽形

① 金寨翠眉：安徽金寨县20世纪80年代创制的名优茶。外形全芽尚直稍扁，匀齐，色泽嫩绿匀润，白毫显；内质汤色浅绿稍淡清亮，香气嫩清香高鲜嫩持久，滋味鲜醇尚厚甘爽，叶底嫩绿明亮，全芽尚壮匀。

② 无锡毫茶：产于江苏省无锡市，茶叶品种研究所制。外形肥壮卷曲似螺，银绿隐翠匀润，白毫遍布；汤色杏黄明亮，香气嫩清香高鲜带花香持久，滋味鲜醇较厚，叶底嫩绿鲜亮，幼嫩，全芽尚壮稍欠完整。

（2）雀舌形

① 黄山毛峰：产于安徽黄山市。外形芽肥壮匀齐，白毫显露，形似"雀舌"，色泽嫩绿微黄油润，带有金黄片的鱼叶；内质汤色浅黄绿清亮，香气清鲜高长，滋味鲜醇尚厚甘爽，叶底嫩黄绿明净，芽壮匀齐呈雀舌状。黄山毛峰按品质分为特级和一、二、三级。特级分为三个等；一、二、三级分为两个等，逢双等设一个实物标准样（表4.8）。

表4.8 黄山毛峰各等级茶叶的感官指标（GB19460—2004）

级别	外形		内质			
	形状	色泽	香气	汤色	滋味	叶底
特级一等	芽头肥壮，匀齐，形似雀舌，毫显，有金黄片	嫩绿泛象牙色	嫩香馥郁持久	嫩黄绿，清澈鲜亮	鲜醇爽回甘	嫩黄匀亮鲜活
特级二等	芽头较肥壮，较匀齐，形似雀舌，毫显，嫩	绿润	嫩香高长	嫩黄绿清澈明亮	鲜醇爽	嫩匀，嫩绿明亮
特级三等	芽头尚肥壮，较匀齐，毫显，	嫩绿润	嫩香	嫩绿明亮	较鲜醇爽	嫩较匀，绿亮
一级	芽叶肥壮，较匀齐，毫显，	绿润	清香	嫩绿亮	鲜醇	较嫩匀，黄绿亮

级别	外形		内质			
	形状	色泽	香气	汤色	滋味	叶底
二级	芽叶较肥嫩，较匀整，毫显，条稍弯，	绿润	清香	黄绿亮	醇厚	尚嫩匀，黄绿亮
三级	芽叶尚肥嫩，条略卷,尚匀,	尚绿润	清香	黄绿尚亮	尚醇厚	尚匀，黄绿

特级外形芽头肥壮、匀齐,形似"雀舌",白毫显露,嫩绿油滑泛象牙色,有金黄片;内质汤色杏绿清澈明亮,香气清鲜高长有花香,滋味鲜嫩甘爽,叶底嫩匀肥壮呈雀舌状嫩绿鲜亮。一级外形芽叶肥壮、匀齐微卷,白毫显、嫩绿匀润有金黄片;内质汤色浅绿清澈明亮,香气嫩香高鲜持久,滋味鲜醇尚厚甘爽,叶底嫩匀肥壮成朵,嫩黄绿鲜亮。二级外形芽叶肥嫩、白毫较显、条稍卷、匀齐,色泽嫩绿匀润,带有金黄片;内质汤色浅绿明亮,香气清香,高爽持久,滋味鲜醇较厚,叶底柔嫩匀,嫩绿鲜亮。三级外形芽叶较肥嫩,稍卷曲,白毫尚显,匀整,色泽深绿较润,稍金黄片;内质汤色浅黄绿明亮,香气清香高爽持久,滋味醇厚鲜爽,叶底嫩软成朵,尚匀,嫩绿明亮。

② 敬亭绿雪:产于安徽宣州市敬亭山,为我国最早的著名绿茶之一,年久失传,1972 年起恢复试制,1978 年初步定型生产,外形如雀舌,挺直(饱满)稍扁,匀齐,色泽嫩绿泛金黄油润,白毫显露;内质汤色浅黄绿明亮见"雪飘",香气清鲜持久,有花香,滋味鲜醇尚厚甘爽,叶底嫩绿明亮,芽壮匀成朵。

(3) 尖形

① 太平猴魁:产于安徽太平县猴坑一带。曾于 1915 年巴拿马万国博览会上荣获金质奖章,外形芽叶相抱,扁展挺直有锋似玉兰花瓣,含毫而不露,色泽深绿乌润,叶脉微红;内质汤色杏绿明净,香气清高持久,略带花香,滋味鲜醇甘爽,叶底嫩绿明亮,芽叶肥壮,嫩匀成朵。

② 黄花云尖:产于安徽皖南山区的宁国县,因黄花山而得名,创

制于 1983 年。外形芽叶舒展成朵,稍扁,色泽翠绿匀润,白毫显;内质汤色浅绿清亮,香气嫩清香高爽持久,有清花香,滋味鲜醇回甘味中有香,叶底嫩绿明亮,芽肥壮柔嫩匀成朵。

（4）片形

六安瓜片:产于安徽大别山区的六安和金寨两县,以金寨齐云山蝙蝠洞一带所产的品质最好,称"齐山茗片"。六安瓜片采摘标准一芽二三叶为主,鲜叶采回要及时"扳片"分嫩片、老片、茶梗三类再分别炒制→烘焙(毛火、小火和老火三次),其外形叶缘微向上重叠,形似瓜子片状,色泽翠绿匀润起霜;内质汤色浅绿清亮,香气清高鲜爽持久,滋味鲜较浓,叶底黄绿鲜亮,嫩匀成片状。

（5）朵形

岳西翠兰:产于安徽大别山腹地的岳西县。外形芽叶相连自然舒展成玉兰花朵状,色泽翠绿匀润,白毫显;内质汤色浅绿清亮,香气清高鲜爽持久,滋味醇尚厚鲜爽,叶底嫩绿明亮,芽叶柔嫩匀成朵。

（6）条形

① 开化龙顶:产于浙江省开化县。1979 年创制的开化龙顶品质优异,外形挺直,叶抱芽似含苞的白玉兰,白毫披露,银绿隐翠匀润;内质汤色浅绿清亮,香气鲜嫩清幽,滋味鲜醇甘爽,叶底嫩绿明净,嫩匀成朵。

② 南糯白毫:产于云南西双版纳勐海县南糯山,海拔 1200m 以上。外形条索肥壮稍弯呈针状,匀齐,银毫满布,色泽银绿稍深油润;内质汤色黄绿明亮,香气高长带甜毫香,滋味浓厚甘爽,叶底嫩黄绿明亮,芽肥壮匀。

③ 峨眉毛峰:产于四川雅安县。外形条索细紧稍弯呈针状,白毫遍布,色泽嫩绿油润;内质汤色黄绿明亮,香气高鲜带毫香,滋味浓厚鲜爽,叶底嫩绿明净,芽叶柔嫩呈雀舌、朵状。

④ 庐山云雾:产于江西庐山。鲜叶采摘标准为 1 芽 2 叶初展,经薄摊至含水量 70%左右开始初制。外形条索细嫩舒展稍雀舌状,白毫显露,色泽嫩绿匀润;内质汤色浅绿清亮,香气清高鲜爽持久;滋味鲜醇尚厚甘爽,叶底嫩绿明净,芽壮匀似雀舌状。

⑤ 天山绿茶:产于福建宁德、古田、屏南三县的天山山脉。历史

悠久,以侨销为主,外形条索壮实,色泽绿润;内质汤色碧绿清亮,香气芬芳似珠兰花香,滋味鲜爽回甜,叶底鲜翠匀嫩,冲泡三四次后香味仍存。

（7）束形

黄山绿牡丹:安徽黄山市 20 世纪 80 年代新创制的出口名茶,鲜叶杀青→轻揉→理条→丝线捆扎,外形似牡丹花、匀齐美观,色泽嫩绿匀润,白毫显露,内质汤色浅绿稍淡尚清亮,香气清鲜较高爽持久,滋味醇尚厚鲜爽,叶底似盛开的花朵,朵面嫩黄绿鲜亮,朵底微红茎,芽叶嫩匀。

（三）晒青绿茶品质特征

鲜叶大多用锅炒杀青后揉捻,干燥主要是日光晒干。因其毛茶品质不如炒青和烘青,现已有改制烘青,称"滇绿"。晒青绿茶有滇青、川青、黔青、桂青、鄂青等,以云南大叶种的滇青品质最好。老青毛茶因原料粗老,品质最差。

晒青绿茶大部分就地销售,部分再加工成压制茶后内销、边销或侨销。

晒青毛茶只有滇青和老青毛茶,其品质特征如下。

① 滇青毛茶:条索紧壮,芽毫显露,色泽墨绿稍褐较油润;内质汤色黄绿明亮,香气高而持久,滋味浓厚,收敛性强,叶底绿黄明亮,芽壮叶质厚软。

② 老青毛茶:外形条索粗大,色泽乌绿,嫩稍乌尖、白梗、红脚,不带麻梗。湿毛茶晒青属绿茶,堆积后变成黑茶。

二、蒸青绿茶

蒸汽杀青是我国古代的杀青方法,唐朝时传至日本,相沿至今,而我国自明代起即改为锅炒杀青。蒸汽杀青是利用蒸汽热量来破坏鲜叶中酶的活性,优点是杀得透,杀得匀,形成干茶色泽深绿泛青,茶汤碧绿和叶底青绿的"三绿"品质特征。但香气带青气,滋味有青涩感,不及锅炒杀青绿茶那样鲜爽。日本是世界上蒸青绿茶主产国,20世纪 70 年代初起,由于出口贸易的需要,格鲁吉亚、印度、斯里兰卡等国也都生产,我国也有少量生产。

1. 我国蒸青绿茶的品质特征

(1)恩施玉露:产于湖北恩施,此茶产制历史较为悠久,为地方名茶。鲜叶采摘标准为一芽一二叶,现采现制。外形条索紧细挺直匀齐,形似松针,色泽深绿稍翠,光润呈鲜绿豆色;内质汤色浅绿明亮,香气清高鲜爽持久,滋味鲜爽尚醇厚,叶底青绿嫩软匀整。

(2)中国煎茶:产于浙江、福建、安徽和江西。外形条索细紧挺直稍圆扁,呈松针状,色泽翠绿或深绿油润;内质汤色浅黄绿明亮,香气高爽持久有清香、花香和嫩栗香,滋味浓厚鲜爽微涩,叶底嫩绿鲜亮,嫩软较匀。

2. 日本蒸青绿茶品质特征

(1)玉露:系日本名茶之一,采用覆盖鲜叶加工而成。外形条索细紧直稍圆扁呈松针状,色泽翠绿稍深油润;内质汤色青绿明亮,香气高爽持久带有苔菜般的香气,日本称"蒙香",滋味鲜爽较醇厚,叶底青绿明亮,嫩软较匀。

(2)碾茶:采用覆盖鲜叶经蒸汽杀青,不经揉捻,直接烘干而成。叶态完整松展呈片状,似我国的六安瓜片,色泽翠绿,内质汤色浅绿明亮,香气鲜爽,滋味鲜和,叶底绿翠。泡饮时要碾碎成末,供茶道用的叫"特茶"。

(3)煎茶:采用一般的鲜叶加工而成,是日本蒸青绿茶的大宗茶。其外形似玉露茶较细紧圆直稍扁,色泽墨绿泛青油润;内质汤色青绿明亮,香气较高带清香微青腥气,滋味醇厚爽口,叶底青绿乌亮,较嫩匀。

此外日本还生产玉绿茶、深蒸茶,品质前者风格接近我国炒青绿茶,后者形似煎茶,香味高爽。

第二节　黄茶品质特征

黄茶初制与绿茶基本相似,只是在干燥前后增加了一道"闷黄"工序,从而促使多酚类进行部分自动氧化。据测定,简单儿茶素的含量及其降低百分率与绿茶有很大差异。由于"闷黄"过程使酯型儿茶素大量减少,导致黄茶香气变成清纯,滋味变醇。黄茶按鲜叶老嫩的不同,可分为黄芽茶、黄小茶和黄大茶三种。

一、黄芽茶

可分为银针和黄芽两种,前者为君山银针,后者为蒙顶黄芽、莫干黄芽等。安徽的霍山黄芽现有部分改制为绿茶。

(1)君山银针:产于湖南省岳阳洞庭湖的君山小岛。君山银针全由肥嫩芽头制成,制法特点是在初烘、复烘前后进行摊凉和初包、复包,形成黄茶特征。君山银针外形芽头肥壮挺直匀齐,满披白色茸毛,色泽银灰绿油润;贮放后,芽身金黄,称"金镶玉";内质汤色浅黄清亮,香气清鲜,滋味鲜醇甘爽,叶底嫩黄明净,芽头匀齐。冲泡后芽尖冲向水面,悬空竖立,继而徐徐下沉杯底,状似群笋出土,又如刀剑林立,汤色茶影,交相辉映,极为美观。

(2)蒙顶黄芽:产于四川雅安。鲜叶采摘标准为一芽一叶初展,初制分为杀青、初包、复锅、复包、三炒、四炒、烘焙等过程。外形芽叶扁较直匀齐,似大刀状,肥嫩多毫,色泽嫩黄油润;内质汤色浅黄清亮,香气清香带嫩毫香高爽持久,滋味鲜醇尚厚甘爽,叶底嫩黄绿明净,芽较壮匀呈雀舌状。

(3)莫干黄芽:产于浙江德清县莫干山。鲜叶采摘标准为一芽一叶初展,初制分摊放、杀青、轻揉、闷黄、初烘、锅炒、复烘七道工序。外形紧细稍弯匀齐,茸毛显露,色泽黄绿油润;内质汤色橙黄明亮,滋味醇爽可口,叶底幼嫩似蓬心。

(4)蒙顶黄茶:黄茶的一种,产于四川名山县蒙顶茶场。外形微扁而直,芽整齐肥壮,色泽褐黄,汤色黄明,甜熟香,滋味甘醇,叶底显芽,色泽嫩黄。初制流程:杀青、初包、复锅、复包、三炒、摊放、四炒、烘焙。

(5)霍山黄芽:黄茶的一种,产于安徽霍山县大化坪金字山、金竹坪等地。外形细嫩多毫,形似雀舌,色泽黄绿,汤色嫩黄,甜熟香,滋味醇和,叶底嫩黄。

二、黄小茶

黄小茶的鲜叶采摘标准为一芽一二叶,有湖南的沩山毛尖和北港毛尖,湖北的远安鹿苑茶,浙江的平阳黄汤等。

(1)沩山毛尖:产于湖南宁乡县沩山。初制为蒸汽杀青、闷黄、轻揉、烘干、烟熏等工序。外形芽叶相抱,叶缘微卷成朵块,白毫显露,色泽黄亮油润;内质汤色黄亮,香气有浓厚的烟香,带有嫩香,滋味醇滑甘爽,叶底黄亮,芽叶肥厚。

(2)北港毛尖:产于湖南省岳阳北港。初制分为杀青、锅揉、闷黄、复揉、烘干等工序,外形紧细弯曲,白毫显露,色泽褐绿油润;内质汤色杏黄明亮,香气高清,有嫩毫香,滋味醇厚爽口,叶底嫩黄明亮,芽叶成朵,耐冲泡。

(3)远安鹿苑茶:产于湖北远安县鹿苑一带。初制分杀青、炒二青、闷堆和炒干等工序,"闷堆"工序是形成品质特征的关键。外形条索紧结弯曲呈环状,色泽金黄带鱼子泡,锋毫显露;内质汤色杏黄明亮,香气高爽持久,有栗香,滋味醇厚甘爽,叶底嫩黄明亮,嫩软。

三、黄大茶

黄大茶的鲜叶采摘标准为一芽三四叶或一芽四五叶。产量较多,主要有安徽霍山黄大茶和广东大叶青。

(1)霍山黄大茶:鲜叶为一芽四五叶。初制为杀青与揉捻、初烘、堆积、烘焙等过程。堆积时间较长(5~7天),烘焙火功较足,下烘后趁热踩篓包装,是形成霍山黄大茶品质特征的主要原因。

外形叶大梗长,梗叶相连,形似钓鱼钩,色泽褐黄稍润;内质汤色深黄明亮,香气有突出的高爽焦香,似锅巴香,滋味醇浓爽口,叶底黄亮,耐冲泡。

(2)广东大叶青:以大叶种茶树的鲜叶为原料,采摘标准一芽三四叶,初制为杀青、揉捻、闷堆、干燥,形成了黄茶品质特征。外形条索壮,紧结重实完整,色泽青润带黄或青褐较润,显毫;内质汤色深黄明亮,香气纯正,滋味浓厚回甘,叶底浅黄明亮,芽叶完整。

第三节　黑茶品质特征

黑茶的鲜叶较为粗老,在干燥前或后进行渥堆,温湿度高,时间长,促进多酚类充分氧化,除没食子儿茶素的含量较黄茶略多外,各种儿茶素的含量都比黄茶少。渥堆过程儿茶素损耗率也相应较大,而黑茶的香味变得更加醇和,汤色深黄带红,干茶和叶底色泽都较暗褐。

黑毛茶精制后大部分再加工成紧压茶,少数压制成篓装茶。

一、湖南黑毛茶

一般以一芽四五叶的鲜叶为原料,外表条索紧尚匀直,色泽褐黑油润;内质香气纯正,汤色橙黄明亮,滋味醇和,叶底绿褐。

二、湖北老青茶

湖北老青茶经堆积之后成为黑毛茶。外形条索紧卷,色泽黄褐;内质汤色橙黄,香气纯正,滋味纯和,叶底黄褐。

三、广西六堡茶

因产于广西壮族自治区苍梧县的六堡乡而得名。一般以一芽二三叶至一芽三四叶为原料。六堡毛茶外形条索粗壮,长整不碎,色泽黑褐油润;内质汤色橙红明亮,香气陈醇带烟香,滋味浓厚甘爽,叶底绿褐稍红,较嫩匀。

四、云南普洱茶

普洱茶产于云南省澜沧江流域的西双版纳及思茅等地,因历史上多集中于滇南重镇——普洱加工、销售,故以普洱命名。其外形条索紧实,色泽红褐稍灰;内质汤色红浓明亮具有独特的纯正陈香,滋味醇厚回甜,叶底厚实嫩软,呈红褐色。

五、四川边茶

产于四川省和重庆市境内。因销路不同,分为南路边茶和西路边茶。

(1)南路边茶:产于四川的雅安、乐天等地。原料比较粗老,主要是利用茶树修剪枝。外形卷折成条加"辣椒形",色泽棕褐似"猪肝色";内质汤色黄红尚亮,香气纯正有老茶香,滋味醇和,叶底棕褐粗老,无落地叶和腐败枝叶。

(2)西路边茶:产于四川的邛崃、灌县、平武、北川等地。原料较南路要粗老,叶大枝粗,但无落叶、腐败枝叶。

第四节 青茶品质特征

青茶品质特征的形成,是与它选择特殊的茶树品种(如水仙、铁观音、肉桂、黄棪、梅占、乌龙等)及特殊的采摘标准(新梢生长至一芽四五叶,顶芽成驻芽,采其二三叶,俗称"开面采"),特殊的初制工艺(鲜叶晒青、晾青、做青、高温炒青、揉捻、做形、烘焙干燥)分不开的。做青是青茶品质形成特有的关键工序,无论是手工做青还是机制摇青,其结果均促使叶缘相互碰撞摩擦,破坏叶组织细胞,有效控制多酚类发生酶促氧化缩合,生成橙黄色茶黄素和棕红色茶红素等物质,从而形成青茶的绿叶红边特征,并散发出一种特殊的芳香味,最后文火慢烘茶香进一步发挥,形成多种品种花香。青茶是轻萎凋和轻发酵,它的氧化程度在酶性氧化中是最轻的,但与非酶性氧化程度最重的黑茶相比,仍略微重一些。

青茶品质特征介于红茶与绿茶之间,外形因产地做工不同而各具特色,但内质汤色橙黄清亮,香高馥郁带花香,品种香,滋味厚而甘爽,叶底黄亮绿叶红边柔软,具有绿茶的清香幽香,红茶的醇爽味。

青茶主产于福建、广东和台湾三省。福建青茶又分为闽北和闽南两大产区,闽北主要是崇安、建瓯、建阳等县及武夷山市,产品以武夷岩茶为极品。闽南主要是安溪、永春、漳州、南安、同安、和平等县,产品以安溪的铁观音品质久负盛名。广东青茶主要产于汕头地区的潮安、饶平、梅州等县,产品以潮州凤凰单枞和饶平岭头单枞品质为佳。台湾青茶主要产于新竹、桃园、苗栗、台北、南投、高雄等县,产品有乌龙和包种,以南投县冻顶乌龙和文山包种、椪风茶为优。

一、武夷岩茶

产于武夷山市武夷山。山多岩石,茶树生长在岩缝中,岩岩有茶,故称"武夷岩茶"。外形条索肥壮紧实匀整,带扭曲条形,俗称"蜻蜓头",色泽砂绿油润带宝光有朱砂红点,叶背起蛙皮状砂粒;汤色金黄清亮,似茶油色,香高馥郁带甜花香,"岩韵显",滋味醇厚回甘,润滑爽口,叶底黄亮,边缘红艳,叶质柔软匀整,耐泡五次以上。

岩茶按产地分正岩(大岩)、半岩(小岩)和洲茶。正岩指武夷山中三条坑所产的茶叶,岩韵显,可冲泡六七次,叶质肥厚柔软,红边明显,品质最好;半岩指正岩以外所产的茶叶,品质稍欠韵味;洲茶指溪沿洲平地所产的茶叶,香低味淡无韵味,品质较次,为岩茶中低级产品。

岩茶多数以茶树品种命名。如极品名茶中名岩名枞有"大红袍"、"铁罗汉"、"鸡冠"、"水金龟"、"肉桂"等。品种茶有岩乌龙(武夷乌龙)、岩水仙(武夷水仙),以菜茶或其他品种采摘的称为"岩奇种"(武夷奇种),岩乌龙较岩水仙细长清幽,味厚耐泡,奇种稍次。

目前,武夷岩茶主要有武夷水仙、武夷奇种和武夷肉桂。

(1)武夷水仙:水仙因产地不同,虽同一品种制成的青茶,如武夷水仙、闽北水仙和闽南水仙,差异甚大,以武夷水仙品质最佳。品质特征是条索肥壮紧实匀整,叶端稍扭曲似"蜻蜓头",色泽砂绿油润;具"三节色";内质汤色橙黄清亮,香高浓郁带兰花香,岩韵显(俗称"岩骨花香"),滋味浓厚甘爽,叶底厚软黄亮明净,红边鲜艳。

(2)武夷肉桂:条索紧实较壮匀整,稍蜻蜓头,色泽砂绿油润带宝光具"三节色";内质汤色金黄清亮,香高馥郁带桂花香,岩韵显,滋味醇厚回甘,叶底嫩软黄亮,红边鲜艳。冲泡四五次仍有余香,属高香品种。

(3)武夷奇种:条索尚紧匀整,叶端稍折皱扭曲,色泽砂绿稍深油润,具"三节色";内质汤色浅橙黄明亮,香气清锐细长,带清花香,

"岩韵"尚显,滋味醇厚回甘,叶底嫩软黄亮匀整,绿叶红边显。

二、闽北青茶

产地包括崇安(今武夷山市,除武夷山外)、建瓯、建阳等地,按品种命名主要有闽北水仙和闽北乌龙。

(1)闽北水仙:外形条索壮实,叶端扭曲,稍似蜻蜓头,色泽蜜黄带砂绿油润(鳝皮色);内质汤色浅橙黄明亮,香气浓郁有兰花香,滋味醇厚鲜爽,叶底肥软黄亮,红边鲜艳,闽北水仙因产地不同,品质有差异,以崇安水仙较好,建瓯较建阳香味好。

(2)闽北乌龙:外形条索紧细,叶端扭曲稍似蜻蜓头,色泽乌润;内质汤色橙黄明亮、香气清高细长、滋味醇浓(厚)鲜爽,叶底柔软,绿黄尚亮,红边显。

三、闽南青茶

产地主要是安溪、漳州(龙溪)、永春、德化等地。主要产品有铁观音、色种、乌龙,以安溪铁观音品质最佳。色种不是单一的品种,而是由除铁观音和乌龙外的其他品种青茶拼配而成。

(1)安溪铁观音:铁观音既是品种又是茶名,"美似观音,重似铁"是闽南青茶中极品名茶。

品质特征是外形形状紧结,似螺钉状,重实匀净,色泽深绿带砂绿油润,青蒂绿腹,红点显,俗称"三节色",带香蕉色;内质汤色金黄明亮,香气清高馥郁,"音韵"显,并具天然的桂花香,滋味浓厚甘鲜,叶底厚软似绸缎面匀整,绿黄明亮,红边稍显,七泡仍有余香。

(2)安溪色种:外形形状圆结似螺钉状,较重实,匀净,色泽翠绿油润;内质香气清锐细长,汤色浅橙黄明亮,滋味醇厚甘鲜,叶底厚软绿黄明亮,红边显。

闽南色种品种主要有毛蟹、梅占、黄棪、水仙、奇兰等,其香味各具特色,毛蟹具玉兰花香,黄棪又名黄金桂,色泽绿中带黄,香清锐幽雅;奇兰香味较好,当地称"香线香",但不及铁观音;梅占香气不及奇兰,滋味浓厚略浊,在闽南不够理想。

四、广东青茶

广东青茶盛产于汕头地区的潮安、饶平等县。花色品种主要有水仙、浪菜、单枞、乌龙、色种等。

潮安青茶因主要产区为凤凰乡,所以一般以水仙品种结合地名而称为"凤凰水仙"。"凤凰单枞"是从凤凰水仙的茶树品种植株中选育出来的优异单株,浪菜采摘多为白叶水仙种,叶色浅绿或呈黄绿色,水仙茶采摘多为乌叶水仙种(叶色深绿色)。单枞、浪菜采制精细,水仙稍为粗放。多年来饶平岭头村从凤凰乡引入的凤凰水仙中,培育出品质优异的"单枞"。潮安从单枞中选出高香茶品种如"黄枝香"。

(1)凤凰单枞:外形条索肥壮较紧直匀整似蜻蜓头,色泽褐黄油润鳝皮色;内质汤色金黄清亮,香气清高馥郁,带有天然的花香,滋味浓厚鲜爽,花香味显,叶底肥厚柔软,绿黄明亮,红边显,耐冲泡。

(2)浪菜:外形条索肥壮较紧直,色泽黄褐油润,似鳝皮色;内质汤色浅橙黄明亮,香气清高持久花香,滋味较浓厚回甘,叶底肥厚柔软,黄亮,红边显。

(3)凤凰水仙:外形条索肥壮匀整,色泽灰褐油润;内质汤色清红,香气清香芬芳幽高长,滋味浓厚回甘,叶底厚实绿腹红边显。

(4)乌龙:以潮安石鼓坪采制的品质最优。外形条索尚紧匀整,稍似蜻蜓头,色泽深绿稍翠匀润;内质汤色浅橙黄微绿明亮,香气高锐,清花香显,滋味较醇厚鲜爽,叶底尚嫩软,青绿明亮,微红边。

(5)色种:以饶平西岩采制的品质为最佳。外形条索紧实卷曲,匀净重实,色泽砂绿油润;内质汤色橙黄明亮,香气清高持久,有花香,滋味醇爽回甘,叶底绿腹红边稍显。

五、台湾青茶

主产于台北、桃园、新竹、南投、苗栗、高雄等县,产品分包种和乌龙。

(1)包种:发酵程度较轻,香气清鲜幽雅似花香,滋味甘醇爽口,根据发酵程度和品种特征有文山包种和冻顶乌龙。

① 文山包种:包种又名"清茶",是台湾乌龙茶中发酵程度最轻的清香型绿色乌龙茶。台北县坪林、石碇一带品质为优。外形条索紧结、匀整,色泽墨绿油润;内质汤色金黄微绿清亮,香气清鲜幽雅似花香,滋味鲜醇甘滑爽口,叶底厚软绿亮微红边。

② 冻顶乌龙:属半球型乌龙茶。南投县鹿谷乡冻顶山乌龙是以香气与滋味并重的台湾特色茶,是台湾出产的乌龙茶珍品,外形条索卷曲紧结呈半球型,匀整,色泽翠绿鲜活油润,白毫尚显;内质汤色金黄清亮,香气清高馥郁带花果香,滋味醇厚甘滑爽口,叶底嫩软有芽。

(2) 乌龙:发酵程度较重,香气浓郁带果香,滋味醇厚润滑,根据发酵程度和品质特征有台湾铁观音、白毫乌龙茶等品种。

① 台湾铁观音:发酵程度较重,产于台湾省台北市木栅区。外形紧结呈螺状颗粒,白毫尚显,色泽绿褐油润;内质汤色深橙黄清亮,香气浓带坚果香,滋味浓厚甘滑,收敛性强,叶底淡褐嫩柔,芽叶成朵。

② 白毫乌龙:又称"椪风茶"、"香槟乌龙",是台湾乌龙茶中发酵程度最重的一种特殊名茶。产于苗栗县的老田寮和文山地区。外形芽毫肥壮,白毫显露,色泽鲜艳带红、黄、白、绿、褐五色;内质汤色深橙黄明亮,杯边观景,香气高具熟果香和蜂蜜香,滋味圆滑醇和,叶底淡褐有红边,芽叶成朵。

第五节 白茶品质特征

白茶产于福建政和、建阳(建瓯少量)两县。鲜叶要求较嫩,芽叶具有"三白"即芽、两叶背面有白色茸毛,采摘一般从端午节到中秋节。初制中不揉不炒自然萎凋阴干,若碰到雨天,水仙加温萎凋并两次焙干。白茶初制过程儿茶素总量约减少四分之三,从而形成白茶特有的品质风味。外形芽叶连枝,叶张肥嫩,叶缘垂卷,叶态自然伸展,毫心银白肥壮,叶色灰绿;内质汤色浅杏黄明净,香气清鲜有毫香,滋味鲜醇,叶底灰绿明亮,嫩软。

白毛茶按品种分有大白、水仙白和小白三种;成品白茶为白毫银针、白牡丹、中国白茶和贡眉四种,各具不同的品质特征。

一、白毛茶

（1）大白：主要用政和大白茶树品种的鲜叶制成。外形叶张肥嫩，毫心肥壮银白，白毫显露，干色灰绿带翠匀润，叶态平伏伸展，叶缘垂卷，叶面有波状隆红，叶脉微红；内质汤色浅橙黄清亮，香气清鲜，毫香浓，滋味鲜醇，芽头壮，叶质厚软，叶底灰绿明亮。

（2）水仙白：用水仙茶树品种的鲜叶制成。外形叶张肥大而厚嫩，毫心长而肥壮银白，有白毫，干色灰绿匀润，初制不当易带黄色；内质汤色黄明亮，香气清高，毫香显，滋味醇较厚，叶底芽叶肥厚，灰绿明亮。

（3）小白：用菜茶茶树品种鲜叶制成。叶张细嫩软，毫心较小细密，有白毫，干色灰绿稍深匀润；内质汤色黄稍深明亮，香清有毫香，滋味较鲜醇，叶底灰绿明亮，嫩软，芽头小。

二、成品白茶

白茶成品花色有白毫银针、白牡丹、中国白茶（特一至三级）和黄眉四种。

（1）白毫银针：芽头要肥大，色要银白，用政和大白茶"抽针"和选采都有，按品种分福鼎大白银针和政和大白银针，按产地不同分为北路银针和南路银针。

① 北路银针：产于福鼎，外形优美，芽肥壮，茸毛厚，色白光泽；内质汤色杏黄清亮，香气清香，毫香显，味鲜醇爽口有毫香，叶底芽头肥壮，黄绿明亮。

② 南路银针：产于政和。芽肥壮匀齐，色银白稍灰，满披茸毛，光泽稍差；内质汤色杏黄清亮，香气清芬，毫香浓，滋味醇厚适口毫味显，叶底灰绿明亮，芽头肥壮，匀净。

（2）白牡丹：用大白毛茶加工而成。分特一至三级，外形芽叶连枝，自然舒展成朵，叶缘垂卷，毫心肥壮银白，色泽灰绿稍翠匀润；内质汤色橙黄清亮，香气尚高鲜嫩纯爽，毫香显，滋味清甜醇尚厚，叶底芽叶肥壮嫩软成朵，灰黄绿明亮（嫩茎、脉微红）。白牡丹特级过去都拼入水仙白，味浓些。

（3）中国白茶：用大白茶与小白茶拼配而成。正芽分特一至三级（四级为片）。外形芽叶连枝，自然舒展成朵，叶缘垂卷，毫心银白稍瘦，色泽灰绿匀润；内质汤色黄亮，香鲜纯爽，有毫香，滋味甜醇稍厚，叶底芽稍瘦，叶张薄小，灰绿明亮。

（4）寿眉：属中国白茶中副茶为四级，片状，均为小白拼配而成，品质较差。外形芽较小，色泽灰绿稍黄枯，香气纯爽，汤白黄亮，滋味清甜，叶底黄绿尚亮，叶脉带红。

第六节　红茶品质特征

红茶在初制时，鲜叶先经萎凋，减重 $30\%\sim45\%$，增强酶活性，然后再经揉捻或揉切，发酵和烘干，形成红汤、红叶、香味甜醇的品质特征。

红茶分红条茶和红碎茶。红条茶（即工夫红茶）发酵较充分，多酚类保留量不到 50%，滋味要求醇厚甜鲜；而红碎茶发酵程度偏轻，多酚类保留量为 $55\%\sim65\%$，滋味要求浓、强、鲜。

一、红条茶

红条茶按初制方法不同分为工夫红茶和小种红茶。

1. 工夫红茶

工夫红茶是我国独特的传统产品，初制特别注意条索的紧细完整度，因精制时颇费工夫而得名。外形条索细紧匀齐有锋苗，色泽乌润；内质汤色、叶底红亮，香气鲜甜或高甜持久，滋味甜厚鲜爽。因产地、品种不同，红毛茶品质也不同（精制加工后主要有祁红、滇红、川红，其次有宜红、宁红和闽红等）。

（1）红毛茶：我国属商业部管理的红毛茶标准样有 9 套，主要有祁毛红、宁毛红、宜毛红、湖毛红、浙毛红、川毛红、滇毛红、闽毛红、粤毛红。红毛茶品质因产地、品种不同，其特征也不同。大叶种制成的滇毛红，外形条索肥嫩紧实，匀整，锋苗显，色泽黑褐油润，金毫遍布，微嫩茎梗；内质汤色红艳，香气高甜浓郁，滋味浓厚甜爽，叶底红艳、芽壮、叶质厚软。而中小叶种制成的祁毛红，外形条索紧细、匀整、锋苗显、色泽乌润、金毫较显，微嫩茎、朴；内质汤色红艳，香气鲜甜持久，似果香、花香，滋味甜厚鲜爽，味中有香，叶底黄红明亮、嫩软。现以祁门红毛茶为例，介绍各级品质如下。

一级：外形条索紧细、匀整，锋苗显，色泽乌润，金毫显，微嫩茎，朴少见；内质汤色红尚艳，香气鲜甜持久，滋味甜厚鲜爽，叶底黄红尚艳，柔嫩匀。

二级：外形条索较紧细匀整，锋苗较显，色泽乌润，有金毫，微嫩茎梗、朴；内质汤色黄红明亮，香气较鲜甜持久，滋味醇厚较鲜爽，叶底黄红明亮，较嫩匀。

三级：外形条索尚紧细，有锋苗，色泽较乌润，金毫尚显，稍茎梗朴；内质汤色红亮，香气甜亮较高爽持久，味醇较厚甜爽，叶底红亮，尚嫩匀。

四级：外形条索较紧实，稍锋苗，色泽尚乌润，微金毫，有梗朴；内质汤色红较亮，香气甜香尚高爽，味醇尚厚甜爽，叶底红较亮，尚嫩欠匀，有嫩芽叶。

五级：外形条粗实，中段茶紧条多，色泽黑褐微红稍润，朴稍多，有梗；内质汤色红尚亮，香稍高爽，味醇和高爽，叶底红尚亮，稍带乌条，稍嫩欠匀。

六级：外形条索稍粗松、轻飘，色泽黑褐稍枯花，梗朴稍多；内质汤色红明，香稍低粗，味纯和微粗，叶底红稍暗，有乌条，叶质稍粗硬。

（2）工夫红茶：工夫红毛茶精制加工后，主要有祁红、滇红、川红，其次有宜红、宁红和闽红等，祁红精制花色主要有工夫红茶特、一至七级。

① 祁红：产于安徽祁门及其毗邻各县。外形条索细紧挺秀匀齐，锋苗显，色泽乌润，金毫显；内质汤色红艳，香气鲜甜馥郁，带有类似蜜糖香、甜花香、果香，即国际市场誉为"祁门香"，滋味甜厚鲜爽，叶底红艳，细嫩多芽。祁门较贵池、东至红茶品质优良。各级品质见表4.9。

② 滇红：产于云南凤庆、临沧、双江等地，用大叶种茶树鲜叶制成。外形条索肥嫩紧直、重实，匀齐，有锋苗，色泽黑褐油润，金毫遍布；内质汤色红艳带金圈，香气嫩香高甜浓郁，带有焦糖香，滋味甜浓

鲜爽,叶底红艳鲜明,柔嫩多芽,芽壮,叶质厚软。一至六级品质见表 4.10。

表 4.9 祁红工夫茶的品质特征

项目\级别		一级	二级	三级	四级	五级	六级	七级
外形	条索	细紧露毫有锋苗	细紧有毫有锋苗	紧细	尚紧细	稍粗尚紧	松粗欠紧	粗松
	色泽	乌润	乌润	乌尚润	乌欠润	乌稍灰	乌带灰	棕稍枯
内质	香气	鲜嫩甜	鲜甜	鲜浓	纯浓	尚浓纯	稍粗欠纯	粗低
	滋味	鲜醇爽口	醇厚	醇	尚醇	纯和	稍粗	粗淡
	叶底嫩度	柔嫩多芽	柔嫩有芽	嫩匀	尚嫩匀	欠嫩匀	稍粗老	粗老杂
	叶底色泽	红艳	红亮	红匀尚亮	红匀	尚红匀	尚红稍暗	红暗

表 4.10 滇红工夫茶

项目\级别		一级	二级	三级	四级	五级	六级
外形	条索	肥嫩紧实,锋苗好	肥嫩紧实,有锋苗	肥嫩紧实,尚有锋苗	肥壮紧实	粗壮尚紧	粗壮欠紧
	色泽	乌润,金毫特多	乌润,金毫较多	乌润,金毫尚多	乌黑,金毫尚多	尚乌润,有金毫	乌黑稍泛棕,稍有金毫
内质	香气	嫩香浓郁	嫩浓	浓纯	纯正尚浓	纯正	纯和
	滋味	鲜浓醇富有收敛性	鲜醇,富有收敛性	醇厚,有收敛性	尚醇厚	醇和	平和
	叶底嫩度	柔嫩多芽	柔嫩	嫩匀	尚嫩匀	尚柔软	稍粗硬
	叶底色泽	红艳	红艳	红亮	红匀尚亮	红匀	红稍暗

③ 川红:产于宜宾、筠连等地。外形条索紧细匀齐,锋苗显,色

泽乌润稍灰,金毫显露;内质汤色红较浓明亮,香气鲜嫩浓郁带橘子果香,滋味较甜浓鲜爽,叶底黄红明亮,柔嫩多芽。

④ 宜红:产于宜昌、恩施等地。外形条索细紧有锋、较匀齐,色泽尚乌润,金毫较显;内质汤色红亮,香气甜纯似祁红,滋味尚鲜厚爽口,叶底红亮,较柔嫩匀。品质不及上述三地工夫红茶。

⑤ 宁红:产于修水、宁武等地。外形条索较紧略扁,稍短碎,有红筋,色泽乌灰而带红,金毫稍显;内质汤色红亮稍浅,香气清鲜,滋味尚浓略甜,叶底较红亮,嫩软开展。

⑥ 闽红:分为白琳工夫、坦洋工夫和政和工夫三种。

白琳工夫——外形条索紧细稍扁钝,色泽灰尚润,金毫显;内质汤色尚红亮,香气纯而带甘草香,滋味清鲜稍醇淡,叶底黄红明亮、嫩软。

坦洋工夫——外形条索紧细,色泽乌黑油润,金毫显露;内质汤色黄红明亮,香气稍低,滋味清鲜甜醇,叶底黄红明亮、嫩软。

政和工夫——分大茶和小茶两种。

大茶——用大白茶品种制成。外形近似川红,条索较紧细,色泽褐黑油润,金毫显露;内质汤色红亮,香气高而带鲜甜,滋味较甜浓爽口,叶底红亮、厚软。

小茶——用小叶种制成。外形条索细紧,色泽灰暗;内质汤色、叶底尚鲜红,香气似祁红,但不持久,滋味醇和。

⑦ 湘红:外形条索紧细,色泽尚乌润;内质汤色红亮,香气尚高长,滋味醇和,叶底红亮。

2. 小种红茶

小种红茶是我国福建省特产,初制工艺是鲜叶、萎凋、揉捻、发酵、过红锅(杀青)、复揉、熏焙等工序。由于采用松柴明火加温萎凋和干燥,干茶带有浓烈的松烟香。

小种红茶以崇安(现武夷山市)星村桐木关所产的品质最佳,称"正山小种"或"星村小种"。福安、政和等县仿制的称"人工小种"或"烟小种"。

(1) 正山小种:外形条索粗壮长直,身骨重实,色泽乌黑油润;内质香高持久,带有松烟香,汤色呈糖浆状的深金黄色,滋味甜醇,似桂圆汤味,叶底厚软,呈古铜色。

(2) 人工小种:又称烟小种,条索近似正山小种,身骨稍轻而短钝;带松烟香,汤色稍浅,滋味醇和,叶底略带古铜色。

二、红碎茶

红碎茶过去称分级红茶。除大叶种区根据市场需要还保留少量叶茶外,大部分(包括中小叶种在内)均制成颗粒型碎茶、片茶及末茶,故改称红碎茶。初制时经过充分揉切,细胞破坏率高,有利于多酚类酶性氧化和冲泡,形成香气高锐强烈,滋味浓、强、鲜爽,加牛奶白糖后仍有较强茶味的品质特征。因揉切方法不同,分为传统红碎茶、C·T·C红碎茶、转子(洛托凡)红碎茶、L·T·P(即劳瑞式锤击机)红碎茶和不萎凋红碎茶五种。各种红碎茶又因叶型不同分为叶茶、碎茶、片茶和末茶四类。根据国际市场对品质规格的要求,结合品种和质量状况,1967年制订了加工、验收统一标准样共四套:

第一套适用于云南省以云南大叶种制成的红碎茶,共17个花色,设17个标准样,即叶茶1~2号,碎茶1~5号,其中碎茶2~4号分高、中、低档,片茶1~3号,末茶1~2号。

第二套适用于广东、广西、四川、海南、贵州等省除云南大叶种制成的红碎茶外的红碎茶,共设11个标准样,即叶茶1~2号,碎茶1~6号,片茶1~2号,末茶1号。

第三套样适用于贵州、四川、湖北、湖南洣江及零陵、石门等地区的中小叶种制成的产品,共有19个花色,设19个标准样,即叶茶分上、中、低三个花色,碎茶1~3号,片茶分上、中、下档,末茶分上、中、下档。

第四套样适用浙江、江苏、湖南、福建等省中小叶种制成的产品,分16个花色,即碎茶1~3号,其中碎茶1~2号分上、中、下档,3号分上、下档,片茶、末茶分上、中、下档。

1. 不同叶型红碎茶品质特征

(1) 叶茶:传统红碎茶的一种花色。条索紧实挺直匀齐,色泽乌润,金毫尚显;内质汤色红亮,香气芬芳,滋味醇厚,叶底红亮多嫩茎,厚软。

（2）碎茶：外形紧卷呈颗粒状，紧结、重实、匀齐，色泽乌润或泛棕；内质汤色红艳，香味浓强鲜爽，叶底红匀明亮。

（3）片茶：外形全部为木耳形的屑片或皱折角片，色泽乌褐；内质汤色红亮，香气尚纯，滋味尚浓略涩，叶底红亮。

（4）末茶：外形呈砂粒状，色泽乌黑或灰褐；内质汤色深红暗，香低味浓汤粗涩，叶底红暗，见表 4.11。

表 4.11　中国出口红碎茶各花色品质特征

项目＼花色	叶茶 O.P.	碎茶 F.B.O.P.	碎茶 B.O.P.	碎茶 B.P.	碎茶 B.O.P.F.	片茶 F.	末茶 D.
外形	细条形，由卷紧的嫩梗和叶组成	颗粒、重实、匀齐、有毫尖	颗粒状、重实、匀齐	短壮、紧实、含断梗	颗粒状、有皱卷片，匀齐	皱卷、片状，匀齐	末状、重实、匀齐
香气	醇正	鲜浓	醇浓	醇正	醇浓	纯正	纯正
滋味	醇厚	浓强鲜爽	浓强鲜爽	鲜强	浓强鲜爽	鲜强	浓强
汤色	红明	红艳	红艳	红亮	红亮	红亮	浓红
叶底	红亮	红匀明亮	红匀明亮	红亮	红匀明亮	红亮	红匀

国际上通用的各类型花色名称如表 4.12。

表 4.12　红碎茶花色名称表

类别	花色名称	英文名称	简称
碎茶类	花碎橙黄白毫	Flowery Broken Orange Pekoe	F.B.O.P.
	碎橙黄白毫	Broken Orange Pekoe	B.O.P.
	碎白毫	Broken Pekoe	B.P.
片茶类	花碎橙黄白毫屑片	Flowery Broken Orange Pekoe Fanning	F.B.O.P.F.
	碎橙黄白毫屑片	Broken Orange Pekoe Fanning	B.O.P.F.
	白毫屑片	Pekoe Fanning	P.F.
	橙黄屑片	Orange Fanning	O.F.
	屑片	Fanning	F.

类别	花色名称	英文名称	简称
叶茶类	花橙黄白毫	Flowery Orange Pekoe	F. O. P.
	橙黄白毫	Orange Pekoe	O. P.
	白毫	Pekoe	P.
末茶类	茶末	Dust	D.

2. 不同产地品种红碎茶的品质特征

因产地品种不同,我国有四套红碎茶标准样,用大叶种制成的一、二套样红碎茶,品质高于用中小叶种制成的三、四套红碎茶。

(1)大叶种茶:外形颗粒紧结重实,有金毫,色泽乌润或红棕;内质汤色红艳,香气高锐,滋味浓强鲜爽,叶底红匀艳丽。

(2)中小叶种:外形颗粒紧卷,色泽乌润或棕褐;内质汤色红亮,香气高鲜,滋味鲜爽尚浓强,叶底红匀明亮。

3. 不同制法红碎茶的品质特征

(1)传统红碎茶:传统揉捻机自然产生的红碎茶滋味浓,强度常较卷成条索的叶茶为好。将棱内改成刀口,加压多次揉切法,品质稍差。

(2)C·T·C红碎茶:萎凋叶通过两个不锈钢滚轴间隙的时间不到一秒钟就达到了充分破坏细胞的目的,同时使叶子全部轧碎成颗粒状,发酵均匀而迅速,及时烘干,汤味具有浓强鲜品质,其产品全部为碎茶,较其他碎茶稍大而重实匀整,色泽深棕,成为C·T·C红碎茶的特征。

(3)转子红碎茶:国外称洛托凡(Rotovane)红碎茶。萎凋叶在转筒中挤压推进的同时,达到轧碎叶子和破坏细胞的目的。品质特征是外形颗粒不及传统红碎茶或C·T·C红碎茶紧结重实,但主要问题是转子中叶温过高,致使揉切叶内的多酚类酶性氧化过剧而使有效成分下降,在一定程度上,降低了转子红碎茶的鲜强度。

(4)L·T·P红碎茶:像锤击磨碎机,用离心风扇输入和输出叶子,不需预揉捻,对叶细胞的破坏程度比C·T·C更大,产品几乎全部为片、末茶,色泽红棕,汤色红亮,鲜强度较好,略带涩味,叶底红匀。该法采用 L·T·P 机与 C·T·C 机联装可产生颗粒紧结的碎茶。

4. 国外红碎茶品质特征

(1)印度红碎茶:主要茶区在印度东北部,以阿萨姆产量最多,其次为大吉岭和杜尔司等。

阿萨姆红碎茶——用阿萨姆大叶种制成。品质特征是外形金黄色毫尖特多,身骨重,内质汤色深味浓,有强烈的刺激性。

大吉岭红碎茶——用中印杂交种制成。外形大小相差很大,具有高山茶的品质特征,有独特的馥郁芳香,称为"核桃香"。

杜尔司红碎茶——用阿萨姆大叶种制成。因雨量多,萎凋困难,茶汤刺激性稍弱,汤色浓厚欠透明。不萎凋红茶刺激性强,但带涩味,汤色、叶底红亮。

(2)斯里兰卡红碎茶:按产区海拔不同,分为高山茶、半山茶和平地茶三种。茶树大多是无性系的大叶种,外形没有明显差异,芽尖多,做工好,色泽乌黑匀润,内质高山茶最好,香气高锐,滋味浓厚。半山茶外形美观,香气高,平地茶外形美观,滋味浓而香气低。

(3)肯尼亚红碎茶:90%茶厂采用 C·T·C 工艺,外形颗粒紧结重实,色泽油润;内质汤色红艳,加奶后棕红较艳,香味浓强鲜爽,叶底红艳较嫩匀,质量优良成为后起之秀。此外,孟加拉、印尼、前苏联及其他东非茶区均有红碎茶。

第七节 再加工(深加工)茶品质特征

我国六大茶类的毛茶或精茶经再加工(深加工),其产品外形或内质与原产品有区别称为再加工(深加工)茶。目前产品有花茶、压制茶、袋泡茶、速溶茶和茶饮料等。

一、花茶

花茶又称熏制茶,或称香片。主产区 20 世纪 80 年代原有江苏的苏州、福建的福州、浙江的金华三大花茶厂及湖南的长沙、安徽的歙县等,现广西、广东、四川、重庆市均生产花茶。用于窨花的鲜花种类有茉莉花、珠兰花、白兰花、玳玳花、玫瑰花、桂花、树兰（米兰）、栀子花等。用于窨制的素坯绿茶主要是烘青；也有少数用炒青、晒青、特种茶及颗粒绿茶，红茶等作为花茶素坯的。花茶品质特征具有芬芳的花香和醇厚鲜爽的花茶味。

1. 茉莉花茶

我国花茶中的最主要的产品。产于广西、福建、广东、浙江、江苏、安徽、四川、重庆、湖南、台湾等省、直辖市、自治区。茉莉花茶的品质特点是香气芬芳高雅，细锐而鲜灵，汤味中余香悠长。茉莉花茶因所采用窨制的茶坯不同，命名也不同，有茉莉烘青、花龙井、花大方、特种茉莉花茶等。

（1）茉莉烘青：茉莉花茶中的主要产品。高档外形条索紧细匀整，略有嫩茎，色泽深绿匀润，有白毫；内质汤色绿黄明亮，香气浓郁芬芳、鲜灵、纯正持久。滋味醇厚鲜爽，味中花香显。一级香鲜灵、浓、纯正，二级香气较鲜灵、纯、浓，三级纯正尚鲜灵、浓，四级尚浓、稍鲜灵、纯正，五级稍浓、鲜、纯正，茉莉花茶各级品质特征参见表 4.13。

表 4.13　花茶类：茉莉花茶

项目	级别	特级	一级	二级	三级	四级	五级	六级
外形	条索	细嫩多毫有锋苗	细紧露毫有锋苗	尚细紧带芽毫	尚细匀整	稍粗尚匀	稍粗松	松扁
	色泽	深绿匀润	深绿尚润	尚绿润	尚绿	黄绿	黄绿显花杂	稍黄花杂
内质	香气	鲜灵浓郁	鲜灵持久	鲜浓	尚鲜浓	尚鲜稍淡	香弱	香低带粗
	滋味	浓厚鲜爽	浓醇尚鲜	尚浓醇	纯正	尚纯正	稍淡带粗	粗淡
	叶底嫩度	细嫩有芽	细嫩柔软	尚嫩柔软	尚嫩	尚软欠匀	稍粗老	粗老
	叶底色泽	黄绿鲜亮	黄绿匀亮	黄绿尚匀亮	黄绿尚匀	黄绿欠匀	黄稍暗带花杂	花杂黄暗

（2）特种茉莉花茶：窨制特种绿茶，加工精细、窨花次数较一般素坯多，有"四窨一提"至"七窨一提"窨制而成的特种茶，品种有茉莉

苏萌毫、茉莉茗眉、茉莉顶谷大方、茉莉黄山芽、茉莉大白毫、茉莉龙团、茉莉龙珠、茉莉毛尖等。

2. 珠兰花茶

主产于安徽歙县,其次产于福建漳州、广东广州;在浙江、江苏、四川也有少量生产。珠兰花茶香气清细幽雅,滋味醇爽,回味甘永。珠兰花茶根据所采用的原料分为珠兰烘青、珠兰黄山芽和珠兰大方。

(1)珠兰烘青:珠兰花茶中的主要产品。品质特征为条索较紧细匀整,色泽深绿稍褐较润,稍花渣、嫩茎;汤色绿黄明亮,香气清雅尚鲜、浓、纯正持久,滋味醇较厚鲜爽,叶底绿黄明亮、嫩匀。

(2)珠兰黄山芽:条索细紧,锋苗显,色泽深绿油润,白毫显露,有花干;汤色浅黄明亮,香气幽雅芳香持久,滋味鲜嫩醇较厚,叶底柔嫩匀。

(3)珠兰大方:外形扁平匀齐,有较多棱角,色绿微褐黄光润;内质汤色黄亮,香气清雅持久,滋味醇较厚爽,叶底厚软成朵。

3. 白兰花茶

除茉莉花茶外的又一大宗产品,主产于广州、福州、苏州、金华、成都等地。产品主要是白兰烘青,品质特征为外形条索紧实,色泽绿尚润;内质汤色绿明亮,香气鲜灵、浓郁、纯正,滋味浓尚醇爽,叶底软匀。

4. 桂花茶

产于广西桂林、湖北咸宁、四川成都、浙江杭州、重庆等地。根据所采用的茶坯不同可分为桂花烘青、乌龙、龙井、红碎茶等。桂花茶香气浓郁而高雅持久。

5. 玫瑰花茶

产于广东、福建、浙江等省,产品有玫瑰红茶和玫瑰绿茶。其成品茶特点为香气甜香浓郁扑鼻,滋味甘美。

二、压制茶

压制茶又称紧压茶,由毛茶加工后压制而成,根据加工工艺分篓装黑茶和压制茶两类。

1. 篓装黑茶

一般将整理后的原料用高压蒸汽蒸软,装入篓内压实而成。产品有湖南湘尖、广西六堡茶和四川方包茶等。

(1)湘尖:产于湖南省安化县,产品分为 1~3 号,即天尖、贡尖、生尖。湘尖 1 号不蒸,拼配装入篾篓压包再自然干燥。外形体积为 58cm×35cm×50cm 篓包,重量为 50kg、45kg、40kg。品质特征为条索尚紧,色泽黑褐油润;内质汤色红浓明亮,香气清纯带松烟香,滋味醇厚滑口,叶底黄褐较嫩匀。

(2)六堡茶:成品直径 53cm,高 57cm,是圆柱形。1~5 级每篓分别为 55kg、50kg、45kg、40kg、37.5kg。品质特征外形条索结成块状,色泽黑褐较润;内质汤色红浓带紫,香气醇陈似槟榔香(陈气带松烟香),滋味醇厚清凉爽口,叶底暗褐较嫩匀。

(3)方包茶:又称马茶,产于四川省,属西路边茶,是将原料茶筑制在长方形篾包中,其品质特点是梗多叶少,色泽黄褐;内质汤色深红略暗,香气带强烈的烟焦味,滋味和淡,叶底粗老黄褐。

另还有四川南路边茶的康砖、金尖茶。

2. 压制茶

将整理后的毛茶采用高压蒸汽蒸软,放入模盒内紧压成砖形或其他形状。

(1)压制黑茶:由黑毛茶原料压制而成。成品有砖茶、紧茶、圆茶、饼茶、普洱沱茶等。砖茶又分黑砖、花砖、茯砖、青砖茶。

① 茯砖茶:茯砖茶是边疆地区需要较多的一种成品茶,分特制茯砖和普通茯砖两种产品,其压制工艺较其他茶不同,经过发花过程,粗涩味消失而产生一种特殊的香味。产地有湖南益阳、四川北川等地,以湖南品质最好。其规格为 35cm×18.5cm×5cm,净重 2kg,砖面平整、稍松、棱角分明,厚薄一致,色泽黄褐,砖内金花普遍茂盛;内质汤色橙红明亮,香气有纯正的黄花清香,滋味醇尚厚甘爽,叶底栗褐较粗老。

② 普洱沱茶:产于云南省。碗臼状,外形端正,紧结,色泽棕褐,白毫显;内质汤色红浓明亮,香气有特殊的醇陈香,滋味醇厚甘和,叶底棕褐嫩匀。

（2）压制绿茶：由绿毛茶原料压制而成,产品有重庆沱茶、云南沱茶、普洱沱茶等。

云南沱茶产于云南省,碗臼状,外形端正、紧实、光滑、色泽墨绿,白毫显露;内质汤色橙黄明亮,香气纯浓,滋味浓厚,叶底嫩匀尚亮。

重庆沱茶与云南沱茶相似,品质稍逊于云南沱茶。

（3）压制红茶：由红茶末压制而成,产品主要是湖北赵李桥米砖。砖块规格为 24cm×19cm×2.4cm,净重 1125g,外形棱角分明,砖面图案清晰,精致美观,四角平整、紧实,厚薄一致,色泽乌褐光润;内质汤色深红,香气纯和,滋味浓而略涩,叶底红暗。

三、袋泡茶

袋泡茶源于 20 世纪初,是由特种长纤维包装而成的。由于所采用的特种长纤维种类不同,袋泡茶可分为热封型和冷封型两种。由于袋泡茶的原料不同,可分为袋泡绿茶、红茶、乌龙茶和保健茶等,其质量要求:外观特性——内外袋包装要齐全,图案、文字清晰;纸质好。内袋长纤维特种滤纸,网眼分布均匀、大小一致。滤纸封口完整。用纯棉本白线作提线,线端有品牌标签且牢固。内质要求——汤色符合原茶色型,要明亮鲜活,香气具原茶的纯正香气,且高爽持久,滋味有原茶的风味特征。内袋完好无损,茶渣不泄出,提线不脱离。

四、速溶茶

速溶茶,又称萃取茶、茶精。20 世纪 40 年代始于英国,我国 20 世纪 70 年代开始生产。其主要加工工艺为提取、浓缩、干燥,产品外形呈颗粒状、碎片状,易吸潮,冲泡后无茶渣,香味不及普通茶鲜爽浓醇。根据是否调香,速溶茶分纯茶味和调味速溶茶(即添加果香味茶)两种。其质量要求:含水量 2%～3%,一般容量在 0.06～0.17g/mL。外观特性颗粒状大小均匀呈空心疏松状态、互不黏结,装入容器内具流动性,无裂崩现象;碎片状要片茶卷曲,不重叠;最佳的颗粒直径为 200～500μm,具 200μm 以上的需达 80%,150μm 以下的不能超过 10%,疏松度0.13g/mL最佳;色泽,速溶红茶为红黄、红棕或红褐色,速溶绿茶呈黄绿色或黄色,均鲜活有光泽。内质要求——冲泡

3 分钟速溶性好,指 10℃以下冷溶性和 40℃～60℃热溶性的迅速溶解特性,溶解后无浮面、沉淀现象。汤色绿茶黄绿明亮,红茶红黄、红棕明亮,香味具原茶风格,有鲜爽感,香味正常,无酸馊气、热汤味及其他异味,调味速溶茶按添加剂不同而异。要有茶味,酸甜适中,不能有其他化学合成的香精气味。

五、茶软饮料

茶软饮料是指含有茶的成分在内的各种液态饮料。产品根据是否添加其他成分,分纯茶软饮料和调味茶软饮料。纯茶软饮料是指纯茶味的红茶水饮料、绿茶水饮料、乌龙茶水饮料;调味茶软饮料根据所添加的成分,又可分为果味茶水饮料、果汁茶水饮料、柠檬酸或乳酸茶水饮料、奶味茶水饮料、其他茶水饮料。包装形式有罐装、利乐宝包装、强化聚乙烯瓶和玻璃瓶等。包装要求:必须标明茶叶名称、配料表、企业标准代号、产品标准号、容量、生产日期、保质期、卫生许可证、生产厂家及厂址。茶汤饮料应标明"无糖"或"低糖";花茶应标明茶坯类型;淡茶型应标明"淡茶型";果汁茶水饮料应标明果汁含量;奶味茶水应标明蛋白的含量。其品质要求:茶汤饮料外观透明,允许稍有沉淀,色泽具有原茶类应有的色泽,香气和滋味具有原茶类应有的香气和滋味;果味茶水饮料外观清澈透明,允许稍有浑浊和沉淀,色泽呈茶汤和类似某种果汁应有的混合色泽,香气和滋味具有类似某种果汁和茶汤的混合香气和滋味,香气柔和,甜酸适口;果汁茶水饮料外观透明或略带浑浊,允许稍有沉淀,色泽呈茶汤和类似某种果汁应有的混合色泽,香气和滋味具有某种果汁和茶汤的混合香气和滋味,酸甜适口。碳酸茶水饮料外观透明、允许稍有浑浊和沉淀,色泽具有原茶类应有的色泽,香气和滋味具有品种特征应有的香气和滋味,酸甜适口,香气柔和,有清凉刹口感;奶味茶水饮料外观允许有少量沉淀,振摇后仍呈均匀状乳浊液,色泽呈浅黄或浅棕色的乳液,香气和滋味具有茶和奶混合的香气和滋味;其他茶水饮料外观透明或略带浑浊允许稍有沉淀,色泽具有品种特征性应有的色泽,香气和滋味具有品种特征性应有的香气和滋味,无异味,味感纯正,饮料中均无肉眼可见的外来杂质。

第五章　茶的鉴评

茶的鉴评主要是通过人的视觉、嗅觉、味觉、触觉对茶叶的形状、色泽、香气和滋味进行鉴定,是确定茶叶品质优次和级别高低的主要方法。感官评茶不仅能快速地鉴定茶叶色、香、味、形的主要特征,敏捷地辨别茶叶品质的异常现象,而且能评出其他检测手段难以判明的茶叶质量上的某些特殊状况,如"风味"。正确的审评结果对指导茶叶生产、改进制茶技术、提高茶叶品质、合理定级给价、促进茶叶贸易均具有极其重要的作用。

第一节　绿茶鉴评

绿茶鉴评分为绿毛茶、出口眉茶和名优绿茶鉴评。

一、绿毛茶鉴评

我国绿茶品质较多,因制法不同有炒青、烘青、蒸青、晒青之分。以其形状不同,炒青又分长炒青、圆炒青和特种炒青;烘青又分普通烘青和特种烘青。长炒青毛茶一般作为出口珍眉绿茶的原料,烘青毛茶主要供作窨制花茶的茶坯。晒青一般是地产地销,有的作为压制沱茶及紧茶、饼茶的原料。我国生产的绿茶以炒青和烘青为主,鉴评要点如下:

$$
1.\ 外形
\begin{cases}
老嫩(主) \\
条索(主) \\
整碎(辅) \\
净度(辅)
\end{cases}
$$

区别:
优质茶:细嫩多毫、条紧结重实、芽叶肥壮完整
低次茶:粗松、轻飘、弯曲、扁平
新茶:色差明显、光泽明亮、油润鲜活
陈茶:色差不明显、无光泽、无论老和嫩均显枯暗

2. 内质

汤色（正常）
- 优质茶：汤色清澈明亮
- 低级茶：汤色较淡、欠明亮
- 酸馊劣变茶：汤色混浊不清
- 陈茶：汤色暗（黑）
- 杂质污染茶：汤色有沉淀物

香气（正常）
- 花香、嫩香为高
- 清高香、熟板栗香为优
- 淡薄、低沉、粗老为差
- 烟焦、霉气、异气为次品或劣变茶

滋味（正常）
- 浓、醇、鲜、甜为好
- 淡、苦、粗、涩为差
- 忌：异味

叶底（主）嫩度与色泽
- 嫩度：以嫩而芽多，厚而柔软，匀整的为好；叶质粗老、硬薄、花杂为差
- 色泽：以淡绿微黄，鲜明一致，叶背有白色茸毛为好；其次为黄绿色；深绿、暗绿为差
- 忌：红梗红叶、叶张破碎、焦斑、黑条、生青和闷黄叶

　　绿毛茶鉴评分干看外形和湿评内质。干看外形首先扦取代表性毛茶约 250g，放在茶样盘或评茶篾匾中，毛茶采用旋转式，精茶采用颠簸式，俗称"把盘"，经筛转后收拢，使样茶分出上、中、下三段，即：

	看内容	常规
把盘	面张：条松紧，匀度、净度、色泽	轻、粗、松、杂
	中段：嫩度、条索	紧细、重实 〔估量三者比例
	下段：断碎度、碎、片、末、灰的含量	体小断碎

　　对照约定样评定优次和等级。评内质时称取有代表性的茶叶 5g，倒入 250mL 容量评茶杯中，沸水冲泡 5 分钟，茶汤倒入评茶碗，采用归类法或排队法，分别看汤色、嗅香气、尝滋味、评叶底，评定内质优次和归属等别，最后综合外形和内质审评结果确定等级与价值。

　　外形评老嫩、松紧、整碎、净度四项因子。其中以老嫩、松紧为主，整碎、净度为辅。鉴评时先看面张条索的松紧度、匀度、净度和色泽，然后拨开面张茶，看中段茶的嫩度、条索，再看下身茶的断碎程度和碎、片、末茶的含量以及夹杂物等。一般上段茶轻、粗、松、杂，中段

茶较紧、细、重实,下段茶体小断碎。上、中、下三段茶比例适当为正常,如面张和下身茶多而中段茶少则称为"脱档"。

条形绿毛茶嫩度、条索和色泽的一般特点是优质茶细嫩多毫,紧结重实,芽叶肥壮完整;低档茶粗松、轻飘、弯曲、扁平。原料嫩、做工好的,色泽调和一致、油润鲜活;原料粗老或老嫩不匀、做工差的,色泽驳杂枯暗;劣变茶色泽更差。陈茶无论老或嫩,一般都枯暗。

评内质以叶底的嫩度与色泽为主,对汤色、香气、滋味则要求正常。低级毛茶一般以干看为主,兼嗅干茶香气是否正常。

优质毛茶汤色清澈明亮,低级毛茶汤色较淡欠明亮,酸馊劣变茶的汤色混浊不清,陈茶汤暗,杂质多的毛茶杯底有沉淀。

毛茶香气以花香为最佳;嫩香、嫩毫香、清香、清花香、熟板栗香为优;淡薄、低沉、粗老为差;如有烟焦、霉气等为次品或劣变茶。

滋味以鲜、醇、尚浓、甜为好;淡、苦、粗、涩为差,忌异味。凡中级以上茶滋味感受越快,收敛性愈强,品质好。中级以下茶,滋味越粗涩,感受越快者品质次,感受慢的,品质尚好。

叶底以嫩而芽多、厚而柔软、匀整的为好;叶质粗老、硬薄、花杂为差。原料老嫩不一,叶底大小不匀,色泽也不调和为差。叶底色泽有嫩绿色、嫩黄绿色、黄绿色、深绿色等,一般以嫩绿、鲜明一致,叶背有白色茸毛为好,黄绿色次之,深绿、暗绿色差。绿毛茶最忌红梗红叶、叶张破碎、焦斑、黑条、生青和闷黄叶。

炒青绿茶根据各级鲜叶的采摘标准,经加工后其基本外形特征为:一级细嫩芽头尖,二级条索紧而圆,三级粗中有细嫩,四级轻松浮上面,五级稍粗多黄片,六级粗松梗朴显。

二、精茶鉴评

我国的精制绿茶以外销的珍眉为大宗,产品有珍眉、贡熙、针眉、雨茶、秀眉等;其次是珠茶,其产品包括雨茶;还有少量蒸青绿茶。眉茶和珠茶除部分以地名茶原籍出口外,主要还是根据各地眉茶品质特点,实行定量定质拼配成号码茶,对国外销售。

1. 眉茶鉴评

我国外销眉茶各花色品种及其等级都有自己对应的茶号,见

表5.1。

表 5.1 我国出口眉茶各花色品种茶代号及外形特征

花色	等级	商品茶代号	外形特征
特珍（三个级）	特级	41022	细嫩、紧直、匀齐、锋苗显
	一级	9371	细紧、重实、匀整、有锋苗
	二级	9370	紧结、尚重实、匀整、少锋苗
珍眉（四个级）	一级	9369	紧结、壮实、尚匀整
	二级	9368	尚紧、粗实、尚匀整
	三级	9367	稍粗松
	四级	9366	粗松
	不列级	3006、3008	粗松、质轻、带梗朴
雨茶（两个级）	一级	8147	细短、紧实、匀称
	二级	8167	短钝、稍松、尚匀
秀眉（四个级）	特级	8117	嫩筋细条
	一级	9400	筋条带片
	二级	9376	片形带条
	三级	9380	较轻细片
凤眉		9611	中形片状
特贡（两个级）	特级	9277	圆结重实,光滑匀齐
	一级	9377	圆结匀整
贡熙（三个级）	一级	9389	尚圆实
	二级	9417	稍松扁
	三级	9500	松扁
	不列级	3313	空松、扁片、短钝
茶片		34403	轻质细片
茶末		5532	24 目筛下物
茶灰		D101	40 目筛下物
茶梗		L—03、H—01、SH—02	粗细不同的茶梗

　　眉茶品质要求外形、内质并重。外形比条索、整碎、色泽、净度四项因子,内质比香气、汤色、滋味、叶底四项。外销眉茶鉴评要点如下:

1. 外形
- 条索：松紧、粗细、长短、轻重、空实、锋苗、毫尖多少
  - 紧结圆直、完整、重实、有锋苗（好）；
  - 条索不圆浑、紧中带扁、短秃（次之）；
  - 松扁、弯曲、轻飘（差）
- 色泽：颜色、枯润、匀杂
  - 绿润起霜（好）；色黄枯暗（差）
- 整碎：三段比例（老嫩、条松紧、粗细、长短、三段茶拼配比例适当）
  - 匀齐、匀整（好）；下段过多（差）
- 净度：梗、筋、片、朴含量
  - 净度差的条松色黄，叶底花杂，老嫩不匀，香味欠纯

2. 内质
- 香气：纯度、高低、长短
  - 香纯、透清香或熟栗香、高长（好）；烟、焦异气（劣）
- 汤色：亮暗、清澈（沉淀物）
  - 黄绿、清澈明亮（好）；深黄（次）；橙红暗浊（差）
- 滋味：浓淡、醇苦、爽涩
  - 浓醇、鲜爽回味带甜（好）；浓而不爽（次）；淡薄、粗涩（差）
- 叶底：嫩度——芽多、柔软、厚实、嫩匀（好）；叶质硬、薄（次）；老梗（差）
  - 色泽——嫩绿匀亮（好）；色暗，花杂（差）

　　眉茶形状顾名思义，条索应似眉毛的形状，这是决定其外形规格的主要因子。外形条索比松紧、粗细、长短、轻重、空实、有无锋苗，以紧结圆直、完整重实、有锋苗的为好；条索不圆浑、紧中带扁、短秃的次之；条索松扁、弯曲、轻飘的为差。色泽比颜色、润枯、匀杂，眉茶以绿润起霜为好；色黄枯暗的差。整碎比上、中、下三段茶的老嫩、条索的松紧、粗细、长短，拼配比例适当的为匀整或匀齐；忌下盘茶过多。净度看梗、筋、片、朴的含量，净度对外形及内质叶底的嫩匀度、香气、滋味等都有不同程度的影响，净度差的条松色黄、叶底花杂、老嫩不匀，香味欠纯。汤色比亮暗、清浊，以黄绿明亮清澈为好；深黄次之；橙红暗浊为差。香气比纯度、高低、长短，以香纯透清香或熟板栗香高长的好；有烟焦及其他异味的为劣。滋味比浓淡、醇苦、爽涩，以浓醇鲜爽、回味带甜的为上品；浓而不爽的为中品；淡薄、粗涩的为下品；其他异杂味为劣品。叶底比嫩度和色泽。嫩度比芽头多少，叶张厚薄、软硬，以芽多叶软、厚实、嫩匀的为好；反之则差。色泽比亮暗、

匀杂，以嫩绿匀亮的好；色暗花杂的差。眉茶是由炒青绿毛茶经再加工而成的产品，主要是物理变化，在外形上较初加工茶规格化、标准化、商品化；在内质上变化不太大，主要是香味趋向于调和性与一致性。

2. 珠茶鉴评

珠茶是由圆炒青毛茶（一至七级）经精制整形后制成分为珠茶、雨茶、碎茶、秀眉四大类花色。其中，宛如珍珠的圆形茶称为珠茶，等级珠茶外形特征及贸易代号见表5.2。

表 5.2　不同等级珠茶贸易茶代号与外形特征

等级	外形特征	贸易茶代号
特级	圆结重实、光滑、墨绿光亮	3505
一级	圆结尚重实、墨绿	9372
二级	较圆结、墨绿泛黄、色欠润	9373
三级	尚圆、黄绿稍暗	9374
四级	尚圆欠结实、色暗黄	9375
五级	粗圆、色枯	9475
不列级	扁圆、枯黄	9575

外形看颗粒、匀整、色泽和净度。颗粒比圆紧度、轻重、空实，要求颗粒紧结、滚圆如珠，匀整重实为好；颗粒粗大或呈朴块状、空松的差。匀整指各段茶拼配匀称。色泽比润枯、匀杂，以墨绿、深绿光润为好；乌暗差。内质比汤色、香气、滋味和叶底。汤色比颜色深浅、亮暗，以黄绿明亮为好；深黄发暗差。香气比纯度、浓度，以香高味醇和的为好；香低味淡为次；香味欠纯带烟气、闷气、熟味者为差。叶底嫩度评比芽头与叶张匀整，以有盘花芽叶或芽头嫩张比重大的好；大叶、老叶张、摊张比重大的差。叶底色泽评比与眉茶基本相同，但比眉茶色稍黄属正常。

3. 蒸青绿茶审评

目前我国蒸青绿茶有恩施玉露和普通蒸青两种。前者保留了我国传统蒸青绿茶制法，外形如松针，紧细、挺直、匀整，色泽绿润，香清持久，味醇爽口，属名茶规格。高档茶条索紧，伸长挺直呈针状，匀称有锋苗，一般茶条索紧结挺直带扁状，色泽鲜绿或墨绿有光泽。日本蒸青绿茶有玉露、煎茶和碾茶等。普通蒸青色泽品质要具备三绿，即干茶墨绿、汤色碧绿、叶底青绿。

　　蒸青绿茶外形评比形状与色泽。形状比条形及条索的松紧、匀整、轻重,芽尖的多少。条形要细长圆形,条索紧结重实、挺直、光润、匀整,芽尖显露完整的好;条索折皱、弯曲、松扁的次之;外形断碎,下盘茶多的差。色泽比颜色、鲜暗、匀杂,以绿翠调匀者为好;黄暗、花杂者为差。内质比汤色、香气和滋味。汤色比颜色、亮暗、清浊,高级茶浅金黄色泛绿,清澈明亮;中级茶浅黄绿色;色泽深黄、暗浊、泛红的品质不好。香气要鲜嫩又带有花香、果香、清香的为上品;有青草气、烟焦气的为差。滋味比浓淡、甘涩,浓厚、新鲜、甘涩调和,口中有清鲜、清凉的余味为好;涩、粗、熟闷味为差。叶底青绿色,忌黄褐及红梗红叶。

　　日本蒸青绿茶审评方法:形状主要看大小、松紧、折皱、芽尖和均匀度。要求条形大小一致,紧结、重实,呈细长圆形,叶子被折断、粉末多的不好。颜色和光泽主要看色调、浓淡、光泽和均匀度。颜色共有色相(红、黄、黄绿、绿、青绿)、亮度、鲜度三个基本因子,称为色的三属性,而色相和亮度统称为色调。汤色主要看色调、混浊和沉淀物。香气评比芳香、清香中带有海藻香(似苔菜香)或蒙香及爽快、强弱、调和。芳香有花香、果香、药香和焦香。如中级茶有水果香和树脂香;高级茶还加上类似紫菜的芳香,这种香在日本称"蒙香"(以帆布覆盖在茶蓬上的鲜叶制成的茶),蒙香爽快的香气可引起清凉感。香气调和指高级和中级茶本质上的香气和新芽特有的香气,调和者为佳。滋味辨别美味、爽快、浓度和调和度。美味和香气一样,因品种和质量而异,各有不同味道。爽快以舌头有无甜凉感觉来判断,与香气有联系。浓度即味道浓厚,但要温雅,不得有刺激性。调和即涩味与甜味协调,口中感到清凉的余味者为佳。

　　日本蒸青绿茶分高、中、低三档,共 9 级。各级茶的嫩度相当于我国各级炒青绿茶的水平,见表 5.3。外形都比较碎,16 目以下的碎末茶一般超过 10%。高档茶带嫩茎,中、低档茶嫩梗,下档茶有较长的梗朴。

　　日本蒸青绿茶开汤鉴评方法:称取有代表性的茶样 3.0g 各 3 份(分别用于审评香气、汤色和滋味)放入鉴评碗中,按 7 秒冲泡一只茶的速度加开水,约 2 分钟时,用网匙(18 目)捞取叶底,靠近鼻嗅香气,反复数次,持续 5 分钟后,滤去叶底审评汤色与滋味。判断香气时必须结合汤热时和汤冷时的情况综合判定。

表 5.3　　各等级蒸青绿茶的外形特征

档次	级别	外形特征	相当于炒青级别(嫩度)
高 档	EE 级(超超特)	细嫩、紧直、光润、尚嫩绿	特级
	E 级(超特)	较细嫩、紧、直、光、墨绿	一级
	S 级(特)	尚嫩、较紧直、深绿	二级
中 档	一级	条尚紧直、黄绿稍深	三级
	二级	尚紧直、有扁条、黄绿	四级
	三级	粗松尚直有扁条、黄绿稍枯	五级
低 档	四级	直形扁片状	六级
	五级	粗松尚直扁片状	七级
	六级	粗松朴片	级外

日本感官审评茶叶时大都不评叶底,只有少数茶类要审评叶底,如碾茶和红茶。而中国茶的审评较重视叶底。日本对蒸青绿茶的断碎不十分讲究,但注意原料嫩度;不怕香味带"生青气",忌"栗香";汤色、叶底青绿受欢迎,讨厌色黄。

三、名优绿茶鉴评

1. 定义

优质茶是具有品牌(商标)的茶叶优质产品,名茶是优质茶中知名度高、信誉好的名牌(驰名商标)产品,名优绿茶是名牌绿茶和优质绿茶的统称,相关概念如下:

(1) 贡茶与名茶:唐代,贡茶是征收各地名茶而来。贡茶和名茶都是品质优良的茶叶,贡茶质量可能比名茶更好,是名茶中的极品。贡茶(产品)生产量比名茶(商品)少。

(2) 嫩茶与名茶:嫩度好的叶质柔软、易造型,内含物质丰富,有特色,可以做名茶;但名茶不一定都是嫩度特别好的茶叶。

(3) 名山、名水、名人与名茶:名山产名茶,名人颂名茶,古今皆有。还有把名水、名泉、名师、名人与名茶联系起来的,以提高当地茶叶产品的知名度。

(4) 茶名和名茶:借名和仿制是可以的,冒名(指品牌和生产者之名)显然是一种非法行为。如西湖龙井茶是中国名茶之佼佼者,而浙江龙井、安徽龙井……以不同产地冠其茶名也是可以的。

2. 特点

(1) 名优茶一般具有下面六个方面的优势,即:

① 得天独厚的自然环境。

② 优良的茶树品种。

③ 严格的采摘标准。

④ 精湛的加工工艺。

⑤ 科学的包装技术。

⑥ 显著的经济效益和社会效益。

(2) 绿茶类名茶可分为炒青型、半烘半炒型和烘青型三大类,也有少量蒸青型。它们的基本特点分别是:

① 炒青型名茶:色泽绿润,香气高锐,滋味较鲜醇,外形细紧,色泽嫩绿明亮,叶底嫩绿,但往往欠完整。如杭州西湖龙井、江苏碧螺春等。

② 半烘半炒型名茶:目前,这类名茶的花色品种较多,其特点是色泽较翠绿,外形完整,香气滋味清爽鲜醇,汤色、叶底嫩绿,能获得多数消费者的喜欢。如昭关翠须、白云春毫、徽府大制毛尖、千秋泉云雾等。

③ 烘青型名茶:按烘青工艺制作而成,特点是条索较紧的,色泽往往较深暗;条索较疏松的,色泽较绿润。香气较高雅,滋味鲜醇,汤色清澈明亮,叶底嫩绿完整,例如黄山毛峰、金寨翠眉、潜川雪峰等。烘青型名茶中有部分可供作高档花茶原料,例如茉莉毛峰茶等。

④ 蒸青型名茶:色绿,香青,味浓厚。如河南信阳市新林玉露茶等。

3. 鉴评要点

(1) 外形

要求"三个一致",即形状一致,大小一致,色泽一致。形状应符合该茶的"标准形态",且占比例越大越好;大小看老嫩度是否一致,且看整齐度;色泽要绿、油(光)润。

扁形:形状扁、平、挺直。如西湖龙井、顶谷大方、天柱剑毫等。

针形:茶条紧细圆直,呈松针状。如南京雨花茶等。

条形:外形是条索状,条索松紧程度一致。如各种毛峰,婺源茗眉等。

卷曲形:外形纤细卷曲。如洞庭碧螺春,都匀毛尖等。

圆形:外形圆紧,颗粒重实。如涌溪火青,前冈辉白等。

芽形:芽形茶,包括芽茶和雀舌形。如特级黄山毛峰。

尖形:条直有锋,自然舒展。如太平猴魁等。

片形:外形平直完整,呈片状。如六安瓜片,齐山名片等。

束形:形似菊花。如霍山菊花茶,黄山绿牡丹等。

特形:有的名优茶具有特种形状或外形兼有两种特征。如燕尾形的宁国野兰香茶,环钩形的黄山银钩等。

(2) 色泽

色泽包括干茶色泽、汤色和叶底色泽,要求"三绿"。

① 干茶色泽大致分为五种类型。

翠绿型:多数名优绿茶是这种色泽。如西湖龙井,六安瓜片等。

嫩绿型:嫩度较高的茶。如黔山雀舌,蒙顶甘露等。

银绿型:白毫较多的茶。如无锡毫茶,阳春白雪等。

苍绿型:以太平猴魁为代表。

墨绿型:这种茶鲜叶较嫩,在制造过程中细胞组织破坏率较高。如涌溪火青等。

② 汤色:以浅绿色、浅黄绿色并且鲜亮或清亮为好;黄、深、暗、浊不好。

③ 叶底色泽:以鲜绿、嫩绿、浅黄绿为正常色,通常以嫩绿为多数,色泽要一致、明亮;色呈黄色、靛蓝色,不匀、欠亮为差。一般"三青"绿茶色泽如表5.4所示。

表5.4 烘、炒、蒸青绿茶通常三绿色

烘青类	干茶,翠绿	汤色,浅绿	叶底,嫩绿
炒青类	干茶,灰绿	汤色,黄绿	叶底,深绿
蒸青类	干茶,墨绿	汤色,碧绿	叶底,青绿

（3）香气

① 生态香：香型主要由茶树生长的生态环境所决定。如太平猴魁的明显兰花香。

② 品种香：香型主要由茶树品种所决定。如祁门 7 号茶树品种制出的绿茶有清花香。

③ 地方香：香型主要由产茶区域所决定。如南安石亭绿的杏仁香。

④ 原料香：香型与鲜叶嫩度关系密切。如嫩香型和毫香型的茶。

⑤ 制工香：香型与加工技术关系密切。如清香型和熟板栗型的名优绿茶。

香气的品种和类型很多，要求香气独特、自然芳香、淡雅幽长，给人以快感。

毫香型：白毫越多的鲜叶，制的茶叶往往毫香越明显。

嫩香型：鲜叶嫩度高，制造技术要求较高。

清香型：这种香型的名优茶较多。鲜叶在采摘中保鲜好，制造技术要求高。

熟板栗香型：鲜叶嫩度适中，制造中往往火功饱满。

花香型：这种香型的形成，与茶树品种、生态条件、制造技术有关。具有花香的名优茶多产于高山。

（4）滋味

茶汤是由苦、涩、甜、鲜等多种单一味组成的复合味，要有"风味"。名优绿茶要求鲜、醇、厚、回甘，入口微苦，回味甘甜，协调性好为好；苦涩、清淡、回味差不好。香中有味、味中有香、回味无穷是佳品，如太平猴魁的"猴韵"，武夷岩茶的"岩韵"，铁观音的"音韵"等等。异味（如烟味，高火味）是名优茶之大忌。

（5）叶底

要求叶质柔软嫩度好，色泽鲜绿明亮，叶子大小匀齐。

现全国名优绿茶评比标准（评语与评分）如表 5.5 所示。

表 5.5　名优绿茶评比标准（评语与评分）

项目	权数	甲 级	乙 级	丙 级
外形	30%	嫩绿、翠绿，嫩，形状有特色	墨绿、黄绿，嫩，有特色	暗褐、陈灰，一般嫩茶
汤色	10%	嫩绿明亮、嫩黄绿明亮	清亮、黄绿	深黄、黄暗、混浊
香气	25%	嫩香、嫩栗香、清花香	清香、清高、高欠锐	纯正、熟、足火
滋味	25%	鲜醇、嫩鲜、鲜爽	清爽、醇厚、浓厚	熟、浓涩、青涩、浓烈
叶底	10%	嫩绿、明亮、显芽	黄绿、明亮	黄熟、青暗
评分		94±4	84±4	74±4

第二节　红茶鉴评

一、红毛茶鉴评

1. 红毛茶鉴评要点

（1）外形（嫩度、条索为主）

嫩度：嫩叶 质地柔软、易成条　芽毫显露、有锋苗　看芽毫 大小、长、短秃、多少

区分 正常芽 对夹叶　休止芽 枝干茶

区别：毛茶精做的断碎茶

条索：紧结重实、茶叶肥壮完整（优），粗松轻飘、弯曲、扁平（次）

色泽：乌润、乌黑（上），黑褐、红褐、褐红、棕红（中），暗褐、枯褐、枯红、花杂等（下）

香气：甜茶、果茶、花香（高级），香低、粗老气（低级）　辨别有无劣变、异气等

（2）内质（叶底的嫩度和色泽为主）

叶底 嫩度：嫩而芽多、柔软（弹性好）、匀整（佳），粗老、硬浅、花杂（差）　色泽：红艳、红亮（佳），红暗或带褐、青暗、乌暗、花杂（差）

汤色：红艳明亮（佳），浅黄、红暗（差）

香气 滋味 正常

2. 红毛茶鉴评方法

红毛茶主要指条形茶,审评方法和审评因子与绿毛茶相同。外形以嫩度和条索为主,内质以叶底的嫩度和色泽为主,香气、滋味只要求正常。低级红毛茶以干评外形和干嗅香气为主。外形的嫩度是重要因子,嫩叶质地柔软易成条,芽毫显露有锋苗,随着嫩度下降,芽毫少而短秃。审评嫩度时要区分正常芽和休止芽,以及对夹叶和枝干茶,还要区别毛茶出售前为求得外形平伏而自行简单过筛加工(又称毛茶精做)的断碎茶。这样的断碎茶要仔细区别,以免把同一嫩度的茶看成嫩度较好的茶。红毛茶的色泽因老嫩和制工不同,有乌润、乌黑、黑褐、红褐、褐红、棕红、暗褐、枯褐、枯红、花杂等区别。乌、黑、润为上,枯、暗、花为下。高级红毛茶香气常带有甜香、果香或甜花香;低级茶香低带粗老气,并要辨别有无劣变、异气等。一般香好味也佳,香差味亦次。汤色要求红艳明亮,浅黄、红暗为差。但红茶茶汤的冷后浑现象比较明显,冲泡后汤色开始是红艳明亮,茶汤冷后则呈现一种乳状,若再提高汤温便又恢复清亮,这就是"乳降"(cream)现象,其快慢和程度与茶叶质量有很大关系。叶底的评比与绿毛茶基本相同,红茶叶底色泽以红艳、红亮为好,红暗、红褐、乌暗、花杂为差。红毛茶的次品劣变茶,干看外形亦可发现,但有些情况是不易识别的,尚需干湿兼看。如焦茶是在过高温度下干燥时炭化造成的,如让其回潮后再干燥,干嗅就不易发现焦气,而开汤后香气焦者叶底可看出是焦条,叶底紧卷不张开且硬有刺手感。又如在夏秋季节,将揉捻后的粗老茶压紧后盖上布,放在日光下暴晒较长时间后再行干燥,可明显改善其外形色泽,但叶底呈黑色,对品质不利。

3. 不同干燥方法对红毛茶品质的影响

干燥对形成红茶品质具有十分重要的作用,在初制正常情况下,还需正确识别用各种方法干燥的毛茶,以便给以合理的价格。如有用炭火烘干、烘干机烘干、萎凋槽烘干、日光晒干的,不同干燥法的茶叶品质特征,见表5.6。

红毛茶的鉴评比绿毛茶要难。如从色泽看,绿茶由绿色→黄色,色差变化大;而红毛茶由乌褐色→褐红色,或汤色由红艳→红暗变化不大。从香气看,绿茶有嫩香、花香、毫香、清香、粗老气等香型,易辨别;而红毛茶经发酵后都是甜香,等级差别变化不大。从滋味看,绿茶由鲜醇→浓爽→纯和→苦涩,易辨;红毛茶由醇厚→平和→味淡,不易辨清。从叶底看,绿茶由柔软→硬、展开度大;红茶经发酵蛋白质变性叶底都较硬、展开度小,不易分辨。因此,鉴评红毛茶更要加以细心观察。

表 5.6　不同干燥法的茶叶品质特征

品质因子 烘干法	外形条索	色　泽	汤色	香　气
炭火	紧结	乌黑、油润	红艳	浓
烘干机	紧	乌黑	红亮	一般
萎凋槽烘干	稍松	黑褐显枯	红	平淡
太阳晒干	松泡	红褐	暗	日腥气

二、工夫红茶鉴评

工夫红茶是我国独有的传统产品,除少部分供应边销、内销外,主要供应出口。工夫红茶一部分以号码拼配的茶称中国红茶供应出口,原箱出口的称地名工夫红茶。

工夫红茶审评也分外形、香气、滋味、汤色、叶底5项。外形的条索比松紧、轻重、圆扁、弯直、秀钝。嫩度比粗细、含毫量和锋苗,兼看色泽润枯、匀杂。条索要紧结圆直,身骨重实,锋苗及金毫显露,色泽乌润调匀,整碎度比匀齐、平伏和下盘茶含量,要上、中、下三段茶拼配比例恰当,不脱档,平伏匀称。净度比梗筋、片朴末及非茶类夹杂物含量。高档茶净度要好;中档以下根据等级差别,对筋、梗、片等有不同程度的限量,不能含有任何非茶类杂物。工夫红茶香气以开汤审评为准,区别香气类型、鲜钝、粗细、高低和持久性。一般高级茶香高而长,冷后仍能嗅到余香;中级茶香气高而稍短,持久性略差;低级茶香低而短,或带粗老气。以高锐有花香或果香,新鲜而持久的为好;香低带粗老气的差。汤色比深浅、明暗、清浊。要求汤色红艳,碗沿有明亮金圈,有"冷后浑"的品质好;红亮或红明者次之;浅暗或深暗混浊者最差。叶底比嫩度和色泽。嫩度比叶质软硬、厚薄、芽尖多少,叶片卷摊。色泽比红艳、亮暗、匀杂及发酵程度。要求芽叶整齐匀净,柔软厚实,色泽红亮鲜活,忌花青、乌条。

1. 十大工夫红茶的品质特点

(1) 祁红:鲜醇带甜、蜜糖香(祁门香)。

(2) 滇红:茶肥壮重实、金毫特多。

(3) 川红:紧结壮实、美观、橘糖香。

(4) 宁红:紧结、叶底开展、有红筋稍短碎。

(5) 宜红:细紧有毫、香甜纯似祁红。

(6) 湖红:又称湘红,紧结重实。

(7) 浙红:细紧、挺直、带有花香。

(8) 闽政和红:大茶,外形近似滇红,条瘦小、色灰黑;小茶,细紧,香似祁红但不持久。

(9) 闽坦洋红:条索细薄而飘、带白毫,叶底光滑。

(10) 闽白琳红:条细长弯曲、多白毫、带颗粒状。

2. 工夫红茶鉴评要点

外形 {
条索:松紧、轻重、扁圆、弯曲、长秀、短钝
嫩度:粗细、金毫、锋苗
色泽:润枯、匀杂(乌润调匀好)
整碎度:匀齐、平伏、下盘茶含量适中、不脱档
净度:梗筋、片、朴、末、茶籽、非茶类杂物
}

内质 {
香气:类型、鲜钝、粗老、高低和持久性
汤色:深浅、明暗、清浊
滋味:鲜、浓、醇、甜
叶底:嫩度,软硬、厚薄、芽头多少、卷摊
色泽,红艳、亮暗、匀杂及发酵程度。忌花青、乌条
}

鉴评红毛茶注重外形的嫩度、条索紧结度及完整度;鉴评工夫红茶除外形拼配符合规格外,还比较注重香味及口感的协调性。不同产地茶又有较大的区别,如:"祁红"的品质特点为外形细紧,苗秀为好,色泽乌黑油润,汤色红亮,香气浓郁带糖香,滋味醇和回甘,叶底红匀细软。鉴评"祁红"毛茶和精茶,在对照各级标准样的基础上,重点抓住嫩度与条索的紧实程度。身骨空松轻飘、色泽枯灰、汤色浅薄(红)、香气粗糙、滋味薄涩、叶底青暗,是低次产品的特征。同季节所产的"祁红",春茶嫩度好、色泽乌润、香味柔和、品质较好;夏秋茶汤

色、叶底较为红亮,但香味的鲜醇度不如春茶,总的品质比春茶差。而"滇红"品质特点是色泽棕褐,外形肥壮金毫显露,汤色红亮,香气嫩浓郁,滋味浓醇回甘,叶底肥软,红匀明亮。"滇红"茶多酚含量高,茶味浓而耐泡,经 3 次冲泡还有茶味。对毛茶和精茶的审评以标准样为基础,抓住嫩度是重点。嫩度是滇红内在品质的客观标准。其精茶在嫩度基础上,净度也很重要,一、二级茶锋苗肥壮金毫特多,不应含有茶梗与朴片。

三、红碎茶鉴评

1. 品质要求

外形
- 规格:分明、有一定重实度和净度
- 颗粒:匀整、洁净。
- 色泽:乌黑或带褐红色、油润

内质
- 香味:鲜、强、浓中有和性;忌陈、钝、淡
- 汤色:红艳明亮
- 叶底:红匀鲜明

2. 审评要点

外形
- 匀齐度:颗粒大小匀称、碎片末茶规格分明
  - (叶茶评:匀、直、整碎、含毫量和色泽)
- 色泽:乌褐、枯灰、鲜活、匀杂
  - 早期色乌、后期色红褐或棕红、棕褐
  - 润活(好),灰枯(次)
- 净度:筋皮、毛衣、茶灰、杂质

内质
- 浓:浓厚,浓厚程度
  - 入口即感浓稠者(好),淡薄(差)
- 强:强烈,强烈程度
  - 强烈刺激感有时带有微涩,无苦味(好),醇和(差)
- 鲜:鲜爽,鲜爽程度
  - 清新、鲜爽(好),迟钝、陈气(次)
- 汤色:红艳明亮(好),灰浅暗浊(差)

★ 总品质高低:以浓度为主,兼看鲜强浓三者俱全和协调程度。

叶底 {
嫩度:老嫩
　　　柔软、肥厚(好),粗硬、瘦薄(差)
匀度:老嫩、发酵均匀程度
　　　色均匀、红艳(好),驳杂发暗(差)
亮度:鲜叶嫩度、加工水平
　　　鲜亮(好)
}

3. 审评方法

(1) 常规法:① 3g 茶,150mL 沸水,5 分钟(中国);② 2.8 或 2.85g 茶,140mL 或 142mL(1/4 品脱)沸水,6 分钟(英国)。

(2) 加乳法:① 乳粉：水＝1：15→鲜牛奶：茶汤＝1：10;② 加奶后茶汤色粉红明亮或棕红明亮(好),淡黄微红或淡红(次),暗褐、淡灰、灰白(差);③ 加奶后茶汤仍能尝出明显的茶味(好),奶味明显、茶味淡薄(差)。

世界上各产茶国所产的红茶大多是红碎茶。红碎茶是我国外销红茶的大宗产品,亦是国际市场的主销品种。目前消费的主要是碎、片、末三个类型。我国生产的红碎茶因产地、品种、栽培条件及加工工艺不同,全国分为四套标准样,规格分叶、碎、片、末。叶茶条紧结挺直;碎茶呈颗粒状,紧结重实;片茶皱卷;末茶为砂粒状。我国的红碎茶也有个别特殊规格,如叶茶(O. P.)以其特有的茶身长、圆、紧、直为优;大叶种 F. B. O. P. 以其特有的金黄芽毫为优;而 F. O. P. 则兼有 O. P. 和金毫两大特点。

红碎茶审评以内质的汤味、香气为主,外形为辅。开汤审评取茶样 3g,150mL 沸水冲泡 5 分钟。英国则采用 140mL 或 1/4 品脱(即 142mL)的标准容量杯子,每杯茶样重量为 2.8g 或 2.85g,冲泡时间 6 分钟,到时将茶汤倒入瓷碗中,叶底由杯中翻倒在杯盖上。审评时一般不加牛奶,拼配商在审评时加牛奶,并用较大茶壶,调制茶汤时间要长于 6 分钟。

国际市场对红碎茶品质的要求:外形要匀整、洁净、色泽乌黑或带褐红而油润,规格分明及一定重实度和净度。内质香味要鲜、强、浓,忌陈、钝、淡,要有中和性,汤色要红艳明亮,叶底红匀鲜明。

外形主要比匀齐度、色泽、净度。匀齐度比颗粒大小、匀称、碎片末茶规格分明。评比重实程度,如 10g 茶的容量不超过 30～32mL,否则为轻飘的低次茶。碎茶加评含毫量。叶茶外形评比匀、直、整碎、含毫量和色泽。色泽比乌褐、枯灰、鲜活、匀杂。一般早期茶色乌,后期色红褐或棕红、棕褐,好茶色泽润活,次茶灰枯。净度比筋皮、毛衣、茶灰和杂质。红碎茶对红梗含量一般要求不严,特别是季节性好茶,虽含有嫩茎梗,但并不影响质量。内质主要评比滋味的浓、强、鲜和香气以及叶底的嫩度、匀亮度。红碎茶香味要求鲜爽、强烈、浓厚(简称鲜、强、浓)的独特风格,三者既有区别又要相互协调。浓度比茶汤浓厚程度,入口即感浓稠者品质好,淡薄为差。强度是红碎茶的品质风格,比刺激性强弱,以强烈刺激感有时带微涩,无苦味为好茶,醇和为差。鲜度比鲜爽程度,以清新、鲜爽为好,滞钝为次。通常红碎茶在风格对路的情况下,以浓度为主,兼看鲜强浓三者俱全和协调程度来决定品质高低。汤色以红艳明亮为好,灰浅暗浊为差。茶汤的乳凝现象是汤质优良的表现。采用加乳审评的,每杯茶中加入为茶汤 1/10 的鲜牛奶,加量过多不利于辨别汤味。加乳后的汤色以粉红明亮或棕红明亮为好,淡黄微红或淡红较好,暗褐、淡灰、灰白者差。加奶后的汤味,要求仍能尝出明显的茶味,这是茶汤浓的反映。茶汤入口,两腮立即有明显的刺激感,是茶汤强烈的反映,如果是奶味明显,茶味淡薄,汤质就差。我国云南大叶种(群体种)红碎茶,乳色姜黄,具独特浓厚的茶味。叶底比嫩度、匀度和亮度。嫩度以柔软、肥厚为好。粗硬、瘦薄为差;匀度比老嫩和发酵均匀程度,以色均匀红艳为好,驳杂发暗为差;亮度反映鲜叶嫩度和加工技术水平,红碎茶叶底着重红亮度,而嫩度相当即可。

第三节　乌龙茶鉴评

一、青茶审评技术要点

香、味为主;外形、叶底为次;汤色参考。

1. 外形
（定品种）

形状 ── 卷曲形（包揉）
- 铁观音：重实
- 色种：紧结（毛蟹、黄棪、本山等拼和）
- 佛手：壮实、圆结

直条形（不包揉）
- 岩水仙：壮大（比奇种）、弯曲，主脉宽大扁平具蜻蜓头、三节色
- 岩奇种：条形中等
- 闽北乌龙：瘦小、挺直、无蜻蜓头

★评：松紧、轻重、壮瘦、挺直、卷曲、整碎

色泽：砂绿润、乌油润、青绿、乌褐、栗褐、绿中带金黄等

★鲜活油润（好），死红、枯暗（差）

2. 内质

香气 ── 干：对火候作用，清新（火候足），香气钝（火候稍退），青气（火候不足）

湿：高低，长短，细粗

① 铁观音（桂花，音韵）

② 岩茶（兰花或水蜜桃，岩韵）

③ 黄棪（梨、蜜桃香或桂花）

④ 凤凰单枞（黄枝花）

⑤ 水仙（兰花、清香）

⑥ 肉桂（桂皮）

⑦ 色种（玉兰花）

滋味浓淡、厚薄、醇苦、爽涩及回味长短

★浓厚、浓醇、鲜爽回甘（优），粗淡、粗（次）

3. 叶底

鉴定叶态特征：

① 铁观音：叶肉肥厚（属中叶型，为椭圆形、尖端钝稍凹、向左歪略下垂、叶面隆起、叶缘略背微波浪、基部稍钝、叶肉肥厚柔软、光泽显、锯齿疏而钝、芽肥大、嫩芽紫红色）

② 水仙：主脉宽大、扁平

③ 佛手：大、叶张近卵圆形、主脉突起明显

④ 黄棪：色泽黄绿（黄多绿少）、叶质较薄

⑤ 乌龙：叶稍薄、细小

⑥ 色种：茶条较壮

⑦ 毛蟹：叶张锯齿密、茸毛多、钩尖向上

⑧ 奇兰：主脉显、锯齿浅

发酵程度：★绿叶红镶边（好），饱青、死红或色杂（差）

172

4. 火候与汤色

俗话说:"茶为君,火为臣"

一般来说:火候轻:汤色浅,火候足:汤色深

　　高级茶(火候轻)→香气高,低级茶(火候足)→滋味纯

★ 汤色清澈(好),混浊、沉淀物多(差)

★ 香气

　　一泡(2分钟)评纯异、高低(火候)

　　二泡(3分钟)评粗细、长短(韵)

　　三泡(5分钟)评鲜爽持久度(耐泡性)

★ 干茶色泽

　　武夷岩茶,三节色:(头)淡红,(中)乌,(尾)砂绿或蜜黄

　　闽南青茶,香蕉色:青蒂、绿腹、蜻蜓头

　　　　砂绿:色似蛙皮绿而有光泽,优质青茶的色泽

　　　　鳝皮色:砂绿蜜黄似鳝鱼皮色

　　　　蛤蟆背色:叶背起蛙皮状砂粒白点

二、青毛茶鉴评

　　青茶(又称乌龙茶)审评以内质香气和滋味为主,其次才是外形和叶底,汤色仅作参考。

　　青毛茶外形审评对照标准样评比:条索、色泽、整碎、身骨轻重和净度等因子。由于青茶着重品种,在鉴评外形因子时必须同时判断属哪一个品种。青茶初制分包揉和不包揉两种,外形条索分成卷曲形和直条形。铁观音、色种、佛手等经过包揉,外形卷曲紧结。岩水仙、岩奇种没有包揉,呈直条形壮结。同属卷曲形,铁观音重实,佛手壮实圆结,色种是由毛蟹、黄棪、本山等品种拼和的茶叶总称,外形紧结。同是直条形,水仙比奇种壮大,岩水仙壮大、弯曲、主脉宽大扁平,具蜻蜓头三节色。岩奇种条形中等。闽北乌龙茶较为瘦小挺直,无蜻蜓头特征。根据不同品种要求进行评定,但均以紧结重实的好,粗松轻飘的差。

　　青毛茶外形重视整碎度,忌断碎,因断碎会失去品种特征。毛茶火候足,水分低,条形粗大,装箱时易造成茶条断碎。对样评茶还规定粉末、碎茶、大型碎茶等项目的最高含量并加以限制。青毛茶色泽比颜色、润枯、鲜暗。多以鲜活油润为好,死红枯暗为差。依品种不同有砂绿润、乌油润、青绿、乌褐、绿中带金黄等色泽。净度视茶梗、

茶朴、老叶等夹杂物含量多少而定。青茶的粗细老嫩,应根据各品种要求,不是越嫩越好,过嫩滋味苦涩,过粗老则香低味淡。

青毛茶内质审评以香、味为主,兼评汤色、叶底。开汤审评时,用一种特制的有盖倒钟形杯(称茶瓯),容量为110mL,冲泡前用沸水将杯碗冲洗烫热,如果一次审评的杯数多,各杯烫热温度要基本保持一致,不然会影响审评结果的准确性。然后称取混匀茶样5g倒入茶瓯中,用沸水冲泡至满瓯,用瓯盖刮去水面飘浮的泡沫,并用沸水冲去瓯盖上的泡沫。加盖泡2分钟后,揭取瓯盖嗅香。嗅香方法是将瓯盖竖起,盖内面靠近鼻端,深吸几次以辨别香气高低。而后将瓯中茶汤倒入评茶碗中,评其汤色和滋味。接着再冲泡第二次,3分钟后按上法评第二泡香气、汤色、滋味,比较茶叶的耐泡度。冲泡第三、四遍时各为5分钟,重复续评。一般高级茶冲泡4次,中级茶3次,低级茶2次,以耐泡而有余香者为好。最后将瓯中叶底倒入叶底盘评叶底。评香气时主要分辨香型、细粗、锐钝、高低、长短等。以花香或果香细锐高长为优,粗钝低短的为次。嗅香气分干嗅和湿嗅,干嗅对估计火候有作用。火候足,香气清新;火候稍退,香气钝;火候不足,香中带青气。湿嗅判断高低、长短、细粗。评香气还要仔细区分不同品种茶的独特香气,如铁观音的桂花香、观音韵,黄棪的蜜桃香或桂花香(与加工程度有关),肉桂的桂皮香,武夷岩茶的花香岩韵,凤凰单枞的黄枝花香等。汤色有深浅、明暗、清浊之别。一般以橙黄清澈的为好,橙红带浊为差,现在以汤色绿亮为好。汤色受火候影响,火候轻的汤色浅,火候足的汤色深。一般高级茶火候轻、汤色浅,低级茶火候足、汤色深。但品种之间的汤色深浅是不可相比的,如岩茶火候较足,汤色较深,但品质却不一定低,所以汤色只作参考因子。滋味有浓淡、厚薄、爽涩及回味长短之分,以浓厚、浓醇、鲜爽回甘者为优,粗淡、粗涩者为次。叶底比厚薄、软硬、整碎、色泽、做青程度等。叶张完整、柔软、厚实,色泽青绿稍带黄,红点明亮的为好,叶底单薄、粗硬,色暗绿,红点暗红的差。做青适当,红色部分鲜艳称朱砂红,青的部分明亮;做青不当,色泽死红或色杂,红色部分发暗,青色部分深或暗,少见红点的叶底称"饱青",最不好的是"积水"、"死青"的暗绿色和死红张。

青毛茶品种的鉴评还可根据叶底叶态特征来判断,如水仙品种叶张大,主脉基部宽扁;铁观音叶张肥厚呈椭圆形;佛手叶张近圆形;毛蟹叶张锯齿密,茸毛多;黄棪叶张较薄,叶色黄多绿少。

三、成品青茶鉴评

青茶在市场上习惯称乌龙茶。按产地分为福建青茶、广东青茶和台湾青茶。由于产地、品种和制法不同,各地青茶品质又各有特点。就福建来说,又有南北之分,闽北以传统式加工方法多浓香型乌龙茶,闽南以改进式加工方法多清花香(绿汤)型乌龙茶。

青茶成品茶审评方法和要求与青毛茶基本相同,不同之处是成品茶重视火候及品种特征的鉴评。成品青茶非常讲究火功,其精制中要进行火候的处理。火功要求应根据销区习惯来掌握,一般内销茶火候高于外销茶;名贵茶轻,一般茶重;高级茶轻,低级茶重;春、秋茶轻,夏暑茶重;不包揉茶轻,包揉茶重等。开汤审评的头泡评比香、味的火候是否符合要求。火候程度的评语分"轻"、"稍轻"、"适当"、"足火"四档。"轻"则是有较重青涩气味;"稍轻"则是有轻微火香;"适当"则是带有熟火香,无青味感,滋味带鲜甜感;"足火"则是火香浓厚,滋味浓厚带粗感,汤色橙红或暗红,叶底呈暗褐色。第一泡除辨别火候程度外,还要嗅香气高低,有无异气;第二泡评香气类型,有无花香、音韵、岩韵、鲜爽程度、粗细、长短及有无异气;第三泡嗅其持久程度。

以茶树品种命名的青茶成品茶,其色、香、味、形要具有该品种品质特征。如铁观音成品茶,就必须用铁观音茶树品种的鲜叶加工。其外形紧结卷曲成颗粒状重实,形似螺钉;色泽深绿鲜润;香气清幽细长,胜似幽兰花香,饮之齿颊留香,喉润生津,味中有香,香味具有独特的风味,即茶底嗅到花香、茶汤喝出花香、回味还有该香,才称为铁观音的"音韵"。叶底的叶张形态有助于鉴评品种特征,铁观音叶片椭圆形,叶肉肥厚、柔软似棉绸,叶柄较宽有深沟,叶尖端渐尖下垂,叶齿疏而钝。如不具以上特征,即冒牌铁观音。

目前青茶审评的方法有两种,即传统法和通用法。传统法:使用110mL钟形杯和审评碗,冲泡用茶量为5g,茶与水之比例为1∶22。审评顺序:观外形→嗅香气→看汤色→尝滋味→评叶底。先将审评杯碗用沸水烫热,再将称取的 5g 茶叶投入钟形杯内,以沸水冲泡。一般要冲泡 3 次,其中头泡 2 分钟,第二泡 3 分钟,第三泡 5 分钟。每次都在未沥出茶汤时,手持审评杯盖,闻其香气。在同一香味类型中,常以第三次冲泡中香气高、滋味浓的为好。通用法:使用 150mL 的审评杯和容量略大于杯的审评碗,冲泡用茶量 3g,茶与水之比为 1:50。将称取的 3g 茶叶倒入审评杯内,再冲入沸水至杯满(接近 150mL),浸泡 5 分钟后,沥出茶汤,先评汤色,继之闻香气,尝滋味,最后看叶底。

这两种审评方法,只要技术熟练,了解青茶品质特点,都能正确评出茶叶品质的优劣,其中通用法参照国内外红绿茶审评的标准方法,操作方便,审评条件一致,不分地区、品种,按青茶的综合品质进行评定,有利于正确快速得出审评结果。

青茶大多以茶树品种命名,如铁观音、乌龙、毛蟹、本山、肉桂、佛手、凤凰单枞等,有几十个品种。这些茶,香味上虽有差异,但从审评角度看,不管采用哪一品种制得的青茶依照其香味优劣,都可分为四大类型,即细腻清花香型、花果香型、高火香型、老火粗味型。现对四个香味类型作一比较,并从制茶角度浅析其原因。

1. 细腻清花香型

这是青茶中品质最好的一类,其品质的最大特点是具有类似水蜜桃或兰花的香气,滋味清爽润滑,细腻优雅,汤色橙黄明亮,叶底主体色泽绿亮,呈绿叶红边,发酵程度较轻。干茶外形重实,色泽深绿油润,大多用春茶和秋茶制作。如广东潮安凤凰单枞、福建安溪铁观音。

2. 花果香型

它与细腻花果香型相比,香味类型相同,显水蜜桃香,滋味清爽,但入口后缺乏鲜爽润滑的细腻感,在青茶中属于二类产品,经济价值也较高。这种茶大多产于秋季,制作条件与一类的相同,产量大致占青茶总产量的 25%。

3. 高火香型

老(高)火香型的青茶,干茶色泽暗褐显枯,汤色黄深,叶底暗绿,无光泽。这类产品,由于鲜叶不十分粗老,香味上显老火香味,而无粗老气味。

4. 老火粗味型

老火粗味型青茶,在青茶中是品质最次的一类,它的制作方法与第三类相同,但原料更粗老,大多是夏茶中的低档鲜叶,因而既有老火香型,又带有粗老气味。

第四节　黄、白、黑茶鉴评

一、黄茶鉴评

1. 黄茶鉴评方法

黄茶审评采用"通用型茶叶感官审评方法"。黄茶因品种和加工技术不同,形状有明显差别。如君山银针以形似针、芽头肥壮、满披毛的为好;芽瘦扁、毫少为差。蒙顶黄芽以条扁直、芽壮多毫为上;条弯曲、芽瘦少为差。鹿苑茶以条索紧结卷曲呈环形、显毫为佳;条松直、不显毫的为差。黄大茶以叶肥厚成条、梗长壮、梗叶相连为好;叶片状、梗细短、梗叶分离或梗断叶破为差。

评色泽比黄色的枯润、暗鲜等,以金黄色鲜润为优;色枯暗为差,评净度比梗、片、末及非茶类夹杂物含量。黄大茶干嗅香气以火功足有锅巴香为好;火功不足为次;有青闷气或粗青气为差。评内质汤色以黄汤明亮为优;黄暗或黄浊为次。香气以清悦为优;有闷浊气为差。滋味以醇和鲜爽、回甘、收敛性弱为好;苦、涩、淡、闷为次。叶底以芽叶肥壮、匀整、黄色鲜亮的为好;芽叶瘦薄黄暗的为次。

2. 黄茶品质评定评分

黄茶的品质要求除霍山黄大茶应具有老火香味的品质特征而外,其他黄茶的品质特征和评分标准可参照表5.7进行评定。

表 5.7　黄茶评比标准(评语与评分)

项目	权数	甲级	乙级	丙级
外形	30%	芽肥壮,满披茸毫,色杏黄	芽欠肥壮,有茸毫,色暗绿	芽瘦薄,有茸毫,色灰暗
汤色	10%	杏黄明亮	杏黄欠明、黄深	黄浑浊、黄暗
香气	20%	浓甜香、鲜爽	尚甜香	熟闷

177

续表

项目	权数	甲级	乙级	丙级
滋味	25%	甜醇柔和	欠甜醇	闷熟味
叶底	15%	显芽,匀整、黄亮	芽大小不一、色黄	黄暗
评分		94±4	84±4	74±4

二、白茶鉴评

1. 白茶鉴评要点

外形与叶底的嫩度和色泽为主。

嫩度
毫心多少、壮瘦及叶张厚薄
毫心肥壮
叶张肥壮嫩 （佳）→瘦小稀少 单薄 （次）→老嫩不匀、薄硬、夹老叶、蜡叶等 差

外形
色泽
毫心、颜色、光泽
银芽绿叶、绿面白底(佳),铁板色(次),草绿黄、黑、红、暗褐色、蜡质光泽(差)

形态
芽叶连枝、叶缘垂卷、破张多少和匀整度
芽叶连枝、稍微并拢、平伏舒展、叶缘向叶背垂卷、叶面有隆起波纹
叶尖上翘不断碎、匀整(佳),叶片摊开、折皱、折贴、卷缩、断碎(差)

净度:不得有籽、老梗、老叶及蜡叶
按品级拣出物有:老细梗、老梗
大黄片、枯红片、大嫩片、嫩绿片、轻片
小黄片、花红片、小绿片、铁板片、蜡片

内质
汤色
颜色和清澈度
杏黄、杏绿、浅黄、清澈明亮(佳),深黄或橙黄(次),泛红、红色暗、浑浊(差)

香气:毫香浓显、清鲜纯正(佳),淡薄、青臭、风霉、失鲜、发酵、熟老(差)
滋味:鲜爽、醇厚、清甜(佳),粗涩、淡薄(差)

叶底
嫩度:老嫩、软硬、匀整度
色泽:颜色、鲜亮度
芽叶连枝成朵、毫芽壮多、叶质肥软、叶色鲜亮、匀整(佳),叶质粗老、硬挺、破碎、暗杂、花红、黄张、焦叶红边(差)

2. 白毛茶鉴评

白毛茶为福建特产。依茶树品种和采制方法不同,可分为"大

白"、"水仙白"、"小白"三种。白茶审评方法和用具同绿茶。白茶审评重外形,评外形以嫩度、色泽为主,结合形态和净度。评嫩度比毫心多少、壮瘦及叶张的厚薄。以毫心肥壮、叶张肥嫩为佳;毫芽瘦小稀少,叶张单薄的次之;叶张老嫩不匀、薄硬或夹有老叶、蜡叶为差。评色泽比毫心和叶片的颜色和光泽,以毫心叶背银白显露,叶面灰绿,即所谓银芽绿叶、绿面白底为佳;铁板色次之;草绿、黄、黑、红色、暗褐色及有蜡质光泽为差。评形状比芽叶连枝,叶缘垂卷,破张多少和匀整度。以芽叶连枝,稍微并拢,平伏舒展,叶缘向叶背垂卷,叶面有隆起波纹,叶尖上翘不断碎,匀整的为好;叶片摊开,折皱、折贴、卷缩、断碎的为差。评净度要求不得含有籽、老梗、老叶及蜡叶。评内质以叶底嫩度和色泽为主,兼评汤色、香气、滋味。评汤色比颜色和清澈度,以杏黄、浅黄清澈明亮的为佳;深黄或橙黄次之;泛红、红暗的为差。香气则以毫香浓显,清鲜纯正的为好;淡薄、青臭、风霉、失鲜、发酵、熟老的为差。滋味以鲜爽、醇厚、清甜的为好;粗涩、淡薄的为差。评叶底嫩度比老嫩、叶质软硬和匀整度,色泽比颜色和鲜亮度,以芽叶连枝成朵,毫芽壮多,叶质肥软,叶色鲜亮,匀整的为好;叶质粗老、硬挺、破碎、暗杂、花红、黄张、焦叶红边的为差。

由于采摘时间不同,各季茶品质相差较明显,春茶产量高、品质佳;夏茶品质最差;秋茶产量低,品质介于春、夏茶之间。审评时必须掌握其品质特征加以辨别,一般春茶叶张形态垂卷,叶质柔软,芽叶连枝,大小比较整齐,毫心肥壮,色泽灰绿毫显,茸毛洁白,茶身沉重,净度好,汤味浓厚、爽口。夏茶毫心瘦小,叶质带硬,色枯燥,带花杂,枝梗较细,叶张大小不一,茶身轻飘,汤味淡薄或稍带青涩。

3. 成品白茶鉴评

白茶成品花色有银针白毫、白牡丹、贡眉(出口名称:中国白茶)和寿眉。除少量银针白毫外,大部分产品为白牡丹和贡眉,分特级、一级、二级、三级。

白茶审评方法和用具同绿茶,只是在审评内质时,银针白毫和白牡丹在冲泡 2 分钟后即可品评。白茶审评重外形兼看内质。外形主要鉴评嫩度、色泽和净度。银针白毫要求毫心肥壮,具银白光泽;白牡丹要毫心与嫩叶相连不断碎,灰绿透银白;高级贡眉要微显毫心。

就内质而言,银针白毫要求香气新鲜、毫香高长;白牡丹、贡眉要求鲜纯,有毫香为佳,带有青气者为次。汤色要求银针白毫浅杏黄色明亮,白牡丹、贡眉要橙黄清澈,深黄色次,红色为劣。滋味则银针白毫要清甜毫味浓,白牡丹、贡眉要鲜爽有毫味,凡粗涩、淡薄者为低品。叶底以柔嫩、匀整、鲜亮者为佳,花红、黄张、暗杂者为低次。

三、黑茶鉴评

黑毛茶鲜叶多为一芽四叶到一芽六叶,有一定老化梗叶,不同等级的黑毛茶,老梗含量是不同的,应按品质规格要求,对照标准样审评定级。

黑毛茶外形审评方法与绿毛茶同。以嫩度和条索为主,兼评净度、色泽和干香。嫩度主要看叶质老嫩,叶尖多少。条索主要看松紧、弯直、圆扁、皱平、下盘茶比例及茶叶身骨轻重。以条索紧卷、圆直为上,松扁、皱折、轻飘为下。净度看黄梗、浮叶和其他夹杂物含量。色泽看润枯、匀杂,以油黑为上,花黄绿色或铁板色为差。嗅干香以区别纯正、高低、有无火候香和悦鼻的松烟香味,以有火候香带松烟香为好;火候不足或烟气太重较次;粗老气、香低微或有日晒气为差;有烂、馊、酸、霉、焦和其他异气为劣。

开汤审评时称取样茶 7g,放入白瓷碗中,冲沸水 350mL,加盖泡10 分钟,用竹筷或小铜丝网将叶底捞出,放入碗盖上,并将茶汤旋转搅动,使沉淀集中碗底,然后评审内质。评定香气以松烟香浓厚为佳,检查有无日晒、馊、酸、霉、焦等气味及其程度。汤色以橙黄明亮好,清淡混浊者差。滋味以紧口(微涩)后甜为好,粗淡苦涩为差。叶底主要看嫩度和色泽,以黄褐带青色,叶底一致,叶张开展,无乌暗条为好,红绿色和红叶花边为差。不同制法黑毛茶的辨别如下:

(1)全晒茶:全用太阳晒干,表现为叶不平整,向上翘;条松泡、弯曲;叶麻梗弯,叶燥骨(梗)软;细嫩者色泽青灰,粗老者色灰绿,不出油色;梗脉呈现白色;梗不干,折而不断;有日晒腥气和冲刺鼻感,水清味淡。

(2)半晒茶:即半晒半炕茶,晒至三四成干,摊凉,渥 0.5 小时再揉一下,解块用火炕烤,这种茶条尚紧,色黑不润。

（3）火炕茶：条较重突，叶滑溜、色油润有松烟气味。

（4）陈茶：色枯，梗子断口中心卷缩，3年后就空心，香低汤深，叶底暗。

（5）烧焙茶：外形枯黑，有枯焦气味，易捏成粉末，对光透视呈暗红色，冲泡后茶条紧卷、不散。

（6）水潦叶：用水潦杀青，叶平扁带硬，灰白或灰绿色，叶轻飘，香低汤浅味淡。

（7）蒸青叶：黄梗多，色油黑泛黄，茎脉碧绿，汤色黄，味淡有水闷气。

四、普洱茶鉴评

普洱茶产自云南的思茅市、西双版纳州、临沧市，例如西双版纳的易武、勐海的布朗山、思茅澜沧的景迈山等地，其原料是由云南大叶种茶原产地加工而成的。由于原料有古树茶、台地茶、春茶、秋茶之分，同时各产地的气候、土壤、植被等不同以及加工方法差异，普洱茶的品质各有特色，可从如下几个方面辨别其品质优次。

（1）色泽：主要看汤色的深浅、明亮。优质的云南普洱散茶，泡出的茶汤红浓明亮，有"金圈"，汤上面看起来似油层的膜，优质的普洱茶熟普叶底呈现褐红色。质次的，茶汤红而不浓，欠明亮，往往还会有尘埃状物质悬浮，有的甚至发乌、黑、暗，俗称"酱油汤"。优质的生普，色泽橙黄、清亮透明，仿佛被一层油膜包裹，久泡其色不变。

（2）香气：主要采取热嗅和冷嗅，其方法与绿茶相同。优质的云南普洱散茶的干茶陈香显露（有的会含有菌子干香、中药香、干桂圆香、干霉香、樟香等），优质的热嗅香气浓郁，且纯正，冷嗅香气悠长，有一种很甜爽的味道。质次的则香气低，有的夹杂酸、馊味、铁锈水味或其他杂味，也有的是"青霉味"、"腐败味"。优质的"茶气"浓韵，纯正有一种特别的陈香，香气悠长，茶气足。品质差的普洱茶则不具备这些特点。

（3）味道：主要是从滑口感、回甘感和润喉感来感觉。优质的滋味浓醇、滑口、润喉、回甘，舌根生津，清爽滑润，醇和、甘甜、生津而千变万化；质次的则滋味平淡，不滑口，不回甘，舌根两侧感觉不适，其至产生"涩麻"感。

（4）干看：看茶叶的条形，条形是否完整，是否紧结和清晰。叶老或嫩，老叶较大，嫩叶较细。优质茶干嗅气味兼看干茶色泽和净度，无异、杂味，色泽棕褐或褐红（猪肝色），具油润光泽，褐中泛红（俗称红熟），条索肥壮，断碎茶少；质次的则稍有陈香或只有陈气，甚至带酸馊味或其他杂味，条索细紧不完整，色泽黑褐、枯暗无光泽。生普的外形匀称，条索紧结，色泽呈青棕或棕褐、油光润泽，用手轻敲茶饼，声音清脆。熟普的外形匀称，条索紧结、清晰，色泽褐红、光泽油润。

（5）辨别普洱茶优劣的"四要六不要"：

① 清——闻其味：味道要清，不能有霉味。

② 纯——辨其色：茶色如枣，不能黑如漆。

③ 正——存其味：存放干仓，不可位潮湿。

④ 气——品其汤：回味温和，不可味杂陈。

另外，不以错误年代为标准；不以伪造包装为依据；不以深浅汤色为借口；不以添加味道为假象；不以霉气仓别为主导；不以树龄叶种为考据。

第五节　压制茶鉴评

一、压制茶鉴评要点

1. 外形
- 分理面茶：如青砖、米砖、康砖、紧茶、圆茶、饼茶、沱茶
- 评：匀整度——端正、棱角、压模纹理
- 松紧度——厚度、大小一致、适度
- 洒面——包心外露、起层落面、面茶分布均匀
- 不分理面茶：如黑砖、花砖、茯砖、金尖及湘尖、六堡茶
- 评：梗叶老嫩、匀整、松紧、嫩度、色泽、净度

2. 内质
- 汤色——红、明亮度
- 香气——除方包茶有焦烟气外，无异气
- 滋味——忌异、青、涩、馊、酸、霉等
- 叶底——色泽、含梗量

二、压制茶鉴评

压制茶品类多，品质各异，以黑毛茶、红茶、绿茶三大茶类为原料，主要特点是半成品茶都要经过汽蒸，然后压制成各种不同的形状。砖形的有黑砖、青砖、茯砖、花砖、米砖、紧茶等。方形的有方茶；圆饼形的有圆茶、饼茶；碗形的有沱茶；枕形的有康砖、金尖；篓装的有六堡茶、湘尖茶、方包茶。压制茶因压制与篓装等不同，审评方法和要求也不同，一般分干评外形和湿评内质，同时还鉴定单位重量（出厂标准正差 1%，负差 0.5%），含梗量和含杂量。

压制茶内质鉴评分冲泡法和煮渍法两种。如湘尖、六堡茶、紧茶、饼茶、沱茶等均用冲泡法。黑砖、茯砖、青砖、花砖、米砖、康砖、金尖、方包均用煮渍法。称样和泡水比例应按各自要求而定，一般冲泡法的茶水比例为 1∶50，煮渍法为 1∶80。

1. 外形鉴评

外形审（鉴）评应对照标准样进行实物评比，压制茶中分里面茶和不分里面茶的审评方法和要求都不同。

（1）分里面茶：如青砖、米砖、康砖、紧茶、圆茶、饼茶、沱茶等，评整个（块）外形的匀整度、松紧度和洒面三项因子。匀整度看形态是否端正，棱角是否整齐，压模纹理是否清晰。松紧度看厚薄、大小是否一致，紧厚是否适度。洒面看是否包心外露，起层落面，洒面茶应分布均匀。再将个体分开，检视梗子嫩度，里茶或面茶有无腐烂、夹杂物等情况。

（2）不分里面茶：筑制成篓装的成包或成封产品有湘尖、六堡茶、方包茶，其外形评比梗叶老嫩及色泽，有的评比条索和净度。压制成砖形的产品有黑砖、茯砖、花砖、金尖，外形评比匀整、松紧、嫩度、色泽、净度等项。匀整即形态端正，棱角整齐，模纹清晰，有无起层落面。松紧指厚薄、大小一致。嫩度看梗叶老嫩。色泽看油黑程度。净度看筋梗、片、末、朴、籽的含量以及其他夹杂物。条索如湘尖、六堡茶是否成条。茯砖加评"发花"状况，以金花茂盛、普遍、颗粒大的为好。

鉴评外形的松紧度，黑砖、青砖、米砖、花砖是蒸压越紧越好，茯砖、饼茶、沱茶就不宜过紧,松紧要适度。鉴评色泽:金尖要猪肝色,紧茶要乌黑油润,饼茶要黑褐色油润,茯砖要黄褐色,康砖要棕褐色。

2. 内质审评

汤色比红、明度。花砖、紧茶呈橘黄色,沱茶要橙黄明亮,方包为深红色,康砖、茯砖以橙黄或橙红为正常,金尖以红带褐为正常。香味:米砖、青砖有烟味是缺点,方包茶有焦烟气味属正常。滋味鉴评是否有青、涩、馊、霉等。叶底色泽:康砖以深褐色为正常,紧茶、饼茶嫩黄色为佳。含梗量:米砖不含梗子,青砖、黑砖、花砖、紧茶、饼茶按品质标准允许含有一定比例当年生嫩梗,不得含有隔年老梗。

三、黑砖茶鉴评

黑茶成品分为砖块形或篓包形的有黑砖、花砖、特制茯砖和普通茯砖四种产品;篓包形的有天尖、贡尖和生尖三种产品。审评砖形茶应注重外形平整,厚薄一致,四角边缘分明,包装文字,计量达标;具褐润的汤色,纯正的香气,醇厚不涩的滋味,深褐色的叶底。每件单位净含量允许正差 1%,负差 0.5%;块重正差 2.5%,负差 1.25%,梗的长度,茯砖、黑砖不超过 3cm。

四、沱茶鉴评

沱茶属紧茶的一种,产于云南和重庆。云南生产的下关沱茶,以青毛茶为原料;普洱沱茶,以普洱茶为原料。重庆生产的山城沱茶和特级沱茶,以内销、边销为主,少量出口。

1. 感官品质

沱茶不分级。碗臼形、紧实、光滑。以青毛茶、绿茶为原料的沱茶,色泽墨绿,汤色黄深,香气纯正,滋味醇厚,叶底暗绿。普洱沱茶,色泽暗褐,汤色深褐,是陈香,滋味浓厚,叶底黑褐。

2. 理化指标

形状:碗臼状,口直径 83mm,高 43mm

净重:50g、100g、250g

水分:≤9.0%　　　　　　总灰分:≤7.0%

水浸出物:≥37.0%　　　　茶梗:≤3.0%

非茶夹杂物:≤0.2% 　　粗纤维:≤ 13.0%
卫生标准:按 GB9679 规定执行 　包装:按 GB7718－90 执行

五、茯砖茶鉴评

茯砖茶是以三级或四级黑毛茶和改制茶为原料,经过毛茶筛分、半成品拼配、蒸汽沤堆、压制定型、发花干燥、成品包装等工艺过程制成的。茯砖茶分特制茯砖(简称特茯)和普通茯砖(简称普茯)两个等级。特茯和普茯均不分等级。制作两个标准实物样分别作为特茯和普茯的最低品质界限,每五年更换一次。茯砖茶品质感官指标必须符合标准实物样。特茯茶品评比标准如表 5.8。

表 5.8　特茯砖茶评比标准(评语与评分)

项目	权数	甲级	乙级	丙级
外形	30%	砖面平整,棱角分明,黄花茂盛,色褐润,无黑、白霉	砖面尚平整,色褐润,砖芯开花欠匀,有少量白霉	砖形欠完整,色黄枯,黄花不盛,稍有黑霉
汤色	10%	黄橙尚亮	浅黄	暗褐
香气	20%	有桂圆香	陈香	粗老气
滋味	25%	醇厚,有凉爽感	纯和	粗薄
叶底	15%	褐黑,尚匀	褐黑,粗老	暗黑,粗老多梗
评分		94±4	84±4	74±4

第六节　花 茶 鉴 评

一、花茶鉴评要点

花茶鉴评以香气、滋味为主(外形 20、香 40、味 30、汤 5、底 5),香气评下列三度:

（1）鲜灵度（占 40%）：与鲜花质量，窨堆薄，通花量，起花及时供氧等有关（提花）

（2）浓度（占 40%）：多窨多泡（特级三泡，二级二泡，三级下一泡）

（3）纯度（占 20%）：花、茶香协调，茉不透兰，茶无闷、水汽、醇、焦火味等

相关性：
$$\begin{cases} 香 \to 鲜 \text{ — } 浓 \text{ — } 纯 \\ \quad\ \downarrow\uparrow \quad\ \downarrow\uparrow \quad\ \downarrow\uparrow \\ 味 \to 醇 \text{ — } 厚 \text{ — } 细 \end{cases}$$

如：茉莉（香味）清芳醇和；玉兰（香味）浓厚强烈；珠兰（香味）清幽纯正；柚子（香味）清爽纯和；玳玳（香味）浓厚持久；玫瑰（香味）甘甜纯厚；桂花（香味）清郁幽雅

二、花茶鉴评

花茶又叫熏花茶，或称香片。窨制花茶的常用香花有茉莉、白兰、珠兰、玳玳，其次是柚子、栀子、桂花、玫瑰等。不同香花窨制的花茶，品质各具特色，一般茉莉花茶芬芳隽永，白兰花茶浓烈，珠兰花茶清幽，柚子花茶爽纯，玳玳花茶浓郁，玫瑰花茶甘甜。不同茶类各有适窨的香花，如绿茶宜于窨茉莉、珠兰、白兰、玳玳，红茶宜于窨玫瑰，青茶宜窨桂花、树兰花等。

花茶鉴评的种类有：茶坯（素坯）审评、在窨品审评和成品审评三类。其中，在窨品审评又分为：① 通花审评（含水量 11%～13%）；② 湿坯审评（15%～18%）；③ 复花坯审评（烘干）。花茶素坯原料是用烘青茶加工的（忌炒青），其外形审评对照全国花茶级型坯标准样。要求：外形条索紧直、嫩度有锋毫、色泽绿润、茶条完整；内质香气清高、汤色清亮、滋味鲜醇、叶底嫩绿明亮、完整。茶坯审评的目的是为拼配和通花量等提供依据。如：叶质厚，增加花量；烟茶，提高通花温度等。

花茶评比条索、嫩度、整碎和净度，窨花后的条索比素坯略松，色稍带黄属正常。开汤审评先嗅香气，后看汤色、尝滋味，最后看叶底。

汤色一般比素坯加深,但滋味较醇,叶底着重评嫩度和匀度。花茶品质以香味为主,通常从鲜、浓、纯三个方面来评定。优质茶应同时具有鲜、浓、纯的香味,三者既有区别又有相关性。

1. 花茶鉴评方法

花茶内质审评目前采用两种方法:单杯法和双杯法,每种杯法又分一次冲泡和两次冲泡。

(1)单杯一次冲泡法:充分拌匀茶样,取一小撮置白纸上,用尖头镊子拣剔花枝、蕊、瓣、蒂等花渣后,从中称取 3g,用 150 mL 杯碗(下同)。因为花渣中含有较多花青素,使茶汤略带苦涩,影响审评结果。冲泡 5 分钟,开汤后先看汤色是否正常,如汤色过分黄暗,说明窨制中有问题,汤色要看得快。接着趁热嗅香,审评鲜灵度,温嗅浓度和纯度并结合滋味审评,上口时评滋味鲜爽度,要花香味上口快且爽口,在舌尖打滚时评浓醇。最后冷嗅香气,评香气持久性。单杯一次冲泡法,对审评技术比较熟练的评茶人员比较适用。

(2)单杯二次冲泡法:即一杯开汤样分 2 次冲泡,第一次冲泡 3 分钟,审评香气的鲜灵度,滋味之鲜爽度。第二次冲泡 5 分钟,评香气的浓度和纯度,滋味为浓、醇。这种方法正确性较一次冲泡法好,但操作麻烦,时间长,且汤色、滋味与 5 分钟一次冲泡法稍有差别。因此,又有采用双杯审评法的。

(3)双杯一次冲泡法:同一茶样称取 2 份,两杯同时一次冲泡,时间 5 分钟,把茶汤倒入碗中,然后热嗅香气的鲜灵度和浓、纯度,再冷嗅香气持久性。

(4)双杯二次冲泡法:同一茶样称取 2 份,第一杯只评香气,分 2 次冲泡,第一次冲泡 3 分钟,评香气鲜灵度、滋味鲜爽度。第二次冲泡 5 分钟,评香气浓纯度、滋味浓醇度。第二杯专供评汤色、滋味、叶底,原则上一次冲泡,时间 5 分钟。具体操作是两杯一起冲泡,第一杯冲泡 3 分钟后先嗅香气,当香气嗅得差不多时,第二杯冲泡时间(5分钟)到,即倒出第二杯茶汤,如第一杯的鲜灵度还没有评好,还可继续审评,评好后进行第二次冲泡,并立即审评第二杯的汤色、滋味、叶底,如此时第一杯第二次冲泡时间已到,则先将茶汤倒出,仍继续审评第二杯的汤色、滋味、叶底,待第一杯第二次冲泡的杯温稍冷后温嗅香气浓度和纯度。这样两杯交叉进行,直到审评结束,如仍有意见分歧,可将第二杯也进行冲泡,其时 5 分钟。注意在嗅香时由先低后高次序为好。

四种鉴评方法,虽然第 4 种方法操作繁琐、花费时间较长,但是往往在茶样品质差异或审评意见不一致时采用双杯二次冲泡法是较为准确的。

2. 花茶质量的鉴评

花茶鉴评应侧重香气,突出花香。评香气着重鲜灵度、浓度和纯度,以鲜灵度和浓度为主。鲜灵度指花香敏锐、芬芳悦鼻的程度;浓度则指花香的高低;纯度系指窨入鲜花应有的花香,不透素、透兰,且不闷不浊,忌异气。鉴评花茶质量的优劣,需要从色、香、味、形等方面去检验。

(1)色泽:深绿或黄绿活泼的花茶,质量优,灰绿光亮的花茶,质量次。

(2)香味:有绿茶之清香,又有鲜花之芬芳,具有花郁茶香的花茶,才是佳品,如果只有茶香而无芬芳,则花少,只有花香而茶味淡薄的,则花已漫茶。有少数人,用低级茶窨花一次,里面再掺入大量茶厂中废弃的花干,冒充高级花茶,实质上是低级花茶。

(3)滋味:干茶是难以鉴评的,只有用开水冲泡后才能鉴评。取 3g 花茶,放在 150mL 的茶杯中,用开水泡 5 分钟,然后将茶汤倒入另一只杯中,先闻杯中茶底香气,再看茶汤的颜色,优质花茶色泽黄亮,质次的呈红浑色。再品尝滋味,优质花茶花郁茶香,鲜醇度好,质差的花茶,香味淡薄。

(4)嫩度:将冲泡后的茶底从杯中倒出,看其颜色和嫩度。花茶以绿匀为好,枯杂为次。

(5)叶底:指茶叶的样子,不论哪种茶,条索紧结、重实、圆浑,粗细长短均匀为好,松泡、轻飘、短碎的为次。

三、茉莉花茶鉴评

花茶审评采用"通用型茶叶感官审评方法"。但在具体操作称取3g审评茶样时,须剔除残留在茶叶中的各种花渣(干),否则会影响审评结果。审评茉莉花茶质量高低,其级别嫩度应对照全国统一素坯别标样。如嫩度比同级标样低一级的,甚至低一级以上的,应为低次产品。在香气上,一、二级茶香气浓郁鲜灵的为上品;浓郁的为正常产品;有茉莉花香但透兰的为较差产品;香气不足而透素的为低档或不合格产品。三、四级茶,有茉莉花香,稍透兰,但不透素的为上品;茉莉花香稍低呈兰香的为正常产品;茉莉花香低弱,透兰、透素的为低次或不合格产品。五、六级只要不明显透素,有茉莉香,带明显兰香的为正常产品。在市场经济条件下,茶叶价格放开,销售逐步走向交易市场,茶叶常不标级别而标茶名与价格,花香味也对不上级别。对这种产品也不能死硬靠套级别,只能按质论价,对被评茶叶可采用先看嫩度相当于标准样几级,再品尝香味相当于什么档次,再按当地市场价酌情出价。

四、窨花茶与拌花茶的鉴评

真花茶:茶坯是用烘青茶经精制加工后与香花窨制而成的。高级花茶要窨多次,香味浓郁。筛出的香花已无香气,称为干花。高级的花茶里是没有干花的。

假花茶:是指拌干花或喷洒香精油的茶。在市场上,常见到出售的花茶中,夹带有很多干花,并美其名为"真正花茶"。实质上这是将茶厂中窨制花茶筛出的无香气的干花拌和在低级茶叶中,以冒充真正花茶,闻其味,是没有真实香味的,用开水泡后,更无香花的香气。喷洒过茉莉花香精油的茶,干嗅香气特浓、刺激性强,给人感觉浮香、醉人,有别于天然鲜花的纯清,带有闷浊之感。若再用热水冲沏,也只是一饮有香,二饮逸尽,茶底残留异气。

第七节　速溶茶鉴评

一、速溶茶鉴评要点

1. 形状 { 颗粒状（喷雾干燥）
碎片状（真空干燥）
粉末状（冷冻真空干燥）

① 美观疏松：疏松度（容重）
（0.06～0.17）g/mL

② 速溶性好：冷、热水，无茶渣

③ 颗粒大小均匀：直径 200～500μm。
其中：直径 200μm 以上的>80%，
直径 150μm 以下的<10%

④ 色泽：鲜活有光泽（似珍珠）

⑤ 含水量：2%～3%，湿度<60%

呈疏松空心状态：互不黏结，具有流动性，无裂崩现象为好。

呈碎片状态：片薄而卷曲，不重叠的为好。

2. 内质（湿评） {

速溶性 { 冷（<10℃）：无浮面、无沉底
热（40℃～60℃）：无浮面、无沉底

汤色：冷泡，清澈
　　　热泡，清澈、透亮。

要求：

红茶，红亮、深红明亮；红艳（热）

绿茶，黄绿明亮；黄绿或黄面鲜艳（热）

凡汤色深暗、浅亮或浑浊都不符合要求

香味：红茶，浓醇
　　　绿茶，浓爽

具有原茶风格；无馊酸气、熟汤味或异味为好

二、速溶茶鉴评

速溶茶是一类速溶于水，水溶后无茶渣的茶叶饮料，可分为纯茶速溶茶和调味速溶茶两种。调味速溶茶是用速溶茶、糖、香料、果汁等配制成的一类混合茶，速溶茶原料来源广泛，既可用鲜叶直接加工，又可用成品茶叶副产品再加工而成。速溶茶具有快泡、方便、卫生、可热饮或冷饮的特点。速溶茶品质重视香味、冷溶性、造型和色

泽。审评方法目前尚无统一规定,仍以感官审评为主。

因速溶茶极易吸湿黏附在其他物体上,故干看样不宜直接倒在木质茶样盘暴露在空气中,必须将其放入洁净的带盖玻璃培养皿(高20 mm,直径150 mm)中进行外形审评。外形评比形状和色泽。形状有颗粒状(包括珍珠形和不定形颗粒)、碎片状和粉末状。不论哪种形状的速溶茶,其外形颗粒大小、匀齐度和疏松度都是鉴定速溶茶的主要物理指标,最佳的颗粒直径为$200\sim500\mu m$,具$200\mu m$以上需达80%,$150\mu m$以下的不能超过10%。一般容重在$(0.06\sim0.17)$g/mL,疏松度以0.13g/mL最佳。这样的造型,外形美观,速溶性好,造型过小溶解度差,过大松泡易碎。颗粒状要求大小均匀,呈空心状,互不黏结,装入容器内具有流动性,无裂崩现象。碎片状要求片薄而卷曲,不重叠。速溶茶最佳含水量在2%~3%,存放处相对湿度最好在60%以下,否则容易吸潮结块,影响速溶性。色泽要求速溶红茶为红黄、红棕或红褐色,速溶绿茶呈黄绿色或黄色,都要求鲜活有光泽。

内质审评方法:迅速称取0.75g速溶茶两份(按制率25%计算,相当于3g干茶。用角匙、称样白纸),置于干燥、无色透明的带刻度玻璃杯中,分别用150 mL冷开水(15℃)和沸水冲泡,审评速溶性、汤色和香味。

速溶性一般指在15℃~20℃条件下迅速溶解的特性。溶于10℃以下者称为冷溶速溶茶;溶于40℃~60℃者称为热溶速溶茶。凡溶解后无浮面、沉淀现象者为速溶性好,可作冷饮用;凡颗粒悬浮或块状沉结杯底者为冷溶度差,只能作热饮。汤色要求冷泡清澈,速溶红茶红亮或深红明亮,速溶绿茶要求黄绿明亮。热泡要求清澈透亮,速溶红茶红艳,速溶绿茶黄绿或黄而鲜艳,凡汤色深暗、浅亮或浑浊的都不符合要求。香味要求具有原茶风格,有鲜爽感,香味正常,无酸馊气,无熟汤味及其他异味,调味速溶茶按添加剂不同而异,如柠檬速溶茶除具有天然柠檬香味,还有茶味,甜酸适合,无柠檬的涩味。无论何种速溶茶,均不能有其他化学合成的香精气味。

第八节 袋泡茶鉴评

一、袋泡茶鉴评要点

1. 外形包装（外套有锡箔袋、塑料或纸袋等）
① 特种长纤维茶滤纸内袋：网眼分布均匀，无破损、漏末
② 提线：本白棉线（符合卫生），两端固定牢固（钉、热封纸）
③ 小标牌：有商标、茶名

2. 内质
汤色：色度、明浊度
香气：纯异、香型、高低与持久性、协调性
滋味：浓淡、厚薄、爽涩
叶底：色度、均匀度。泡后内袋无裂痕、无提线脱落

二、袋泡茶鉴评

袋泡茶是在原有茶类基础上，经过拼配、粉碎，用滤纸包装而成的。目前已面市的袋泡茶种类较多，有红茶、绿茶、乌龙茶、花茶及各种拼配的保健茶、药茶等，大致可分为普通型、名茶型、营养保健型三大类。这些产品中，绝大部分采用袋泡茶包装机自动包装，少数用机械结合手工包制。袋泡茶审评方法目前仍以感官审评为主，只是针对此类茶的独特性，对常规审评方法加以调整。

袋泡茶外形评包装。袋泡茶的冲饮方法是带内袋冲泡，首先检查袋泡茶的重量是否符合外包装标签上的净重（正负差≤5％），审评时不必开包破袋倒出茶叶看外形，而是要检评包装材料、包装方法、图案设计、包装防潮性能及所使用的文字说明是否符合食品通用标准。因此，将袋泡茶的外形审评项目定为评包装，既能直观地辨别出产品的良莠，又能客观地判断袋泡茶的商品外观特性。

开汤审评主要评其内质的汤色、香气、滋味和冲泡后的内袋。汤色评比茶汤的类型（或色度）和明浊度。同一类茶叶，茶汤的色度与品质有较强的相关性。同时，失风受潮、陈化变质的茶叶在茶汤色泽上的反映也较为明显。汤色明浊度要求以明亮鲜活的为好，陈暗少光泽的为次，混浊不清的为差。对个别保健茶袋泡茶，如果添加物显

深色,在评比汤色时应区别对待。香气主要看纯异、类型、高低与持久性。袋泡茶除添加其他成分的保健茶外,一般均应具有原茶的良好香气,而添加了其他成分的袋泡茶,香气以协调适宜,正常能被人接受为佳。袋泡茶因多层包装,受包装纸污染的机会较大。因此,审评时应注意有无异气。如是香型袋泡茶,应评其香型的高低、协调性与持久性。滋味则主要从浓淡、爽涩等方面评判,根据口感的好坏判断质量的高低。冲泡后的内袋主要检查滤纸袋是否完整不裂,茶渣能否被封包于袋内而不溢出,检查提线是否脱离包装。

根据质量评定结果,可把普通袋泡茶划分为优质产品、中档产品、低档产品和不合格产品。

优质产品:包装上的图案、文字清晰。内外包装齐全,外袋包装纸质量上乘,防潮性能好。内袋长纤维特种滤纸网眼分布均匀,大小一致。滤纸袋封口完整,用纯棉本白线作提线,线端有品牌标签,提线两端定位牢固,提袋时不脱落。袋内的茶叶颗粒大小适中,无茶末黏附滤纸袋表面。未添加非茶成分的袋泡茶,应有原茶的良好香味,无杂异气味,汤色明亮无沉淀,冲泡后滤纸袋涨而不破裂。

中档产品:可不带外袋或无提线上的品牌标签,外袋纸质较轻,封边不很牢固,有脱线现象。香味虽纯正,但少新鲜口味,且不具备包装标签上注明该茶类的香味,汤色亮但不够鲜活。冲泡后滤纸袋无裂痕。

低档产品:包装用材中缺项明显,外袋纸质轻,印刷质量差。香味平和,汤色深暗,冲泡后有时会有少量茶渣漏出。无保质锡箔涂塑袋;内置茶末质量差,甚至有低档茶。

不合格产品:包装不合格,汤色混浊,香味不正常,有异气味,冲泡后散袋。

第九节　茶软饮品鉴评

一、液态茶水鉴评要点

1. 外包装
- 保质期:玻瓶 3 个月;PT_2T 瓶 3～6 个月
  利乐宝盒 6 个月;罐装 9～12 个月
- 密封性:有无漏液、漏气
- 遮光性:强弱
- 材质:无异味、露铁点、锈斑

2. 内质

纯
- 汤色:具原茶应有液色,清澈明亮,不混浊,无沉淀
  ① 红茶:红亮(佳),尚红亮(次),深暗酱色、有沉淀物(差)
  ② 绿茶:黄绿清澈明亮(佳),深绿尚亮(次),灰暗混浊、有沉淀物(差)
  ③ 乌龙茶:橙黄、橙红明亮(佳),深橙尚亮(次),深褐欠亮混浊、有沉淀物(差)
- 香气(加热 20℃):具原茶香(好),欠纯、熟闷、异气(差)
- 滋味:具应有风味(佳),纯正、稍钝(次),平淡、严重熟汤味(差)

调味
- 香味:甜酸可口,酸而不涩,甜而不腻。有果、奶和中草药正常的香味(好),浊欠爽,中草药味过浓(差)
- 甜度:(用手持糖量计测定)
  低糖<6
  中糖 6～8.5
  高糖>8.5
- pH 值
  酸性饮料,pH<5.5
  微酸性饮料,pH5.5～6.5
  中性饮料,pH6.5～7.0
  碱性饮料,pH>7.0

二、液态茶水鉴评

液体茶是采用先进的加工工艺,经提取、过滤、调配、灭菌和包装等过程精制加工而成的。依成品风味可分为纯茶液体茶和调味、保健混合液体茶(加果汁、糖、酸、奶和保健的中草药等)两大类。包装形式有罐装(二片罐和三片罐)、利乐宝包装、PT_2T 瓶装和玻璃瓶等。

194

具有即饮、方便、多样化的特点。

日本是研制和生产罐装液体茶最早的国家,我国液体茶研制工作始于 20 世纪 80 年代初期,进入 90 年代以来,一种以茶叶水可溶物为主基料的纯茶液体茶调和味、保健混合液体茶发展迅猛,目前全国初具规模的生产厂家有 20 余家,品种近 30 种。主要生产液体乌龙茶、红茶、绿茶、花茶以及带甜味的非纯茶液体茶。鉴评方法仍以感官审评为主,只是针对此类茶的独特性,对常规审评方法加以调整。

液体茶审评着重于内质,包装形式主要是防止品质劣变、延长高品质货架期。因此,审评内容包括内质和包装两大项。内质包含汤色、香气和滋味三因子,包装指与茶水直接接触的包装材料(有无异味、露铁点和锈斑等)、遮光性和密封性三因子。

审评时先把液体茶充分振荡均匀看有无漏气现象,然后启盖倒入预先备好的洁净玻璃茶杯内(约 150mL),再进行有关因子的评定。

1. 汤色

评比色度、亮度、清浊度。纯液体茶具有原茶应有的液色,清澈明亮、不混浊、无沉淀物。如液体红茶汤色以红亮为佳,尚红亮为次,深暗酱色、有沉淀物为差。液体绿茶汤色黄绿,清澈明亮为佳,黄绿尚亮为次,灰暗、混浊、有沉淀物为差。液体乌龙茶汤色橙黄、橙红明亮为佳,深橙尚亮为次,深褐欠亮、混浊、有沉淀物为差。

调味、保健液体茶,液色协调均匀,不分层,无沉淀物为佳。色泽不协调或呈过深的中药酱色,刺眼的人工色素色泽,分层,有沉淀物为差。

审评汤色时应注意两点:一是当气温低于 16℃,液体茶便会出现冷后浑现象,须将茶汤升温至 25℃～30℃,然后审评,这样有利于正确观察汤色与品评香气、滋味。二是审评日期距离生产日期的时间间隔,一般不得少于 30 天,不可"现装现评",否则反映不出货架期的真实质量情况,易作出错误结论。因为液体茶从出厂至到达消费者手中,其中间的货架期有两三个月甚至半年。如果质量不过关,在存放过程就会质变。

2. 香气

评比有无原茶香、纯异。茶叶经深加工受热处理后,一部分香气物质挥发损失,一部分香气物质发生了变化,以致液体茶的香气远逊于杯泡的原茶,冷嗅较难以评出香气的真谛。因此,嗅香前必须调整一下液温,即将装有茶水的玻璃杯置于热水中,使液温升至 25℃～30℃再行审评。具有原茶应有的茶香为好;欠纯、熟闷、有铁锈等异气为差。如液体乌龙茶带有足火香,红茶透甜香,绿茶呈高火香,花茶有花香为好。调味、保健混合液体茶具有添加的果汁香、奶香、中草药特殊香,不浊,没有过浓的人工香精浊气或难闻的药气为好;熟闷气重,香精、药气过浓的为差。

3. 滋味

评比有无原茶风味、纯异。具有原茶应有的风味为佳,纯正、稍钝为次,平淡、严重熟汤味为差。调味、保健混合液体茶不强调有原茶风味,以甜酸可口,酸而不涩,甜而不腻,有果、奶和中草药正常的香味为好,浊欠爽、中草药味过浓为差。

4. 包装

无论何种包装,均须在包装的显眼位置标明液体茶的名称、配料、企业标准代号、容量、生产日期、保质期、生产厂家及厂址,其中任缺一项,都应评为不合格产品。

根据国家轻工业部对食品的保质期有关规定,参照果汁类饮料的标准,液体茶保质期是:玻璃瓶装 3 个月,PT_2T 瓶装 3～6 个月,利乐宝包装 6 个月左右,罐装 9～12 个月。审评时,首先检查生产日期,如超过各种包装容器的保质期,可不予审评。审评包装容器,主要观其材料是否符合茶叶包装的特殊要求,有无纸、油墨等异气,罐内涂层是否均匀,有无露铁点,罐面有无锈斑等弊病。检查包装容器的密封性和遮光性,如折叠处、压盖处是否密封,有无漏气、漏液现象,遮光性能强弱等。密封性、遮光性强为佳,漏气、漏液,有锈斑、露铁点、异气为差。

第十节　真假茶的鉴评

一、真假茶鉴评

假茶,乃是用形似茶树芽叶的其他植物的嫩叶,如金银花叶、蒿叶、嫩柳叶、榆叶、冬青树叶、毛榉树叶、山楂叶等做成类似茶叶的样子,再冒充真茶出售。真茶与假茶,对有一定实践经验的人来说,只要多加注意是不难识别的,但如把假茶原料和茶鲜叶一起拌和加工,就增加了识别的难度。真假茶可根据茶叶的植物学特性和茶叶应具有的色、香、味以及茶叶的化学成分,即从若干表明茶叶特征的成分的数量和比例来判别。鉴定方法可分茶叶组织形态鉴评法和化学分析法两种。

1. 茶叶组织形态鉴评法

一种较为简便的方法是将可疑茶叶按茶叶开汤审评方法冲泡两次,每次 10 分钟,使叶片全部展开后,放入漂盘内仔细观察有无茶叶的植物学特征。其一,茶树叶片边缘锯齿一般为 16～32 对,叶片的锯齿都是上部密而深,下部稀而浅,近叶柄处平滑无锯齿。锯齿呈钩状,锯齿上有腺毛。而假茶的叶片或四周布满锯齿,或者无锯齿;其二,茶树叶片的叶背叶脉凸起,主脉明显,并向两侧发出 7～10 对侧脉。侧脉延伸至离叶缘三分之一处向上弯曲呈弧形,与上方侧脉相连,构成封闭形的网脉系统(图5.1),这是茶树叶片的重要特征之一。芽及嫩叶背面有显著的银白色茸毛。也可用镜检法:茶叶切片后,在显微镜下观察茶叶内部结构,可看到海绵组织内有星状草酸钙结晶体,叶肉细胞间有较粗大的呈星形或树枝形的石细胞。

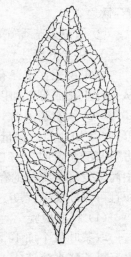

图 5.1　茶树叶片上叶脉的分布

2. 品质特征的鉴评

（1）外形鉴评

将泡后的茶叶平摊在盘子上，用肉眼或放大镜观察。

① 真茶有明显的网状脉，支脉与支脉间彼此相互联系，呈鱼背状而不呈放射状。有三分之二的地方向上弯曲，连上一支脉，形成波浪形，叶面隆起。真茶叶缘有明显的锯齿，接近于叶柄处逐渐平滑而无锯齿。

② 假茶叶脉不明显或特别明显，一般为羽状脉，叶脉呈放射状至叶片边缘，叶肉平滑。叶侧边缘有的有锯齿，锯齿一般粗大锐利或细小平钝，也有的无锯齿，叶缘平滑。

（2）色泽鉴评

真红茶色泽呈乌黑或黑褐色而油润，假红茶墨黑无光、无油润；真绿茶色泽碧绿或深绿而油润，假绿茶一般都呈墨绿或青色。

（3）香味鉴评

① 真茶含有茶芳香油，闻时有清鲜的茶香，新沏茶汤，茶味显露、饮之爽口。

② 假茶无茶香气，有一股青草味或有其他杂味。

3. 化学分析法

如果说感官审评有凭经验之嫌，那么还可以用一般的化学方法从茶叶生化成分上加以鉴评。但凡茶叶都含有 $2\% \sim 5\%$ 的咖啡碱和 $10\% \sim 20\%$ 的茶多酚。迄今为止，在植物叶片中同时含有这两种成分，并有如此高的含量，非茶叶莫属。另外，茶氨酸在茶叶中的含量占氨基酸总量的 50% 以上，而且除其他茶科植物含少量外，别的植物中尚未发现茶氨酸的存在。测定茶氨酸含量，不仅可辨别茶叶真伪，而且可判断掺杂程度。测定方法如下：

（1）特质检验

取茶叶数个加 10% NaOH 溶液浸泡 24 小时，将已泡的茶叶放入三氯乙醛水溶液（5∶2）中褪色，再用亚氯酸钠（NaHCl）漂白。观察有无：① 茸毛；② 草酸钙结晶；③ 石细胞（枝状）。只有真茶，才会上述三种物质都存在。

（2）咖啡碱（氯仿萃取法）

① 叶加 10％NaOH(破坏色素)→10mL 氯仿(加热 10 分钟)→冷后加活性炭(均匀分布)→过滤液→取液放在载玻片上→干后观察有无针状结晶(咖啡碱)。

② 灰化中观察坩埚与盖的狭缝中有无针状结晶。

(3) 儿茶素(香荚兰素盐酸显色法)

茶样 1g 入三角瓶→80％乙醇 20mL→沸水浴 20 分钟→过滤＋乙醇定容至 25 mL→取 10μL 液体(注射器)→入 1mL95％乙醇试管中摇匀→加 1g 香荚兰素盐酸溶液 5mL→立即显红色(较多儿茶素)。

(4) 茶氨酸(斑点法)

(3)中 80％乙醇提取液→(浴水)蒸干→加 2mL 蒸馏水→冰箱(24 小时)→取上清液,点在层析滤纸上(用点真茶作对照)→浓氨水熏 5 分钟→层析缸中垂直上升层析(溶液为正丁醇：冰醋酸：水＝4：1：1)晾干→喷 0.5％茚三酮的丙酮→80℃烘箱中烘干→紫色斑点(斑点最大、颜色最深的是茶氨酸,并与真茶平行对照)。

二、次品茶与劣变茶的鉴评

凡鲜叶处理不当,加工不好,或者保管不善,产生烟、焦、酸、馊、霉等异味,轻者为次品茶,重者为劣变茶。鉴评内容如下:

(1) 梗叶:如绿茶中红梗红叶程度严重,干看色泽花杂,湿看红梗红叶多,汤色泛红的,为次品茶。因复炒时火温过高或翻拌不匀,茶条上有白色或黄色爆点,称为泡花茶,根据爆点的多少与颜色的深浅,结合香味决定是次品茶还是劣变茶。

对于红茶,花青程度较重,干看外形色泽带暗青色,湿看叶底花青叶较多,为次品茶。

(2) 气味:红茶或是绿茶,有烟气、高火气、焦糊气,经过短期存放后,能基本消失的,为次品茶。干嗅或开汤嗅,都有烟气、焦气,久久不能消失的,为劣变茶。高火气、焦糖气,主要是烘焙干燥时温度过高,茶叶中糖类物质焦糖化的结果。

凡热嗅略有酸馊气,冷嗅则没有,或闻有馊气,而尝不出馊味,经过复火后馊气能消除的,为次品茶。若热嗅、冷嗅以及品尝均有酸馊味,虽经补火也无法消除的,则是劣变茶。如果酸馊味特别严重,有害身心健康,不能饮用。

太阳晒干,条索松扁,色泽枯滞,叶底黄暗,滋味淡薄,有日晒气的,叫做日晒茶,也为次品茶。如果有严重的日晒气,就成为劣变茶。

（3）霉变:茶叶保管不善,水分过高,会产生霉变。霉变初期,干嗅没有茶香,呵气嗅有霉气,经加工补火后可以消除的,列为次品茶。霉变程度严重,干嗅即有霉气,开汤更加明显,绿茶汤色泛红浑浊,红茶汤色发暗的,为劣变茶。霉变严重,干看外形霉点斑斑,开汤后气味难闻的,不能饮用。正品、次品、劣变茶有时把握不住范围,表5.9可供实用时参考。

表 5.9　　正品、次品、劣变茶的变化范围

		正品	次品	劣变
1	烟	无	干、湿、味其中之一,轻者	热嗅,味浓者
2	焦	火功稍高、有锅巴香	有糊斑点、焦味轻者	干嗅、开汤,焦气不消失
3	酸馊	无	热嗅有、冷嗅无、复火能消失	热、冷、尝都有,重者
4	霉	毛茶干度不足、或水分增加	呵口气则嗅出、补火消失	霉重:红茶及汤色发暗;绿茶汤色泛红、浑浊
5	日晒气	除滇青茶外,无	干、湿嗅均有,轻者	重者、日腥气
6	红梗红叶花青	轻者	重	严重
7	异味茶	无	感染油、药、鱼腥等,经处理消失	用尿素、染料、涂料、铅铬绿染色的,重金属、农药等有毒物质

三、新茶与陈茶的鉴评

由当年采制茶树鲜叶加工而成的茶,称为新茶;而将上年甚至更

长时间采制加工而成的茶叶，称为陈茶。陈茶并不等于不能饮用，有些刚加工出的新茶不宜现饮，需要放一段时间钝化，饮后不易上火；保鲜茶色香味品质都好，是可以饮用的；还有一些黑茶类如广西苍梧六堡茶，经陈化后产生出类似槟榔的香味，保持一种味醇适口和汤色清澈明亮的风味，就是该茶的特征；只要陈茶贮藏条件良好，没有陈霉味的茶都是能饮用的。

新茶随着存放时间增长，渐次称陈茶。含水量高于7%的茶叶不易藏，随着贮藏期延长，香味减淡，会逐渐发霉变质。尤其绿茶容易陈化，饮用绿茶的人又特别讲究绿茶的品味。主要从色香味三方面辨别绿茶的新与陈，见表5.10。

表5.10　新、陈绿茶品质区别

项　　目		新　　茶	陈　　茶
色泽	干茶	嫩绿、翠绿、新鲜光润	色黄、褐、枯、暗不润
	茶汤	浅绿、艳绿、清澈明亮	黄、橙黄、橙红、色深欠明
	叶底	嫩黄绿、深绿、鲜亮	绿黄、黄褐、无反光度、较暗
香　气		清新、容易着鼻	香气不明显、迟钝、浊、杂
滋　味		鲜爽、有活力	味淡薄、钝滞

新茶：其特点是色泽，香气，滋味均有新鲜爽口的感觉。茶汤饮用后令人心情舒畅，有愉快感。泡后的茶底，茶条容易展开，色差明显，如爆点、焦边等与叶片绿色反差度大。新茶的含水量较低，茶质干硬而脆，手指捏之能成粉末，茶梗易折断。

陈茶：这里指的是存放一年以上的陈茶。其特点是干茶色泽黄褐枯暗、无光泽；汤色如红茶暗浊，绿茶泛红；香气低沉，热嗅有陈气（冷气感）带沉浊、不鲜；滋味平淡，缺乏收敛性、无爽口新鲜感，甚至茶汤饮用时，有令人不愉快的陈旧味感；叶底颜色，红茶呈红暗、绿茶显黄暗，叶底茶条不舒展、不展开，且有弹性、硬感。陈茶储放日久，含水量较高，茶质湿软，手捏不能成粉末；茶籽枯缩，茶梗色枯暗，若折断，断面呈枯黑色。

201

四、季节茶的鉴评

季节茶主要指的是春茶、夏茶和秋茶,在我国一般冬天不采茶。其内在品质差异较大,一般来说,春茶品质好,秋茶香气高,夏茶产量高、品质低(绿茶苦涩味重)。

绿茶的春茶与夏茶主要从如下方面辨别:春茶鲜叶原料较好,持嫩性强,芽叶较肥壮,叶肉较厚实,叶片脉络细密,叶缘锯齿不明显,加工后往往条形细紧,色泽黄绿或翠绿,光润度好;夏茶鲜叶原料持嫩性差,芽叶瘦薄,大小不一,加工后条形较松,色泽黄枯、青绿或深绿,缺少光泽。

评香气、滋味及叶底:春茶香高味浓,有持久性,回味好,有余甘,叶底芽叶柔软较肥嫩,色泽黄绿明亮;夏茶香气较低,滋味带苦涩味,叶底芽叶瘦薄较硬,对夹叶多,叶脉较粗,锯齿明显。秋茶叶片大小不一,香气不高于春茶,味道淡薄,叶底对夹叶多,叶缘锯齿明显,常夹有铜绿色芽叶,色泽青绿欠匀。另外,在茶叶冲泡过程中,同样大小的茶条,春茶下降速度较快,夏茶较慢。

若外形和香味不易辨别时,还可以从叶底形态方面加以分辨,见表5.11。

表 5.11　春、夏、秋茶分辨表

	老嫩	条索	芽头	叶脉	朴片	身骨	梗茎	叶质	叶张	节间
春茶	均匀	紧结	锋苗长壮	平滑不突	少	重实	嫩、扁	柔软	叶形相似	短
夏茶	欠匀	松紧不一	短小	突出,较粗	较多	较轻飘	圆梗茎	粗而硬,无身骨	大小明显、薄	长
秋茶	① 对夹叶多;② 品质:介于春夏茶之间(雨水调匀);③ 香气高									

第六章　选茶择具

第一节　干茶贮选

干茶贮选指的是茶叶选购和保存。茶叶的种类繁多,品种和品牌的名字也很多。茶叶初加工产品就有红、绿、黄、白、黑和乌龙茶等六大类,经精制加工后,还有花茶、紧压茶等茶类,各大类中又有许多小类,不少于几百种。茶叶类别不同、加工方法不同、产地不同,品质特征和茶性也就不同了。如何选购和保存好茶叶,是日常生活中必不可少的。

一、茶叶的选购

1. 按需选购

消费选购茶叶时,可以根据自己的个人爱好选择,也可根据茶叶的特性或个人的生理需求来选择,还要考虑自己的经济承受能力。如绿茶中维生素含量高,茶多酚含量高,注重补充营养的消费者首先可考虑绿茶,在选购绿茶的同时,有价格高低、滋味浓淡之分。可选择价格低廉,滋味浓厚耐泡的大宗绿茶;也可选择造型独特如工艺品,品质优异,香味别具风格,价格较高的名优绿茶类。乌龙茶有降血脂、减肥的功效,同时高档的品种品质风格独特,有特殊的茶香、果香及韵味,如音韵、汕韵,等等。若血脂、血压高,又想品尝其特别韵味的消费者可选择品质优异的乌龙茶。红茶性温,因加工中进行了充分的发酵,特别是中小叶种红茶,香气糖香,滋味甜和。大叶种红茶虽味浓富收敛性,但喝时可加牛奶,能减少其刺激性。肠胃不好,又喜欢喝茶的消费者,可选择红茶。平常饮食结构以肉制品为主的消费者可选择黑茶类,如湖南的茯砖茶、黑砖茶,湖北的青砖茶、米砖茶或云南的沱茶、紧茶、普洱散茶、普洱沱茶,等等。黑茶类加工中因经过后发酵工序,茶性更温润,去油腻、降血脂、减肥功效更显著,非

203

常受边疆少数民族的喜爱,有"宁可三日无粮,不可一日无茶"之说。白茶加工中未经炒、揉,任其自然风干,茶中多糖类物质基本未被破坏,因而对糖尿病患者有一定的疗效。消费者可根据自己的身体状况、保健需要而加以选择。

选择好茶类后,应注意辨别茶叶的品质,可以从茶叶的形状、色泽、干茶的香气等几方面来鉴评,有条件的还可以经过冲泡,嗅其香气,尝其滋味,观其汤色及叶底嫩度、色泽。具体茶类的鉴评,参阅第四、五章内容。

2. 干度

选购时,一定要注意茶叶的含水量,绝对干燥。好的绿茶,干嗅香气充足,一嗅即可闻到清香或烘焙香,同时以手轻握茶条,感到刺手,再用拇指、食指轻捏易碎,表示茶叶干燥程度较好,茶香发挥程度也较好,购买后耐贮存。若干嗅闻不到香气,手捏茶叶感到较软,重捏茶条不易碎,说明茶叶已受潮回软,或干燥时未焙透焙足,茶香透发不好,购买后不易贮存,很快会陈化变质。若干嗅即有烟、焦、酸、馊等气味,则品质较差,为次品茶,尽量不要购买。

3. 区分茶叶新与陈

首先可从茶叶外观色泽来辨别,新茶色泽油润、有光泽、有鲜活感,陈茶外观色泽显暗,无光泽;其次可干嗅一下茶香,新茶香气充足。绿茶有清香或烘焙香,红茶有酵香或甜香,花茶有浓郁的鲜花香,乌龙茶有烘焙香或稍有清花香。陈茶香气低沉或带酸气,陈变严重的立即就能闻到明显的陈气。对茶叶是否为新茶存有疑问时,最好是冲泡后再来辨别,可以较明显地区分。市场上有些茶叶摊贩用绿色塑料袋装茶叶,从外表上看茶叶碧绿,拆开后干度不够,颜色发黄,这种茶便宜也不能买。因此,买茶要到正规的茶叶店,或认购有信誉有品牌的茶叶。

二、茶叶的保存

茶叶极易吸湿、吸收异气味,同时在高温高湿、阳光照射及充足的氧气条件下,会加速茶叶内含成分的变化,降低茶叶的品质,甚至在短时间内茶叶都会发生陈化变质。要使茶叶的品质在较长时间内保持不变,首先要茶叶本身干燥(含水量低于6%),其次要做好茶叶的贮藏和保管工作,存放时要注意四点:低温,避光,去氧,密封。尽量远离有异气味的物品。

1. 保鲜库法

这是茶叶加工厂或销售部门贮存批量较大的高档茶的一种保鲜方法,是按照上述四点要求而设计的,属物理保鲜。库房使用容积根据产量而定。安装调温调湿系统,一般冷藏温度控制在0℃～5℃;湿度小于50%较为经济。茶叶进库前可抽真空去氧,密封后保鲜贮藏时间更长。不同品种茶叶要归类存放,外包装有油漆或油墨气味的不要放入库内。由于库内外温差较大,冷热相遇,水分和氧气会形成水汽珠,凝结在茶叶上,加速茶叶劣变。因此,从库内取出茶叶时,不宜急于打开包装,待茶叶接近库外温度时方可拆包。

2. 家庭保鲜法

家庭贮藏茶叶的方法很多,如:

(1)采用生石灰吸湿贮藏法。即选择一密封容器(如瓦缸、瓦坛或无异气味的铁听等),将块状生石灰或硅胶干燥剂装于布袋中,置于容器内,茶叶分小包用牛皮纸包好放于布袋上,将容器口密封,容器应尽量放置在阴凉干燥的环境处,农村也可放在地窖里。

(2)冰箱低温贮存法。先将茶叶烘干,用食品袋或铝箔复合袋包装,内置除氧剂,再放入铁听内装满,用焊锡、矿烛或涤纶胶带封口后置于冰箱中保存,可长期(两年左右)保持茶叶品质。一次购买大量茶叶时,应先用小包(罐)分装,再放入冷库或冻箱中,每次取出所需短期用量,不宜将同一包茶反复冷冻、解冻。茶叶中的一些成分不稳定,易发生变化,以防止加速茶叶的自身氧化与劣变。

(3)水瓶保存法。可用热水瓶胆贮藏,因为水瓶胆与外界空气隔绝,茶叶装入胆内,加塞盖严后,以白蜡封口,外包胶布,简单易行,易于家庭保管。

就容器来说,保存茶叶的容器以锡瓶、瓷坛、有色玻璃瓶为佳;铁听、木盒、竹盒次之;塑料袋、纸盒最次。与茶叶接触的容器一定要干燥、洁净、无异气味。

第二节 泡 茶 器 具

中国茶叶品类繁盛,特别讲究色、香、味、形,因此需要一系列能充分发挥各类茶叶特质的器具,这就使得中国的茶具异彩纷呈。无论是造型的优美,质地的精良,都有它的独到之处。中国茶具构成了中国茶文化不可分割的重要组成部分。

唐宋以来,铜和陶瓷茶具逐渐代替古老的金、银、玉制茶具,原因主要是唐宋时期,整个社会兴起一股家用铜瓷,不重金玉的风气。铜茶具相对金玉来说,价格更便宜,煮水性能好。陶瓷茶具盛茶又能保持香气,所以容易推广,又受大众喜爱。

宋朝廷命汝州造“青窑器”,其器用玛瑙细末为釉,更是色泽洁莹。当时汝窑被视为宋代瓷窑之魁,史料说当时的茶盏,茶罂(茶瓶)价格昂贵到了“鬻(yù,卖)诸富室,价与金玉等(同)”。世人争为收藏,除上例之外宋代还有不少民窑生产的瓷器也非常精致美观。随着时代的变迁,岁月的流逝,人们的日常品茶跨越了生理需要的阶段,升华为一种文化,一种为全民族所共有的文化,而茶和茶具也就成为珠联璧合的文化载体。饮茶进入艺术品饮的唐宋时代,人们不仅开始讲究茶叶本身的形式美和色、香、味、形四佳,也开始讲究起茶具之完备、精巧,乃至茶具本身的艺术美,以增加人们的感官享受,进一步达到心境的舒适和谐。

一、金属茶具

金属用具是指由金、银、铜、铁、锡等金属材料制作而成的器具。它是我国最古老的日用器具之一,早在公元前 18 世纪至公元前 221年秦始皇统一中国之前的 1500 年间,青铜器就得到了广泛的应用,先人用青铜制作盘盛水,制作爵(jué)尊盛酒,这些青铜器皿自然也可用来盛茶。

20 世纪 80 年代中期,陕西扶风法门寺出土的一套由唐僖宗供奉的鎏金茶具,可谓是金属茶具中的稀世珍宝。

但从宋代开始,古人对金属茶具褒贬不一。元代以后,特别是从明代开始,随着茶类的创新,饮茶方法的改变以及陶瓷茶具的兴起,才使金属茶具逐渐消失,尤其是用锡、铁、铅等金属制作的茶具,用它们来煮水泡茶,被认为会使"茶味走样",以致很少有人使用。但用金属制成的贮茶器具,如锡瓶、锡罐等,却屡见不鲜。

二、瓷质茶具

瓷器茶具的品种很多,其中主要的有青瓷茶具、白瓷茶具、黑瓷茶具和彩瓷茶具。这些茶具在中国茶文化发展史上,都曾有过辉煌的一页。

1. 青瓷茶具(图 6.1)

早在东汉年间,就已开始生产色泽纯正、透明发光的青瓷。明代,青瓷茶具更以其质地细腻,造型端庄,釉色青莹,纹样雅丽而蜚声

图 6.1 青瓷茶具

中外。16 世纪末,龙泉青瓷出口法国,轰动了整个法兰西,人们用当时风靡欧洲的名剧《牧羊女》中的女主角雪拉同的美丽青袍与之相比,称龙泉青瓷为"雪拉同",视为稀世珍品。当代,浙江龙泉青瓷茶具又有新的发展,不断有新产品问世。这种茶具除具有瓷器茶具的众多优点外,因色泽青翠,用来冲泡绿茶,更有益汤色之美。不过,用它来冲泡红茶、白茶、黄茶、黑茶,则易使茶汤失去本来面目,似有不足之处。

2. 白瓷茶具(图 6.2)

白瓷具有坯质致密透明,上釉、成陶火度高,无吸水性,音清而韵长等特点。因色泽洁白,能反映出茶汤色泽,传热、保温性能适中,加之色彩缤纷,造型各异,堪称饮茶器皿中的珍品。元代,江西景德镇白瓷茶具已远销国外。如今,白瓷茶具更是面目一新。这种白瓷茶具,适合冲泡各类茶叶。加之白瓷茶具造型精巧,装饰

图 6.2 白瓷茶具

典雅,其外壁多绘有山川河流,四季花草,飞禽走兽,人物故事,或缀以名人书法,又颇具艺术欣赏价值,所以,使用最为普遍。

3. 黑瓷茶具(图 6.3)

图 6.3　黑瓷茶具

黑瓷茶具,始于晚唐,鼎盛于宋,延续于元,衰微于明、清。宋人衡量斗茶的效果,一看盏面汤花色泽和均匀度,以"鲜白"为先;二看汤花与茶盏相接处水痕的有无和出现的迟早,以"著盏无水痕"为上。"茶色白,入黑盏,其痕易验"。所以,宋代的黑瓷茶盏,成了瓷器茶具中的最大品种。一旦茶汤入盏,能放射出五彩纷呈的点点光辉,增加了斗茶的情趣。明代开始,由于"烹点"之法与宋代不同,黑瓷具渐衰。

4. 彩瓷茶具(图 6.4)

彩色茶具的品种花色很多,其中尤以青花瓷茶具最引人注目。青花瓷茶具,其实是指以氧化钴为呈色剂,在瓷胎上直接描绘图案纹饰,再涂上一层透明釉,尔后在窑内经 1300℃ 左右高温还原烧制而成的器具。明代,景德镇生产的青花瓷茶具,诸如茶壶、茶盅、茶盏,花色品种越来越多,质量愈来愈精,无论是器形、造型、纹饰等都冠绝全国,成为其他生产青花茶具窑场模仿的对象。清代,特别是康熙、雍正、乾隆时期,青花瓷茶具在古陶瓷发

图 6.4　彩瓷茶具

展史上,又进入了一个历史高峰,它超越前朝,影响后代。康熙年间烧制的青花瓷器具,更是史称"清代之最",此外,全国还有许多地方生产"土青花"茶具,在一定区域内,供民间饮茶使用。

三、紫砂艺术鉴赏

江苏宜兴紫砂陶艺术起源于宋代,历明清两代的成熟,发展到今天。由于独特的材质、独特的成型工艺和独特的艺术,形成宜兴紫砂文化。尤其紫砂壶,雅俗共赏,是饮茶品著的最佳茶具之一。其紫砂壶泡茶的优点如下:

(1) 紫砂是一种双重气孔结构的多孔性材质,气孔微细,密度高。用紫砂壶沏茶,不失原味,且香不涣散,得茶之真香真味。《长物志》说它"既不夺香,又无熟汤气"。

(2) 紫砂壶透气性能好,使用其泡茶不易变味,暑天越宿不馊。久置不用,也不会有宿杂气,只要用时先满贮沸水,立刻倾出,再浸入冷水中冲洗,元气即可恢复,泡茶仍得原味。

(3) 紫砂壶能吸收茶汁,壶内壁不刷,沏茶而绝无异味。紫砂壶经久使用,壶壁积聚"茶锈",以致空壶注入沸水,也会茶香氤氲,这与紫砂壶胎质具有一定的气孔率有关,是紫砂壶独具的品质。

(4) 紫砂壶冷热急变性能好,寒冬腊月,壶内注入沸水,绝对不会因温度突变而胀裂。同时砂质传热缓慢,泡茶后握持不会炙手。而且还可以置于文火上烹烧加温,不会因受火而裂。

(5) 紫砂使用越久,壶身色泽越发光亮照人,气韵温雅。紫砂壶长久使用,器身会因抚摸擦拭,变得越发光润可爱,所以闻龙在《茶笺》中说:"摩掌宝爱,不啻掌珠。用之既久,外类紫玉,内如碧云。"

《阳羡茗壶系》说:"壶供真茶,正在新泉活火,旋瀹旋啜,以尽色香味之蕴。故壶宜小不宜大,宜浅不宜深,壶盖宜盎不宜砥,汤力香茗,俾得团结氤氲。"

由于紫砂陶壶有高、低、肥、瘦、刚、柔、方、圆的各种形态之美,细腻洁面外轮廓形式之美,陶艺内涵的气质和谐协调之美,令人意远、体验出神韵之美。又适用、有趣,怡养性灵,理应值得欣赏。

综上所述,茶具种类繁多,造型优美,除实用价值外,尚具有较高的艺术价值和欣赏价值。我国茶具驰名中外,为历代饮茶爱好者所青睐。由于制作材料和产地不同而分陶土茶具、瓷器茶具、漆器茶具、玻璃茶具、金属茶具和竹木茶具等几大类。常用的茶具有瓷杯、玻璃杯、双层玻璃杯、竹杯、不锈钢保温杯、磁化保温杯、紫砂杯(壶)等。茶具的选用多是根据个人的喜好,但是好的茶具可以更好地体现茶汤的汤色,保持茶的浓郁的茶香,特别是精致的茶具本身就是一种艺术,既实用又让人感觉到一种享受(彩图 19~20 页)。

第七章　茶叶欣赏

茶在中国人的眼里是钟山川之灵性,得天地之和气的灵物。茶以名山秀水为家,以明月清风为伴,"性洁不可污,为饮涤尘烦。"所以,茶在茶人的心里,具有无限的美感。陆羽把茶称为"南方之嘉木",卢仝说饮茶"六碗通仙灵",苏东坡把茶比作"从来佳茗似佳人",这些人都把最美的词语献给了茶,可见茶的魅力之大。茶是人与自然间最好的媒介物,茶是有形之物,也是有情之物。而茶人在赏茶、品茶中享受最大快乐时,忘记了茶的存在,这便是中国茶人的"天人合一"精神。茶有其品级和品质,尤其是名优茶,它是商品、礼品,又是工艺美术品,且具有自然美和文化美的欣赏价值。各种茶类,繁花多彩。如,香味清爽的绿茶、艳如胭脂的红茶、多彩绮丽的乌龙茶、银芽闪亮的白茶、色澄香高的黄茶、浓酽陈醇的黑茶、奇形异状的紧压茶、芬芳幽雅的花茶,等等。如此动人的色、香、味、形,怎能不让人动心、去欣赏(彩图 1~18 页)。

第一节　茶叶色泽

茶叶色泽包括干茶、汤色和叶底色泽三个方面。色泽是鲜叶内含物质经制茶发生不同程度降解、氧化聚合变化总的反映。茶叶色泽是茶叶命名和分类的重要依据,是鉴别品质优次的重要因子。

一、茶叶色泽的物质组成

(1)绿茶:干茶和叶底(脂溶性色素)色泽主要由叶绿素及其转化产物、叶黄素、类胡萝卜素、花青素及茶多酚不同氧化程度的有色产物所构成。绿茶汤色(水溶性色素)主要由黄酮醇、花青素、黄烷酮和黄烷醇类的氧化衍生物等构成。

(2)红茶:干茶和叶底(脂溶性色素)色泽主要是叶绿素降解产

物、果胶质及多种物质(如茶多酚、蛋白质、糖等)参与氧化聚合所形成的有色产物综合反应的结果。红茶汤色的构成主要应归因于水溶性的茶多酚氧化产物茶黄素、茶红素和茶褐素。

二、影响茶叶色泽的因素

(1)鲜叶品种与色泽:鲜叶中的有色物质是构成茶叶色泽的物质基础。色泽主要由叶绿素、胡萝卜素、叶黄素、花青素和黄酮类等物质组成。不同的茶树品种,内在成分含量不同,形成不同的叶面颜色。

(2)栽培条件与色泽:栽培条件综合影响茶树的生长及叶子的颜色,对茶叶色泽影响很大。如生态条件的温度、湿度、日照、海拔、地势、地貌等;栽培技术中水分与灌溉,土壤与施肥等都直接影响茶叶的色泽。

(3)采摘质量对茶叶色泽影响:如鲜叶嫩色泽偏黄;鲜叶匀净色泽一致性好;鲜叶新鲜制出干茶光泽度好。

(4)制茶工艺技术对茶叶色泽影响:绿茶加工中的杀青工序是保持"清汤绿叶"的关键步骤,利用高温迅速钝化酶活性,阻止茶多酚的酶促氧化,防止红变,以确保绿茶本色;红茶利用制茶技术以破坏叶绿素,促进多酚类氧化,生成茶黄素、茶红素等有色物质,形成"红汤红叶"的红茶色泽。

(5)贮藏与色泽:茶叶贮藏期间的内质变化主要是:① 叶绿素在光和热的作用下,易转化为黑褐色的脱镁叶绿素和棕色的脱镁叶绿酸酯;② 茶多酚产生非酶促自动氧化,形成水溶性的棕褐色产物和深色发暗的高聚物。

贮藏期间影响物质变化的环境因子有:① 温度。温度每升高 $10℃$,绿茶色泽的褐变速度将加快 $3\sim5$ 倍。② 湿度。当湿度 50% 以上时茶叶含水量将迅速上升。③ 氧气。空气中含有约 20% 的氧气,它几乎能与所有的物质作用形成氧化物。应真空或抽气充 N_2。④ 光线。高级绿茶对光特别敏感,经过 10 天的照射就完全变色。因此在茶叶贮藏时,应采取干燥、低温、去氧和避光等四项措施,这样才能保持茶叶品质的风味。

三、茶叶色泽类型

1. 干茶色泽

(1) 翠绿型:色似翡翠玉,有光泽,青里发绿有青果色光泽。如高级绿茶,霍山黄芽(彩图1.1),竹叶青(彩图12.1)等。

(2) 深绿(苍绿)型:深绿色或青绿色光润。如高级炒青等,太平猴魁(彩图3.2)。

(3) 墨绿型:深绿泛黑色而匀称光润。如火青(彩图3.5),珠茶(彩图3.11)等。

(4) 黄绿型:绿中带黄,以绿为主。如中低档炒青等。

(5) 砂绿型:色似蛙皮(黄、红、绿)而有光泽如优质青茶。

(6) 灰绿型:绿中带灰。如白茶,车色炒青等。

银灰绿:绿中带灰、泛白。

另,杏绿,青绿,草绿,暗绿等。

(7) 金黄型:色金黄,芽毫闪光,光亮。如君山银针,"金镶玉";沩山毛尖,"寸金茶";黄山毛峰,"象牙色"。

(8) 嫩黄型:浅黄、茸毛满布。如黄茶(蒙顶黄芽,莫干黄芽等)。

(9) 黄褐型:黄色加深,褐中显黄。如黄大茶,茯砖(彩图15.8)等。

(10) 青褐型:褐中泛青。如青茶,青砖等。

(11) 黑褐型:褐中泛黑有光泽。如黑砖,黑毛茶,六堡茶(彩图17.1),普洱茶(彩图5.7),红砖,中下档红茶等。

(12) 乌黑型:乌黑色而有光泽。如工夫红茶,青茶,米砖等。

(13) 棕红型:似栗红色或深红色。如红碎茶。

(14) 银白型:满披白毫茶。如白毫银针(彩图3.15),仙台白眉等。

2. 汤色

(1) 浅绿型:绿色成分少,汤清澈明亮。如各名优绿茶,太平猴魁,庐山云雾等。

(2) 杏绿型:绿带微黄。如高级龙井,瓜片等。

(3) 黄绿型:绿中带黄。如大众绿茶,烘青,眉茶,珠茶等。

(4) 碧绿型:物质含量丰富,绿色深。如日本煎茶等。

(5) 绿亮型:绿色适中,明亮。如高级绿茶,信阳毛尖等。

(6) 微黄型:黄色少,汤亮。如典型白茶色(白毫银针,白牡丹)。

(7) 杏黄型:淡杏黄色。如高级黄茶(蒙顶黄芽,君山银针等)。

(8) 金黄型:似茶油色。如青茶中铁观音,黄棪,芽细等。

(9) 橙黄型:黄中微带红,似橙色或橘黄色。如黄茶,青茶,紧压茶等。

(10) 红艳型:似琥珀色而镶金边的汤色,清澈艳丽。如高级工夫红茶和优质的红碎茶。

(11) 红亮型:汤色不甚浓,但红而透明有光彩。

(12) 橙红型:红中呈黄。如花砖,康砖等。

(13) 深红型:红浓且色深。如方包茶,红砖茶,六堡茶等。

3. 叶底

(1) 翠绿型:色如青梅,鲜亮悦目。如高级绿茶的新茶。

(2) 嫩绿型:绿色带淡奶油色且鲜艳,通称"苹果绿"。

(3) 黄绿型:色绿中带黄,亮度尚好。

(4) 鲜绿型:似鲜叶的绿色(鲜叶深绿色)。如玉露,煎茶,碾茶或高级蒸青绿茶。

(5) 青绿型:似西瓜皮的淡墨绿色,欠嫩而叶肉厚。如婺绿等。

(6) 绿亮型:绿色一致性好,明亮。

(7) 绿叶红镶边:边缘珠红或起红点,中央浅黄绿或青色,透明。如青茶。

(8) 嫩黄型:色浅绿透黄、黄里泛白、亮度好。

(9) 黄褐型:褐色带黄,无光泽,变质茶。

(10) 棕褐型:褐中泛红,无光泽。如经压造过程的茶有芽细,康砖,金尖等。

(11) 黑褐型:褐色带黑(乌)。如经渥堆或陈醇化的茶有黑砖,茯砖、六堡茶等。

(12) 红艳型:(芽叶细嫩、发酵适度),红亮鲜艳悦目。如滇红茶。

(13) 红亮型:色红亮而乏艳丽之感。是优良工夫红茶典型的叶底色泽。

第二节　茶 叶 香 气

茶叶香气物质迄今为止已鉴定有 650 种左右,其中鲜叶约近 100 种,绿茶有 200 多种,红茶有 400 多种。主要组成物质可分 15 大类,即碳氢化合物、醇类、酮类、酸类、醛类、酯类、内酯类、酚类、过氧化物类、含硫化合物类、吡啶类、吡嗪类、喹啉类、芳胺类及其他。虽然茶叶中香气成分含量极微(占干物质 0.005%~0.05%),但其香气类型很多。

一、茶叶香气的成分与特征

1. 绿茶香气的成分与特征

绿茶花色品种众多,其香型及香气组成各异。如黄山毛峰具玫瑰花香,以高沸点的糖香化合物为主;而碧螺春含低沸点的清香组分较多,以甘甜清香为特征;龙井茶中芳樟醇、香叶醇、苯乙醇等花香型成分及含量大大高于日本煎茶(山西贞,1994)。

2. 红茶香气的成分与特征

红茶香气物质绝大部分是在制造过程中由其他物质变化而来的。研究认为,祁红有鲜爽的似花果香与其香叶醇、苯乙醇、苯甲醇含量高有关;滇红所富有的高锐的花香与其精油中的沉香醇、香叶醇及沉香醇氧化物含量高有关。

3. 乌龙茶香气的成分与特征

乌龙茶以其特殊的天然花果香和独特的韵味而负盛名。香气成分主要根据半发酵氧化轻重程度而不同,如发酵较轻的福建铁观音茶香气中检出了橙花叔醇、茉莉内酯和吲哚;而发酵较重的台湾乌龙茶未检出,但含有较多的沉香醇及其氧化物等。

4. 茉莉花茶香气的成分与特征

茉莉花茶的香气具有茉莉花茶香精油组成的特点,以乙酸苯甲酯最多,占总量的 40%~60%,其次是沉香醇及其衍生物,占 10%左右,还有约 6%的苯甲醇。

二、香气类型

（1）毫香型：白毫显，一芽一叶以上，制作正常，冲泡时散发出的香气。如银针茶，嫩度高的毛尖、毛峰茶有嫩香带毫香。

（2）嫩香型：嫩（一芽二叶初展），制作合理。如峨蕊，各类毛尖、毛峰茶。

（3）花香型：鲜叶（自身）经合理加工发出的类似鲜花的香气。花香是一个总称，如清花香型有兰花香、栀子花香、米兰花香、金银花香；甜花香型有玉兰花香、桂花香、玫瑰花香、墨红花香等。花茶因窨花种类不同而有各自的花香，如桐城、舒城小兰花，茉莉花茶等。

（4）果香型：茶叶中散发出类似水果的香气。如毛桃香、蜜桃香、雪梨香、佛手香、橘子香、李子香、菠萝香、桂圆香、苹果香等。

（5）清香型：鲜叶嫩度为一芽二三叶，制作及时正常。包括清香，清高，清纯，清正，清鲜等。清香是绿茶的典型香型，也是青茶（三青偏轻、火工不足）的香型。

（6）甜香型：鲜叶嫩度为一芽二三叶，红茶制法。包括清甜香，甜花香，干果香，橘子香，蜜糖香，桂圆香等。甜香是工夫红茶的典型香型。

（7）火香型：鲜叶较老，含梗较多，干燥火温高、充足，糖类焦糖化。包括米糕香，高火香，老火香，锅巴香等。如黄茶，武夷岩茶，古劳茶等。

（8）陈醇香型：原料较老，制作中有渥堆陈醇化过程。如六堡茶，普洱茶及多数压制茶。

（9）松烟香型：干燥工序中用松柏或枫球、黄藤等熏烟的茶叶。如小种红茶、六堡茶及黑毛茶等。

茶叶的香气除上面的不同类型外，还有品种香、季节香。一般来说，高山茶的香气高于坡地茶，坡地茶香高于平地茶，平地茶香高于洲地茶；施有机肥的茶香高于施化肥的茶；嫩茶香气高于粗老茶。至于制茶技术对茶叶的香气影响更大，如六大茶类就是六种不同的香型。

第三节　茶叶滋味

　　茶叶是饮料,其饮用价值主要体现在溶解于茶汤中对人体有益物质含量的多少及有味物质组成配比是否适合消费者的要求上。因此,茶汤滋味是组成茶叶品质的主要项目。

　　善于品茶的人,都讲究欣赏茶韵,特别是名茶的独特韵味。茶韵即各种茶的独特韵味或风韵。如安溪铁观音,有香高幽灵、蜜兰香的"音韵";武夷岩茶有岩骨花香的"岩韵";"凤凰单枞"有天然黄栀花香的"山韵";太平猴魁有味爽甘润的"猴韵";龙井茶的香气清鲜而持久,有滋味甘美醇厚的"风韵"。品味和鉴赏名茶的这些独特韵味,是一种美的享受。

一、茶叶滋味的物质组成

　　构成滋味的物质种类很多,如:刺激性涩味物质有多酚类,包括酯型儿茶素和黄酮类;苦味物质有咖啡碱、花青素、茶皂素;鲜爽味物质有游离氨基酸类及茶黄素、氨基酸、儿茶素与咖啡碱形成的络合物、可溶性的肽类和微量的核苷酸、琥珀酸等;甜味物质有可溶性糖类(果糖、葡萄糖、蔗糖、麦芽糖),部分氨基酸(甘氨酸、丙氨酸、丝氨酸)等;酸味物质有氨基酸、有机酸、抗坏血酸、没食子酸、茶黄素及茶黄酸等。

1. 绿茶滋味的物质组成

　　构成绿茶滋味的物质主要有苦涩味兼收敛性的多酚类;有鲜味的氨基酸类;有甜味的糖类;也有苦味的咖啡碱及有黏稠性的果胶物质等。绿茶滋味是各种成分相互配合、彼此协调后的综合反映。

2. 红茶滋味的物质组成

　　构成红茶滋味的物质主要有茶多酚的氧化产物茶黄素(TF)、茶红素(TR)、茶褐素(TB)及未氧化的保留多酚类物质。如红碎茶要求"浓、强、鲜",浓厚指水浸出物(TF、TR)含量高;强烈指儿茶素有一定的保留量且 TF 含量高;鲜爽指氨基酸、TF、咖啡碱的含量要高。工夫红茶特点是"醇厚鲜爽",即要求多酚保留量相对较少、TF 与

TR 含量的比例要适当。因此构成红茶滋味的各种物质的含量适当、比例适宜、组成协调,是形成红茶滋味良好味感的基础。

二、茶叶滋味类型

(1)浓烈型:先苦涩后浓不苦,富有收敛性,回味长,而爽口有甜感。如屯绿、婺绿等。

(2)浓强型:初入口有浓厚黏滞舌头感,后有较强刺激性。如红碎茶等。

(3)浓醇型:内含物质丰富,刺激性和收敛性较强,回味甜或甘爽。如工夫红茶,毛尖,毛峰,部分青茶等。

(4)浓厚(浓爽)型:内含物丰富,并有较强的刺激性和收敛性,回味甘爽。如舒绿,遂绿,石亭绿,凌云白毫,滇红,武夷岩茶等。

(5)鲜浓型:味鲜而浓、回味爽快。如黄山毛峰,茗眉等。

(6)鲜醇型:味鲜而醇、回味鲜爽。如太平猴魁、紫笋茶、高级烘青,大白茶,小白茶,高级祁红、宜红等。

(7)鲜淡型:茶汤入口鲜嫩舒服,味较淡。如君山银针,蒙顶黄芽等。

(8)清鲜型:有清香味,鲜爽感。如蒙顶甘露、碧螺春、雨花茶、都匀毛尖、白琳工夫、各种银针茶等。

(9)醇厚型:鲜叶质地好、较嫩,制工正常的绿茶、红茶、青茶均有此味型。如火青、高桥银峰、古丈毛尖、庐山云雾,乌龙、色种、铁观音,川红、祁红及部分闽红等。

(10)醇爽型:味不浓不淡、不苦不涩、回味爽口。如黄芽,中上级工夫红茶等。

(11)醇和型:不苦涩而有厚感,回味平和较弱。如湘尖,六堡茶,中级工夫红茶等。

(12)甜醇型(包括醇甜、甜和、甜爽):味感甜醇。如安化松针、恩施玉露、白茶及小叶种工夫红茶等。

(13)陈醇型:鲜叶尚嫩、制作经发水闷堆陈醇化过程。如六堡茶,普洱茶等。

(14)平和型:叶较老或一半以上老化。有红茶类、绿茶类、青茶类、黄茶类的中下档茶,黑茶类的中档茶等。

(15)熟闷味:味熟、软、低闷不快,犹如青菜煮黄。

(16)平淡:味清淡,但正常,无杂异粗老味。

(17)软弱:味淡薄、软,无活力。

(18)水味:味清淡不纯、软弱无力,犹如掺水甚多之黄酒。

(19)粗淡:味淡薄滞钝,喉味粗糙。

(20)苦涩(青涩):味虽浓但不鲜不纯,茶汤入口,味觉麻木,如食生柿。

第四节 茶 叶 形 状

我国茶类多,品种花色丰富多彩,茶叶形状绚丽多姿,既可品饮,又可欣赏。叶底形状种类也较多,有似花朵形,有似竹笋林立,有似旗枪扁剑,用玻璃杯冲泡高级名茶,会让你融入茶香意境,享受第一印象的愉悦。

一、干茶叶形状类型

(1)条形:条形茶的长度比宽度大许多倍,有的外表圆浑,有的外表有棱角较毛糙,茶条均紧结有锋苗。此类茶极多,如炒青、烘青、晒青、毛尖、毛峰,红毛茶、工夫红茶、小种红茶,黑毛茶、湘尖、六堡茶,水仙(青茶)等。

(2)卷曲形:条索紧细卷曲,制茶有搓团提毫工序,白毫显露。如碧螺春、高桥银峰、都匀毛尖、蒙顶甘露、婺源茗眉等。

(3)圆珠形:有圆珠形,珠茶——颗粒细紧滚圆,形似珍珠;腰圆形,巢父有机茶、火青——颗粒如腰圆形的绿豆;盘花形,临海蟠毫——外形壮结盘花呈颗粒形;拳圆形,贡熙——外形颗粒近似珠茶,圆结匀整,断面明显。

(4)螺钉形:茶条顶端扭曲成圆块状或豆芽形,枝叶基部翘起如螺钉状。如闽南青茶、铁观音、色种等。顶端部分扭曲似蜻蜓头的有闽北青茶、武夷岩茶。

(5)扁形:有扁形,黄花云尖、东至云尖、白云春毫、天柱剑毫、杨棚福茶——茶条扁直,叶抱芽、自然收体或理条机稍加压;扁片形,龙井、旗枪——扁平光滑挺直尖削;扁条形,大方——扁而平直,有较多棱角。

(6) 针形:茶条紧圆挺直两头尖似针状。有银针形,肥实芽头制成,白毫满布。如白毫银针(白茶),君山银针(黄茶),蒙顶石花、盘王银芽(绿茶)等;松针形,条细紧圆直、白毫显露、形似松针。如安化松针、南京雨花茶等,恩施玉露(蒸青),日本的玉露茶(蒸青)。

(7) 花朵形:芽叶相连似花朵。如白牡丹,小兰花,沩山毛尖等。

(8) 尖形:干茶两叶抱芽呈自然伸展,不弯、不翘、不散开,两头略尖。如太平猴魁,泾县特尖。

(9) 束形:经理顺,用丝线捆扎成不同形状,烘干的茶。如菊花茶,绿牡丹,龙须茶,三朵梅等。

(10) 颗粒形:紧卷成颗、略具棱角的茶。如绿碎茶、红碎茶中的 F. B. O. P.、B. O. P.、B. P. 等。

(11) 屑片形:形状皱褶、似木耳,质地稍轻。如 F. B. O. P. F.、P. F.、O. F. 等。

(12) 晶形:茶叶经浸提、过滤、浓缩、冷冻或喷雾干燥制成各种不定形的晶状物。如速溶茶。

(13) 片形:分整片形,六安瓜片——叶缘略向叶背翻卷形似"瓜子";碎片形,如秀眉、三角片。

(14) 粉末形:凡体形小于 34 目的末茶。如花香、红碎茶中的末茶,超微茶粉,日本的抹茶等。

(15) 雀舌形:鲜叶为一芽一叶初展,干茶形似雀嘴。如特级黄山毛峰,敬亭绿雪,顾渚紫笋等。

(16) 环钩形:条索紧细弯曲呈环状或钩状。如歙县银钩,鹿苑毛尖,桂东玲珑茶,广济寺毛尖,碣滩茶等。

(17) 团块形:毛茶复制后经蒸炒压造呈团块形状的茶。按成型工序压造方法分为四种。

① 机压:黑砖,花砖,茯砖,老青砖,米砖等;

② 锤压(锤棒筑造):金尖(枕形),康砖,芽细;

③ 杠杆和(饼压造):紧茶(砖形),普洱茶(方形),沱茶(碗

形)等；

④ 重踩：方包茶(方包形)和六堡茶。

二、叶底形状类型

(1) 芽形：由单芽组成的叶底。如君山银针、白毫银针、米茶、蒙顶石花等。

(2) 雀舌形：如雀嘴张开，芽梢基部茎叶相连。一芽一叶初展，如特级黄山毛峰，莫干黄芽，敬亭绿雪等。

(3) 花朵形：芽叶完整，冲泡自然展开似花朵。一芽二叶，如火青，猴魁，白牡丹，绿牡丹，小兰花，各种毛尖，毛峰等。

(4) 整叶形：由芽叶或单叶制成，完整无缺。如炒青，烘青，红毛茶及六安瓜片等。

(5) 半叶形：条形茶经精制筛切整形后的精制茶的叶底，多呈半叶形状。如工夫红茶，眉茶，雨茶等。

(6) 碎叶形：经揉切破碎工序制成的毛茶或精制茶的叶底。如红碎茶的碎、片形茶，绿碎茶等。

(7) 末形：干茶体形小于 34 目的末茶。如红碎茶的末茶，日本的抹茶等。

第八章　茶 与 精 神

中国饮茶历史悠久,昌盛不衰,沉积着丰富的茶文化知识。常言道"茶思益,酒壮胆",饮茶给人以兴奋和精神,乐而不乱,嗜而敬之,有条不紊,使人在冷静中反思现实,在深思中产生联想。饮茶益思,提神醒脑,陶冶情操,净化心灵。现就茶与健康、科学饮茶、饮茶风俗、茶与文化作一简介。

第一节　茶 与 健 康

茶叶之所以受人欢迎,除了它是一种好饮料外,还因为它对人体能起一定的保健和治疗的作用。正如宋代诗人苏轼所云:"何须魏帝一丸药,且尽卢仝七碗茶。"卢仝是酷爱喝茶的唐代文人,苏轼认为经常饮茶能胜过服药。古人认为茶是养生之仙药,延年之妙术。所以,民间提倡多饮茶,少喝酒,不吸烟。鲁迅先生认为有好茶饮,饮好茶,实是一种清福。

近代科学已鉴定出茶叶中化学成分有500多种,其中有机化合物有450种以上,无机矿物营养元素不少于20种。经过现代生物化学和医学的研究,充分证明茶叶既有营养价值,又有药理作用,它与人们的健康关系十分密切,所有的有机饮料、无机饮料或人工合成的功能性饮料都是无法替代茶饮料的。

一、史记茶效

翻开茶叶史料,有关饮茶与健康的记载很多。这些记载往往把茶叶的效用描绘得十分神妙。其中有的经过验证,确有科学根据,有的还是值得研究的问题。

《神农食经》说:"茶茗久服,令人有力悦志。"东汉著名医学家华佗所著的《食论》说:"苦茶久食益意思。"晋代张华《博物志》说:"饮真茶，令人少眠。"梁代陶弘景《杂录》说："苦茶轻身换骨。"唐代陆羽《茶经》说："茶之为用，味至寒，为饮最宜。精行俭德之人，若热渴、凝闷、脑疼、目涩、四肢烦、百节不舒，聊四五啜，与醍醐甘露抗衡也。"唐代刘贞亮概括饮茶好处为"十德"，即：以茶散郁气，以茶驱睡气，以茶养生气，以茶除病气，以茶利礼仁，以茶表敬意，以茶尝滋味，以茶养身体，以茶可行道，以茶可雅志。他不仅把茶作为养生之术，而且作为修身之道了。唐代顾况在《茶赋》中说："滋饭蔬之精素，攻肉食之膻腻，发当暑之清吟，涤通宵之昏寐。"说明饮茶有消食去腻，解暑驱睡的作用。唐朝陈藏器在《本草拾遗》中说："贵在茶也，上通天境，下资人伦，诸药为百病之药，茶为万病之药。"宋代吴淑《茶赋》中说："夫其涤烦疗渴，换骨轻身，茶荈之利，其功若神。"明代顾元庆《茶谱》中记载："人饮真茶能止渴，消食，除痰，少睡，利水道，明目，益思，除烦，去腻，人固不可一日无茶。"李时珍在《本草纲目》中说："茶苦而寒……最能降火。火为百病，火降则上清矣。""温饮则火因寒气而下降，热饮则茶借火气而升散，又兼解酒食之毒，使人神思闿爽，不昏不睡，此茶之功也。"闻龙《茶笺》说："用浓茶漱口可去烦腻，健胃，又可坚齿。"清代汪切庵《本草备要》说：茶能"解酒食、油腻、烧炙之毒，利大小便，多饮消脂。"

在我国西藏、青海、新疆、内蒙古、宁夏等省（区），把边销茶看得比粮食还重，一天至少饮四次茶。他们有"宁停三日饭，不停一日茶"的说法，这主要是因为那里地处高原，气候干燥寒冷。那里的牧民以奶、肉为主食，蔬菜很少。必须以喝茶助消化，去腥腻，鲜渴御寒，同时提供一些维生素。若不喝茶就胸闷心慌，肚胀厌食，浑身无力。所以《滴露缦录》中描写牧民必须喝茶时说："以其腥肉之食，非茶不消，青稞之热非茶不解。"

二、茶的药理功能

现代科学研究证明，茶对人体的药理功能，主要是茶叶含有各种化学成分的关系。在这些成分中，有的是一种成分起主要作用，有的是多种成分共同对人体起作用。茶叶中主要成分及其药理功能见表8.1。

表 8.1　茶叶中主要成分及其药理功能

成分	药　理　功　能
茶多酚及其氧化产物	1. 抗氧化作用(清除自由基的作用) 2. 对心血管疾病的影响 　(1) 调节血脂代谢,抗动脉粥样硬化 　(2) 抑制血小板聚集、抗凝和促纤溶 　(3) 预防心脑血管疾病 3. 抗变态反应和调节免疫功能作用 4. 防癌抗癌及抗突变作用 　(1) 对肝癌的抑制作用 　(2) 对皮肤肿瘤、癌的抑制作用 　(3) 对结肠直肠肿瘤的抑制作用 　(4) 对前列腺肿瘤的抑制作用 　(5) 对乳房肿瘤的抑制作用 　(6) 对胃癌的抑制作用 　(7) 对肺癌的抑制作用 　(8) 对口腔癌的抑制作用 　(9) 抗突变及抗畸变作用 5. 抗菌、抗病毒及杀菌作用 6. 消炎、解毒及抗过敏作用 7. 抗辐射作用
茶皂甙	1. 溶血和鱼毒作用 2. 抗菌活性 3. 抗炎与抗氧化作用 4. 抗高血压作用 5. 抑制酒精吸收和保护肠胃作用 6. 生物激素样作用 7. 杀虫、驱虫作用 8. 抑制和杀灭流感病毒作用 9. 防治血吸虫病作用 10. 防治植物病毒的制剂 11. 止咳、化痰作用

成分		药理功能
生物碱	咖啡碱	1. 对中枢神经系统的兴奋作用 2. 助消化、利尿作用 3. 强心解痉、松弛平滑肌作用 4. 抵抗酒精、烟碱、吗啡等的毒害作用 5. 对心血管、代谢、呼吸的影响
	茶叶碱	功能与咖啡碱相似,兴奋神经中枢较咖啡碱弱,强化血管和强心作用,利尿,弛缓平滑肌等比咖啡碱强
	可可碱	功能与咖啡碱、茶叶碱相似,兴奋神经中枢比前两者都弱,强心作用较茶叶碱弱,但较咖啡碱强,利尿作用比前两者都差,但持久性强
茶多糖		1. 降血糖功能 2. 抗凝血及抗血栓作用 3. 降血脂及抗动脉粥样硬化作用 4. 增强肌体免疫功能 5. 抗辐射效果 6. 降血压、抗高压和保护心血管的作用 7. 抗癌及抗氧化作用
氨基酸	茶氨酸	1. 降压功能 2. 颉颃由咖啡碱引起的副作用 3. 有抵抗入侵的细菌、病毒和真菌作用 4. 增强免疫系统中"ν-δT细胞"的反应,提高肌体抗病能力 5. 松弛效用
	γ-氨基丁酸	1. 是神经系统的传递物质,起到降血压作用 2. 调控视觉与听觉的中枢神经系统作用
芳香物质		1. 调节精神状态作用 2. 消炎镇痛 3. 刺激祛痰药物 4. 抗菌作用

成分		药 理 功 能
维生素	抗坏血酸	1. 增强肌体对外界传染性疾病的抵抗能力 2. 能促进代谢,防止血管硬化;防止眼睛白翳病 3. 防止肌肉弹性降低、水分减少和抑制肌肉黑色素生成 4. 消除口臭 5. 可治疗龋齿、脓溢、齿龈感染、贫血、营养不良、出血和其他感染病等
	A	1. 预防虹膜退化,增强视网膜的感光性,有"明目"作用 2. 维护听觉、生育等功能正常,保护皮肤、黏膜,促进生长等作用
	B_1	1. 维持神经、心脏及消化系统的正常机能 2. 治疗多发性神经炎、心脏活动失调和胃功能障碍
	B_2	1. 参与体内氧化还原反应 2. 治疗角膜炎、结膜炎、口角炎、舌炎、脂溢性皮炎
	B_3(烟酸)	1. 参与体内三大代谢 2. 治疗皮炎、毛发脱色、甲状腺病变等
	B_5(泛酸)	可扩张血管,防治癞皮症、消化道疾病、神经系统症状,维护胃肠的正常生理活动
	B_6	有调节神经系统功能症;防治失眠,脂溢性皮炎,小细胞性贫血,色素沉淀,舌炎,口腔炎等症
	B_{11}(叶酸)	1. 参与核苷酸的生物合成 2. 防治叶酸缺乏所导致细胞分裂和成熟的障碍、白血球缺乏症、巨细胞贫血、幼儿发育障碍、腹泻、健忘、失眠等症
	B_{12}	1. 治疗恶性贫血 2. B_{12}(微克量)及叶酸(毫克量)对核酸的合成起催化作用

三、饮茶与健康

1. 提神益思,增进效率

当你伏案疾书,头昏目眩,四肢疲倦之时,泡饮一杯浓茶,会顿觉神清气爽,倦怠渐消;当你长途奔波,汗流浃背,疲乏不堪之际,喝上一壶香茗,会感到暑气全消,身心俱爽。这就是饮茶能提神益思、消除疲劳的功效。作家、新闻工作者在写作时一般都需要能助文思的浓茶。夜间行车、驾机的驾驶员,临行前往往都要先喝一杯浓茶,促使精力集中,保证安全。夜班工人、医师、护士,为提高工效,也常常饮用浓茶。在野外从事地质勘探的人,长年工作在荒野僻壤,出没于崇山峻岭,茶叶是不可缺的饮料,特别是在环境恶劣、水质污浊的地方开展勘探工作,更需要喝一些浓茶,这对预防病菌感染,保护身体健康,都有一定作用。

饮茶能提神益思、消除疲劳,原因主要是茶叶中含有咖啡碱以及茶碱、可可碱等生物碱,其中咖啡碱占成茶干物质总重量的百分之四左右,咖啡碱是一种白色丝光针状的结晶体,被人体吸收以后,既能刺激中枢神经系统,清醒头脑,帮助思维,又能加快血液循环,活络筋肉,促进新陈代谢,使人解除疲劳。在临床上,用它治疗伤风头痛,疗效显著,而且没有副作用。同时,咖啡碱还有扩张血管、松弛冠状动脉的作用,在治疗心绞痛和心肌梗死等症时,又可作为一种辅助剂。

茶叶中的咖啡碱还不同于普通纯咖啡碱。纯咖啡碱对胃有刺激性,而茶叶中的咖啡碱被茶汤里的其他物质所中和,形成一种络合物。这种络合物在胃内酸性条件下,失去了咖啡碱原有的活性,但当络合物进入小肠的非酸性环境时,咖啡碱又能还原释放出来被血液吸收,从而发挥它的功能,起克服疲劳的刺激作用。试验证明,饮茶不会引起胃酸和肠胃液的增加,因此饮茶既能提神,又能"和胃"。

2. 止渴生津,消食除腻

在高温环境下,肌体热负荷增加,代谢加快,能量消耗增多,易产生疲劳;由于肌体散热主要依赖出汗功能,大量出汗或代谢受阻,易致水电平衡紊乱。而饮茶首先能补充肌体失去的水分,调节新陈代谢,维护心脏、胃肠、肝肾等脏器的体液平衡。其次,茶叶中富含多种维生素、矿物质、微量元素、氨基酸等活性物质,可以补充出汗丢失的营养成分,维持高代谢状态的生理功能。茶叶中维生素 C 含量最高,尤其是优质绿茶,含量大多在 200mg/100g 之上,按成人每天维生素 C 需要量 60mg 计算,一个人在正常饮食情况下,每天饮茶 3～4 杯,即可满足生理需要量。维生素 B_2 膳食中最易缺乏,而茶叶中含量却相当丰富,比大米、瓜果高 20 倍。茶叶中的矿物质有 40 余种,其中钾的含量最高,达 1.5％～2.5％,与海产品——海带、紫菜的含量大致相当。成人每天饮 5 杯茶,所摄取的锰、钾、锌量,相当于人体需要量的 45％、25％、10％。再者,茶叶含有咖啡碱、茶碱、可可碱等物质,是一种优良的碱性饮料,可中和血液中大量的酸性代谢产物,解除疲劳,维持血液的正常酸碱平衡。还有人做过饮茶能降低体温和提高肌体热耐力的实验:饮热茶 9 分钟,皮温下降 1℃～2℃,使人感到凉爽,而喝冷饮者皮温反而下降不明显。动物实验表明,茶叶能显著提高小鼠的缺氧耐受力,能显著提高小鼠游泳的耐疲劳能力。茶叶提取液有显著提高果蝇热耐力的作用。

在丰餐盛宴以后,泡饮一杯浓茶是防止油腻积滞的最好办法。茶叶中的生物碱,可促进胃液的分泌和食物的消化;茶汤中的肌醇、叶酸、泛酸等维生素物质,以及蛋氨酸、半胱氨酸、卵磷脂、胆碱等多种化合物,都有调节脂肪代谢的功能;茶皂素具有分解脂肪的功能。有人进行了动物实验:甲、乙两组白鼠基本饲料相同,甲组餐后供 10mL 茶汤,乙组餐后不供茶汤,结果甲组白鼠粪便中所含的脂肪较乙组少三分之二,这说明茶有促进脂肪消化的作用。

此外,茶叶中的芳香物质也有溶解脂肪、帮助消化和消除口中腥膻的作用。特别是新茶热饮比陈茶冷饮效果更好。还有人证实,茶叶有中和因偏食蛋白或脂肪引起的酸性中毒功能。所以,一些以肉类、乳酪为主食的少数民族,都把茶叶视为生活必需品。

3. 杀菌消炎、利尿解毒

茶叶中的多酚类物质,能使蛋白质凝固沉淀。茶多酚与单细胞的细菌结合,能凝固蛋白质,使细菌失去活性被排出体外。因此,民间常用浓茶汤治疗细菌性痢疾,或用茶末敷涂伤口,消炎解毒,促使伤口愈合。现在有以茶叶为原料制成治疗痢疾、感冒的成药,效果显著,且无副作用。据 1923 年《贸易杂志》报道美国陆军军医总监 J·G·McNanght 说:"伤害病菌在纯粹培养中放入茶汤内,经 4 小时,能减少其数量,20 小时,在冷茶中再无发现。"

茶多酚还能使铝、锌等金属和生物碱等有毒物质分解沉淀。不良的水质,可借茶凝固水中的悬浮物,使它沉淀下来,并使其中的有毒物质分解,失去毒性,得到净化。

俗话说,饮酒往往是"礼始,乱终",而饮茶则能"礼始,礼终"。茶还有醒酒戒烟的效用。当滥饮烈性酒以后,由于酒精毒害了神经系统,会感到浑身酥软无力,甚至恶心呕吐,神志昏迷,这时如果喝几杯浓茶,借茶中的多酚类和咖啡碱中和酒精,提高人的肝脏对物质的代谢能力,可刺激肾脏使酒精从小便中迅速排出。有人做过这样的实验:让一些实验者在一家大餐馆里饮食佳肴,痛饮美酒;五天以后,让他们再参加盛宴,但以饮茶终席。前后两次抽血检验证明,他们后一次排泄酒精的速度比第一次快两倍。同样道理,烟草中的尼古丁是一种具有毒性的生物碱,人们连续吸烟,尼古丁随着烟雾进入体内,当含量达到一定程度时,便产生中毒现象:头晕脑涨,心神不安,胃胀厌食,全身不适。这时如饮用浓茶,就可依赖茶多酚,茶咖啡碱的抑制作用而得以解除。据程书钧研究表明,茶多酚可明显抑制香烟凝集物诱导的细胞突变和染色体的损伤,其抑制作用比维生素 C、维生素 E 及 β-胡萝卜素更强。生活中,有的人往往一边吸烟一边喝浓茶,而不易产生中毒现象,原因就在于此。当然,吸烟确实会影响身体健康,还是以不吸为好。近来有人试验,茶叶还有戒烟作用,目前市场上供应的戒烟茶、戒烟糖,就是以茶叶为主要原料,经过特殊工艺制成的。

4. 补充营养,增强体质

茶叶中含有成百上千种化合物,大致可分为蛋白质、茶多酚、生物碱、氨基酸、碳水化合物、矿物质、维生素、色素、脂肪和芳香物质等。其中健康功能最重要、含量也很高的成分是茶多酚。与其他植物相比,茶树中含量较高的成分有咖啡碱,钾、氟、铝等,以及维生素 C 和 E。茶叶中的氨基酸就有 20 多种。这些成分形成了茶叶的色、香、味,并具有营养和保健作用。尤其是茶叶中含有多种维生素和矿物质,都是人体不可缺少的营养物质。如维生素 C,既是人体不能合成的物质,又是生成结缔组织的必要成分,它能维持牙齿、骨骼、血管、肌肉的正常生理机能,促进外伤愈合。人体若缺少维生素 C,就会患坏血病,或者齿龈流血,毛细血管脆弱,皮下出血等。绿茶维生素 C 最多,含量达 200mg/100g 以上,可与柠檬、菠菜媲美。饮用茶粉可以补充人日常生活需要的膳食纤维;维生素 P 与维生素 C 有重要的协同作用,可减少脑溢血发生的概率;维生素 B_1 能帮助血细胞生长;维生素 B_2 对防治角膜炎、肺炎等都有一定的作用。因此,经常饮茶可相当程度上满足人体对多种维生素的需要。

茶叶中含有丰富的矿物质,特别是其他食物中少有的微量元素,如铜、氟、锌、钼等。锌元素属于许多酶类必需的微量元素,人们称之为"生命之花",锌在茶叶中的含量为$(20～65)mg/kg$;如缺铜就会发生全身软弱、呼吸减慢、皮肤溃疡;缺钼会发生早期衰老等。茶叶中的氟含量为$(21.0～550)mg/kg$,比粮食高 $114～571$ 倍。我国大部分地区是低氟区,补充含氟食物,对儿童常见病龋齿及老年常见病骨质疏松症的防治是十分有利的。因此,饮茶不但能补充人体的营养,而且增强国民体质。

5. 减肥健美、强心防病

众所周知,喝茶有减肥的功效。唐代的陈藏器所著《本草拾遗》记载:茶"久食令人瘦,去人脂"。经动物试验,绿茶中的儿茶素、咖啡碱、茶氨酸、茶皂素、纤维素等成分,都有不同地降低体内脂肪和胆固醇的作用,其中,茶氨酸能降低腹腔脂肪,以及血液和肝脏中的脂肪及胆固醇浓度;茶皂素通过阻碍脂肪酶的活性,减少肠道对食物中脂肪的吸收,从而达到减肥的作用;纤维素本身几乎没有热量,大量摄入能使食物在肠道内停留的时间缩短,减少肠道的再吸收,以达到减肥作用。纤维素等可使胃肠蠕动加快,使排泄物迅速排出体外,减少肠壁对代谢废物或毒物的吸收,保持血液清洁,从而起到减肥健美的效果。最近日本推出"特保"绿茶产品,在茶饮料中增加茶多酚,连续饮用 12 周,肥胖指数 BMI 可以大幅减小。

咖啡碱可以引起血管收缩、扩张、心动幅度、心率增高,血流量也增加,起着兴奋心肌的作用。茶叶中的 γ-氨基丁酸,经人的临床试验表明,高血压患者服用后,血压量显著下降。其机理是抑制体内引起血压上升的酶的活性,同时促进体内盐分的排泄。体内盐分过多不但会引起血压上升,同时使肾脏肥大,因此 γ-氨基丁酸还有保护肾脏、改善肾功能的作用。1987 年日本农林水产省开发的 GABARON 茶是一个非常成功的例子,现在,这种富含 γ-氨基丁酸(简称 GABA)的降血压茶已经上市。茶多糖具有降血糖作用,其机理不是促进胰岛素的分泌,而是增强胰岛素的功能。一般来说,粗老茶中的茶多糖比嫩茶的含量高;用低于 50℃ 的温水泡茶,茶汤中茶多糖含量较高,茶多糖与促进胰岛素分泌药物一起作用,能增强药物的降血糖效果。由于茶中含有降"三高"的功能成分,所以茶叶是强心防病的健身饮料。

6. 壮骨固齿,抗辐防突

氟是人体必需的微量元素,氟化物在骨骼与牙齿的形成中有重要作用。缺氟会使钙、磷的利用受影响,从而导致骨质疏松。有许多国家和地区,如美国、澳大利亚、爱尔兰、日本等在自来水中加氟,以增加氟的摄取量。而茶树是一种富含氟的植物,其氟含量比一般植物高十倍至几百倍,用饮茶的方法完全可以替代在自来水中添加氟的做法。锰参与骨骼形成和其他结缔组织的生长、凝血,并作为多种酶的激活剂参与人体细胞代谢。缺锰会使人体骨骼弯曲,并容易患心血管病。茶叶是集锰植物,一般低含量也在 30mg/100g,比水果、蔬菜约高 50 倍,老叶中含量更高,可达 400mg/100g。茶汤中锰的浸出率为 35% 左右,连茶渣都吃掉效果更好。由于茶叶富含微量元素氟、锰等,饮茶对人的壮骨固齿具有重要的作用。

日本《茶》1965 年第 9 期:据东京大学的两名研究人员的报道,在广岛原子弹爆炸事件中,凡有长期饮茶习惯的人存活率高,而且在爆炸后感觉良好。前苏联乌克兰科学院进行小鼠的辐射试验,一组喂饲茶多酚类化合物浓缩物,一组不喂,结果不喂的全部死亡,而喂的大部分存活。辐射会引起血液中白细胞减少,免疫力下降,从而引发多种疾病。在运动试验中,发现服用茶多酚可减缓辐射引起的免疫细胞的损伤,促进受损免疫细胞和白细胞的恢复,防治骨髓细胞的辐射损伤。因此认为茶可以减轻辐射的伤害。在现代日常生活中,移动电话、计算机、电视等使人处于长时间低剂量的电磁辐射之中,需要经常注意抗辐射,而饮茶则是非常简便有效的方法。

由于环境污染的加剧,饮食的变化,运动量的减少等多种原因,癌症患者逐年增加,据统计,我国每年新发癌症病例 160 万至 200 万并以 3% 的速度递增且呈年轻化趋势。癌症的发生过程为:生物体内的某一个细胞受环境影响,其基因发生突然变异引起细胞膜和细胞质的变化,变成癌细胞后快速分裂增殖,最后发展为癌组织。国内外大量的研究证实,茶叶中的茶多酚不仅可抑制多种物理(辐射、高温等)、化学(致癌物)因素所诱导的突变(抗突变作用),而且还可抑制癌组织的增生(抗癌作用)。茶多酚的抗癌机理:① 抑制基因突变;② 抑制癌细胞增殖;③ 诱导癌细胞的凋亡;④ 阻止癌细胞的转移。在抗突变动物试验中,茶多酚对多种致癌物质,如对香烟中的致癌物质、亚硝基化合物以及紫外线、γ 射线照射引起的基因突变有抑制作用,其中 EGCG 的作用最强。

7. 坚持饮茶,延年益寿

长寿,是千百年来人们梦寐以求的美好愿望。正如东汉乐府诗"生年不满百,常怀千岁忧"的诗句,反映了人们对长寿的憧憬。茶,得阳春之道,占万木之魁,是人们的养生佳品和保健良药。在祖国医学中,茶一直被视为延年益寿的饮品。古人把 108 岁称为茶寿年龄,这已和现代研究认为人的自然年龄 110~130 岁非常接近。这就是说,茶能使人长寿到几乎可以达到人的最高寿命。

人在正常的生命活动中,体内代谢会不断产生有害的自由基,受生理(如疾病)或外界因素(如辐射)等影响,自由基代谢失去平衡,过量的自由基就可以诱发体内不饱和脂肪酸氧化产生过氧化脂质,引起蛋白质的氧化聚合。自由基的产生和积累,会削弱和破坏细胞的正常功能乃至组织坏死,影响体内的正常代谢,从而引发疾病和肌体的衰老(如老年斑、白内障、皱纹等)。目前已知上百种疾病罪魁祸首都是自由基,而抗氧化剂能清除自由基,阻止自由基的氧化反应,起到保护肌体的作用。

茶叶中含有的茶多酚、维生素 C、维生素 E、类胡萝卜素、硒等有效成分,均具有抗氧化作用。而茶多酚是一类含有多酚羟基的化学物质,极易与自由基反应,提供质子和电子使其失去反应活性,故具有显著的抗氧化特性。在抑制油脂氧化的试验中发现,茶多酚在 $10\mu g/mL$ 的低浓度时,就和 $200\mu g/mL$ 的维生素 E 有相同的抗氧化能力,在 $20\mu g/mL$ 时其抗氧化能力比 $50\mu g/mL$ BHA 强。可见茶多酚的抗氧化能力远远超过以前熟知的抗氧化剂 BHA 和维生素 E。在相同浓度时,各个儿茶素的抗氧化能力为 EGCG＞ECG＞EC。最近研究发现,绿茶中有一种叫做绿茶酚(EGCG)的物质,能防止癌细胞与二氢叶酸还原酶(DHFR)结合生长。茶多酚可以多种途径阻止肌体受氧化:① 清除自由基;② 络合金属离子;③ 抑制氧化酶的活性;④ 提高抗氧化活性;⑤ 与其他抗氧化剂协同增效作用;⑥ 维持体内抗氧化剂浓度。由于茶多酚的抗氧化作用,现已作为天然抗氧化剂(GB12493－90)广泛应用于食品等领域;同时应用于抗衰老、美容、预防疾病等方面,对人体的保健起着积极的作用。

茶多糖有增强肌体免疫功能的作用。脾脏是重要的肌体免疫器官,抗原常经脾脏巨噬细胞处理后经 T 细胞发动特异性免疫。胸腺是细胞发育和建立细胞免疫的重要器官。经每天连续口服 25mg/kg 茶多糖 14 天后的小鼠试验:脾脏指数、胸腺指数分别增加了 5.0％和 5.2％。另外,据王丁刚等报道,给小鼠皮下注射茶多糖,7 天后静脉注射 2％的碳素墨水,剂量为 0.1mg/kg,2 分钟和 5 分钟取血观测小鼠碳粒廓清情况。结果表明:茶多糖剂量为 25mg/kg 和 50mg/kg 时,小鼠碳粒廓清速率分别增加 60％和 83％,达到极显著水平。试验进一步证实,茶多糖能促进单核巨噬细胞系统吞噬功能,增强肌体自我保护能力。

据《美国科学院》2003 年 6 月期刊报道:"茶氨酸"化学物质可使人体抵御感染的能力增强 5 倍。美哈佛大学医学院的杰克·布科夫斯基博士认为:茶氨酸在人体肝脏内分泌为乙胺,而乙胺又能调动名为"伽马-德耳塔 T 形细胞"的人体血液免疫细胞作出抵御外界侵害的反应。

目前已探明茶中具有保健作用的活性成分,主要是茶多酚、咖啡碱、茶氨酸、茶多糖以及维生素类和各种矿物质元素等。国内外医学家、药学家、营养学家及茶叶专家通过大量试验验证了我国历史中药书上所记载的茶叶功效,而且茶叶中各种有效成分对人体的保健作用正在不断地挖掘及拓宽中。

第二节　合理饮茶

所谓合理饮茶,就是最有效地发挥茶叶的色香味被人们所利用和吸收的过程。为此饮茶因人的体质和茶类不同而异,不仅要适时适量,而且还要冲泡得法。

一、因人而异、择选茶类

1. 饮茶与人的体质

早在明朝李时珍《本草纲目》中就有记载:"茶苦而寒,阴中之阴,沉之降也,最能降火。火有虚实,若少壮胃健之人,心脏脾胃之火多盛,故与茶相宜。若虚寒及血弱之人,饮之既久,则脾胃恶寒,元气暗损。"古人认为,茶能降火,内火大的人,与茶相适;血弱之人,不宜久饮。茶叶中的多酚类等会与空腹状态下的胃酸及消化道的黏膜发生作用,有碍胃的分泌功能,所以消化系统患者,不要在空腹时喝茶,尤其是不喝浓茶和刚采制不足一周的新茶,以免加重胃的负担。一般缺铁性贫血患者及孕妇,也不宜喝浓茶及多酚类、咖啡碱含量高的名优茶及大叶种的高档茶,易引起缺铁性贫血症状的加剧和孕妇的正常体能。因此,饮茶必须因人的需求而异。

2. 饮茶与茶类

茶类不同,有效化学成分随制法不同而有很大变化,所起的作用也不同。我国茶类品种多,选择时有条件的可依时季不同而异,当然还要根据个人的嗜好。就茶叶的品质而言,绿茶、黄茶、青茶、黑茶、白茶、红茶、花茶等茶的色香味各不相同;就产品质量或价格而言,都有高、中、低档的区别;就饮茶对人体产生热量而言,与茶的加工方法有很大关系。青茶或红茶在制造过程中,以受热或火热为主导,引起内质变化,生产热性的物质,即红茶作热,青茶作暖。绿茶虽然亦经过炒热或烘热,但主要的内含物变化不大;白茶是晾干而不吸热的制成品,茶汤中的火热也少,所以绿茶是寒性的,白茶是冷性的。花茶的原料是绿茶,但在窨花过程中受到物理和化学的湿热作用,花茶是暖性饮料。因此,一般认为:春饮花茶、夏饮绿茶或白茶、秋饮青茶、冬饮红茶;黄茶暖胃;黑茶凉性,温和。应依据个人的生理需求和生活习惯择选,做到合理饮茶。

二、泡茶得当、香味自发

泡茶时,应根据不同茶类的特点,掌握和调整茶叶的用量、开水的温度、冲泡的时间。

1. 茶叶的用量

即茶与水的比例,应根据不同茶类、不同茶叶等级而定。就一般茶类而言,细嫩的茶叶,用量要多一些;较粗的茶叶,用量可少一些(即通常所说:细茶粗喝、粗茶细喝)。

普通绿茶、红茶以 1g 茶叶,第一泡冲开水 50～60mL 为宜。一次性的纸杯容量 200mL 左右,每杯投入干茶 3～4g。视茶而言,如毛峰茶可放多一些,炒青茶可放少一些。对比重大的茶,如信阳毛尖、南京雨花茶、珠茶和火青茶等,外形紧结,可采用"洗茶",即将茶叶先放少量的开水湿润后立即倒掉,再冲入开水泡茶。既能清洗茶叶表层氧化物,又能除去茶末和黄片及悬浮物。

青茶习惯浓饮,注重品味闻香,汤少味浓,用茶量增加,通常比普通绿、红的用量增加一倍以上。一般 5g 茶叶,第一泡冲开水 100～150mL。也有以茶叶与小茶壶的比例来确定用量的,通常茶叶体积占茶壶体积的一半,甚至占三分之二。

普洱茶用量较多,采取壶泡,通常以 10g 左右干茶投入壶中,冲入开水 500mL。

2. 开水的温度

泡茶的开水,一般采取现沸现泡。通常以刚刚达到 100℃ 的开水泡茶较为适宜。高级、细嫩的名优绿茶,其芽叶细嫩,开水的温度掌握在 80℃ 左右较好,即开水沸后,使之稍凉再泡茶。冲泡细嫩绿茶和名茶时,茶杯不必严盖杯盖,以免产生熟闷气,影响茶汤的鲜爽度。

乌龙茶以现沸的开水冲泡为佳,冲泡后立即加盖,以发香味。

一般红茶、绿茶、花茶、白茶、普洱茶等,均以沸水现泡为好。

3. 冲泡时间

茶叶冲泡时间,因茶类和茶的老嫩不同而不同。乌龙茶泡一分多钟,即可揭盖闻香品味。普通红茶、绿茶、花茶、白茶,以冲泡三分钟为宜。普洱茶冲泡的时间,则要五分钟左右。绿茶的陈茶冲泡的时间比新茶要短些,效果更好。

凡是茶叶皆宜趁热品饮,才能领略其色香味的真谛。

三、饮茶适量、恰到好处

饮茶量的多少决定于饮茶习惯、年龄、健康状况、生活环境、风俗等因素。一般健康的成年人,平时又有饮茶习惯的,一日饮茶 12g 左右,分 3～4 次冲泡是适宜的。对于体力劳动量大、消耗多、进食量也大的人,尤其是高温环境、接触毒害物质较多工种(如炊事员、喷漆等)的人,一日饮茶 20g 左右是适宜的。食油腻食物较多、烟酒量大的人也可适当增加茶叶用量。孕妇和儿童、神经衰弱者、心动过速者,饮茶量应适当减少。

从人的生理来说,早起空腹饮茶,会冲淡胃液,妨碍消化,弊多利少。可结合吃早点饮茶,也别有风趣。饭后适时(半小时后)饮茶,有助于消化,可减轻食后不适。特别是在午后饮茶使头脑清醒,有利于工作和学习。

从一杯茶冲泡次数来说,不宜冲泡次数过多。除少数特种茶外,一杯茶经 3 次冲泡后,90％以上可溶于水的营养成分和药效物质已被浸出。第 4 次冲泡时,基本上已无什么可利用的物质了。如果继续过量冲泡,那么,茶汤里没有茶汁、茶味,不如喝白开水。因此,合理饮茶,适量适时,冲泡适度,恰到好处为宜。

四、多饮淡茶、少饮浓茶

所谓淡茶是指茶水比例适中,现泡现饮,口感清爽、舒适。淡茶中的有益物质比例协调,一杯茶中的水浸出物,逐次浸出,多饮淡茶有利于人体的吸收与利用。

浓茶一般是指泡茶用量超过常量(一杯茶 4～5g)的茶汤,或是泡浸时间过长而变浓浊的茶汤。由于浓茶中茶多酚、咖啡碱的含量很高,刺激性过于强烈,倒吸收胃液和体液,会使人体的新陈代谢功能失调。浓茶对不少人是不适宜的,如夜间饮浓茶,易引起失眠。心跳过速、胃溃疡、神经衰弱、身体虚弱、胃寒者都不宜饮浓茶,否则会使病症加剧。空腹更不宜喝浓茶,否则常会引起胃部不适,有时甚至产生心悸、恶心等不适症状,发生"茶醉"。若出现"茶醉"后,可以吃一两颗糖果,喝点开水就可缓解。因此,正常人饮淡茶,少饮或不饮浓茶是有利于身体健康的。

但是浓茶也并非一概不可饮,一定浓度的浓茶有清热解毒、润肺化痰、强心利尿、醒酒消食等功效。因此遇有湿热症和吸烟的人,浓茶可清热解毒。吃了过多肉食、油腻过重的人,浓茶有助于消食去腻。口腔发炎、咽喉肿疼的人,饮浓茶有消炎杀菌作用。

五、现泡现饮、原汁原味

1. 现泡即饮

茶叶中含有大量的有机物质,又是鲜质商品,若保管不当,就会使茶叶失风、陈化、霉变。茶叶冲泡后,浸泡在茶汤中的多酚类物质极易被空气氧化,维生素 C 和黄酮类等物质很不稳定,同时受到光和热的影响,发生变化。茶叶是有机物,具有时效性。若浸泡过时,化学成分起了变化,微量元素也被浸泡出来,不仅色香味都会变质,而且不利于健康的物质,如铜、铬、镉等,会累积超过卫生标准。因此,各类茶叶现泡现饮还是比较科学的。

2. 隔夜茶的是非

隔夜茶也称过夜茶。过夜茶有两种不同概念:一是白天泡茶随即倒出茶汤放置过夜,第二天早上才饮的;二是白天泡茶,茶汤和茶叶不倒出一同过夜,明天早上才饮的。两种过夜茶本质上有所区别,前者只是茶汤质量有了变化,色泽变深暗、香气散失、滋味淡薄;后者除具前者茶汤特征外,叶底中不该浸出的物质也被泡了出来,效果比前者更差。

过去曾有一种说法,认为隔夜茶喝不得,喝了容易得癌症,理由是隔夜茶含有二级胺,可以转变成致癌物亚硝胺。其实这种说法是没有科学根据的,因为二级胺广泛存在于多种食物中,尤以腌腊制品中含量最多,就拿面包来看,通常含有 2mg/kg 的二级胺,如以面包主食为例,每天从面包中食进的二级胺就有 1~1.5mg。而人们通过饮茶,从茶叶中食进的二级胺只有主食面包的 2.5%,可见是微不足道的。况且,二级胺本身并不是致癌物,必须有硝酸盐存在才能形成亚硝胺并达到一定数量才能致癌。饮茶可以从茶叶中获得较多的茶多酚和维生素 C,它们都能有效地阻止人体内亚硝胺的合成,是亚硝胺的天然抑制剂。因此,饮隔夜茶是不会致癌的。

但是,从营养卫生的角度来说,茶汤暴露在空气中,放久了易滋生腐败性微生物,使茶汤发馊变质。另外茶汤放久了茶多酚、维生素 C 等营养成分,易氧化减少。因此,隔夜茶虽无害,但一般情况下还是随泡随饮为好。

市场上的罐装茶水饮料,主要是调味混合型的液态茶饮料,是添加了抗氧化剂并经过严格灭菌、密闭而制成的,与其他冷饮料一样,饮用是安全的。但即使是纯茶型的液态茶饮料,其色香味的品质也很难与现泡现饮的茶汤相比拟。

六、选择茶具、品艺鉴赏

有了好茶好水,还要好的茶具。选用雅观、优质的茶具,泡出良好的汤色和香味,是领略品茗情趣不可缺少的条件。

我国茶具一向丰富多彩,千姿百态,可以根据各地饮茶习惯、因茶制宜,灵活选用。如东北、华北一带,多数都用较大的瓷壶泡茶,然后斟入瓷盅饮用。江浙一带除宜兴多用紫砂壶外,一般习惯用有盖瓷杯直接泡饮。四川一带又往往喜用瓷制的"盖碗杯"(又称"三件套"),即上有盖下有托的小茶碗,广东、福建、台湾等地,习惯用器具精巧的小壶盅啜饮乌龙茶。总的来说,各类茶具中以瓷器、陶器最好,玻璃茶杯次之,搪瓷茶具较差。瓷器茶具,传热不快,保温适中,不会发生任何化学反应,泡茶能获得较好的色香味,而且一般造型美观,装饰精巧,具有艺术欣赏价值,但因不透明,茶叶冲泡后,有难以观赏的弱点;陶器茶具,造型雅致,色泽古朴,尤其是宜兴紫砂是陶中珍品,由于质地细密,吸水性能好,隔热性强。用来冲泡茶叶,香味特别醇郁,色泽格外澄洁,茶叶留在壶中,即使夏天隔夜也不发馊;用玻璃茶杯泡茶,能一目了然,若用高级名优绿茶,芽叶亭亭玉立,观之赏心悦目,别有风趣;搪瓷茶具泡茶较差,欣赏价值也比不上前述几类,但它经久耐用,仍为人们所乐用。可见各类茶具各有特点,选用茶具不能一概而论。以饮茶者来说,重于嗅香和品味的,宜选江西景德镇瓷器;重于欣赏名茶汤色形体的,宜用玻璃茶具;而在车间、工地饮茶的,选用搪瓷茶具为好。以茶类来说,普通红绿茶各种茶具均可选用;高级名优绿茶,以选用玻璃茶杯为好,便于观赏;各种花茶及乌龙茶,以选用有盖瓷制茶杯和陶制茶壶为好,可防止清香逸失。选用茶具,宜小不宜大,大则水多热量大,冲泡细嫩茶叶,容易烫熟,影响茶汤香味。现在市售的各种保温杯,如不锈钢保温杯,双层玻璃保暖杯,陶瓷磁化保温杯等,很适用于旅行用盛水,若用于泡绿茶,则容易将茶叶泡熟,使叶色变黄,味涩、香低、钝。

第三节 饮茶风俗

习俗是指日常饮茶的风俗和习惯。人们常说:"开门七件事,柴、米、油、盐、酱、醋、茶。"可见茶在我们日常生活中也是必不可少的。我国是多民族的国家,上千年来,饮茶的风尚和习俗世代相传,影响深远。

一、客来敬茶

客来敬茶是我国人民的传统礼节。它在包容物质和文化的同时,更汇集着一股情谊,这种精神的"东西"是无价的。唐代颜真卿《春夜啜茶联句》中的诗句:"泛花邀坐客,代饮引清言。"宋代杜耒《寒夜》中的诗句:"寒夜客来茶当酒,竹炉汤沸火初红"。还有郑清之的诗句:"一杯青露暂留客,两腋清风几欲仙。"都说明了我国人民自古以来的好客,不仅客来敬茶,还要以茶留客。在我国人民日常生活中,家中有客至,茶是必不可少的款待物。寒暄一番,即以上乘的茶具新泡的茶献给客人,饮时先举起茶杯至胸前向宾主表示敬意,然后慢慢细啜。

客来敬茶,不但要讲究茶叶的质量,还要考虑客人的爱好和习惯。过去在我国名山大川的著名寺院中,都贮备有自制的茶叶,用来招待施主、香客及游览者。据传清代郑板桥有一次去某寺院,方丈见他衣着俭朴,以为是一般俗客,就冷淡地说了句"坐",又对小和尚喊"茶"!一经交谈,感到此人谈吐非凡,就引进厢房,一面说"请坐",一面吩咐小和尚"敬茶"。再经深谈,知道来客乃是赫赫有名的扬州八怪之一的郑板桥,急忙请到雅洁清静的方丈室,连声说"请上坐",并吩咐小和尚"敬香茶"。最后在郑板桥即将离开寺院时,方丈再三恳求题词留念,郑板桥思忖了一下,含笑挥笔直书,上联是"坐,请坐,请上坐",下联是"茶,敬茶,敬香茶"。方丈一看,羞愧满面。从现代观念看,客来敬茶是一种礼仪,体现主客间的文明和礼貌,也是主对客的敬意。至于茶当然是质量好的,好的茶并不等于人人都喜欢,如来客是北方的老年人,与其献上一杯"西湖龙井",倒不如泡一杯茶香花香兼备的"香片";如来客是个南方青年,特别是妇女,你捧上一杯香高味浓的高山云雾茶,还不如泡一杯香清味醇的毛尖茶或黄山毛峰更受欢迎。所以,有条件的家庭可多贮备点不同茶类,以适用不同的对象。

我国人民有重情好客的传统美德,一代一代流传至今。尤其是农村,无论是南方还是北方,当新年佳节客人来临时,总要先端一盅茶,然后再端上糖果、甜食之类,配饮香茗,祝愿新年甜,一年甜到头。江南一带过新年,还有以"元宝茶"敬客的,即在茶汤内放两颗青橄榄,表示新春祝福之意。边疆和山区的兄弟民族对待客人十分诚挚,讲究民族礼仪。你到蒙古包去做客,主人会阖家出门躬身迎接,让出最好的铺位,献上香美的奶茶。你到鄂温克族牧场去做客,主人必然热情地向你敬奶茶,让你吃鹿肉和鹿奶。你到布朗族村寨去做客,主人会用著名的土特产——清茶、花生、烤红薯等来款待。景颇族用"烤茶"敬客。东乡族用盖碗茶敬客。在湖南、广西毗邻地区的苗族或侗族山寨,主人会让你尝到难得的"打油茶"。总之,不同地区和不同民族都有各自的生活习惯。有一句老话:"千差万差,来人不差。"意思是说,家庭的条件怎么差,也不能亏待来客。按现在人说,尊敬别人就等于尊敬自己。热情待人,客来敬茶,正是我们中华民族的传统美德。

二、茶宴、茶会、茶道

茶宴一般是指规格比较高的、郑重其事的宴的聚会形式。

茶会一般是民间的、以群众为主体的、茶事活动的集会形式。茶宴与茶会既有联系,又是独立的。

早在唐代,茶宴、茶会已成一时风尚。唐朝湖州紫笋茶和常州阳羡茶同时作为贡品进贡,每到早春制茶季节,两州太守都要到两州毗邻的茶山(顾渚山)境会亭聚会,举行盛大茶宴,由两州太守和一些社会名士共同品尝和审定贡茶的质量。有一年,两州太守都邀请在苏州做官的白居易参加茶宴,白很想赴会欢宴,但因有病在身,力不从心,便写了一首《夜闻贾常州、崔湖州茶山境会想羡欢宴诗》:"遥闻境会茶山夜,珠翠歌钟俱绕身。盘下中分两州界,灯前合作一家春。青娥递舞应争妙,紫笋齐尝各斗新,自叹花时北窗下,蒲黄酒对病眠人。"诗人以生花妙笔描绘了茶山欢宴的盛况和自叹不能到会的惋惜心情。

清朝,康熙很喜欢举行茶宴,邀群臣赋诗联句作乐。康熙五十年(1711年)和六十年(1721年)就举行了两次大型茶宴,由康熙皇帝亲自主持。每次都有上千人出席,称"千叟宴"。会后按惯例有一部分老臣、官员及与会者得到皇帝赏赐的御茶和精美的茶具。乾隆继承了他祖父设茶宴取乐的爱好,而且有所发展,他在每年新正必举行茶宴。择良辰吉日,在重华宫,由他亲自主持。在乾隆五十年(1785年)和六十年(1795年)宫廷举行了两次大型的"千叟宴",出席的人数分别为3000人和5000人,是我国历史上最大规模的茶宴。也就是在这次5000人的"茶宴"后,乾隆宣布退位,时年85岁。当时有一位老臣惋惜地说:"国不可一日无君。"乾隆却幽默地说:"君不可一日无茶。"可见乾隆爱茶之深。

茶道是一种格式化的、程序化的、以饮茶为主体的社交活动形式。日本人民是嗜好饮茶的民族,茶叶早在唐代就从我国传入。日本的茶道也是从我国的茶宴、茶会发展起来的。

在中国唐代社会中普及的茶文化被日本的遣唐使们传出,在《日本后记》中有弘仁六年(815年)僧人永忠向嵯峨天皇献茶的记载,这是日本正史中有关茶的最早史料。当时为中国文化所倾倒的日本知识人当中的确盛行过饮茶，但是不久随着日本国风时代的到来，茶的饮用几乎消失殆尽，这一中断一直延续到荣西再次将茶带回的镰仓时代初期。

荣西于 1168 年和 1187 年两次西渡中国，与佛教禅宗一起带回了宋朝新的茶文化。荣西特别注重茶的养生效果，著了《吃茶养生记》一书。荣西带回去的茶受到京都高山寺明惠上人的喜爱，他在拇尾开了茶园，这茶后来又被推广到宇治。随之饮茶的习惯渐渐渗透到禅宗寺院及武士社会，到了镰仓时代后期才普及到日本的百姓之中。

饮茶的普及意味着茶从药用发展为嗜好品，不久茶在日本又被游戏化。14 世纪产生了斗茶，斗茶也叫饮茶比赛，是一种品味猜茶的游戏。15 世纪后期，村田珠光和尚开创了新的茶风，把当时流行的歌曲中"冷枯"之美的意识和佛教中"空"的精神体现在茶道之中，把当时一直以唐物为中心的完美豪华的用具，融入粗糙的和物之中，追求一种不完全的美。16 世纪中叶，武野绍鸥确立了饮茶艺术之道，把"和"、"敬"之词用于茶道，并把木、竹之美引入茶的用具，使和敬得到更进一步表现。后经过千利休及其弟子们的多次改进提高，发展成至今的日本茶道，但是"茶道"的四规："和、敬、清、寂"基本精神没有改变。"和"是提倡和平和好；"敬"是尊敬长辈和敬爱朋友及晚辈；"清"是指洁净幽静，心平气静；"寂"是闲寂幽雅，使人能沉思凝神，以达最高的境界。

茶道有复杂的泡茶仪式，即"七则"：点茶有浓、淡之分，一般都是淡的；茶水的温度要按不同季节而变化；煮茶讲究一定的火候；茶具要讲究，以利保持茶叶色、香、味；炉子要一尺四寸见方；烧水炉子在茶室的位置，夏天是固定的，冬天可以移动；茶室必须插花，花要插得和茶室的环境相配，显得自然和谐。除茶外，还要有和敬的思想和情趣。可以说，综合了这些要素的茶道是谋求脱离世俗的日常世界，把客人和主人以一种新的纽带结合起来的聚会。

随着时代的进步，"茶道"中复杂、繁琐的礼仪都作了进一步的改革和简化。现在，日本"茶道"不仅在国内作为讲求礼仪和陶冶性情的手段,而且发展成为外交上的重要礼仪,在国际上也广为传播。

三、茶馆与茶摊

茶馆与茶摊都是提供饮茶的场所。自古以来有许多称呼,如茶寮、茶坊、茶屋、茶肆、茶楼、茶馆、茶室、茶庄、茶轩、茶亭、茶社、茶座、茶园、茶摊等,这些名称虽然都是供茶客品香茗、吃茶点的一个休息和娱乐的地点,但是根据各自的条件、环境、设施等不同,而有所区别。茶馆、茶室等有固定的场所,是人们休闲、议事叙事、买卖交易的好去处;茶亭、茶轩等是比较简陋的房子,茶园、茶摊是露天的,临时停留供茶的场所,是流动式的或季节性的,主要是为过往行人提供解渴之便。

自饮茶开始普及,茶馆也应运而生。我国南北朝时期,品茗清谈的风气盛行,当时有一种供人们喝茶的处所叫茶寮。唐代开元年间,在许多城市已有煎茶出卖的店铺,投钱可饮。到宋代,以卖茶水为业的茶坊已经普遍。明代茶馆有进一步发展,随着制茶技术的提高和茶叶质量的改进,对茶类品种、泡茶用水、煮茶火候以及泡茶器皿等也越来越讲究。清代茶馆业更甚,尤其是在康(熙)乾(隆)盛世之际,由于"太平父老清闲惯,多在酒楼茶社中"。使得茶馆成了上至达官贵人,下及平民百姓的重要生活场所。就拿北京来说,茶馆主要有两类:一是"二荤铺",大多酒饭兼营,品茶尝点、喝酒吃饭,实行一条龙经营。如著名的天福、天禄、天泰、天德等茶馆。这类茶馆,座位宽敞,窗明几净,摆设讲究,用的茶多为花茶,盛具是盖茶碗,当属上乘。二是清茶馆,它只卖茶不售食,但多备有"手谈"(即围棋)和"笔谈"(指谜语),下午有听评书大鼓的。因此,在某种意义上说,茶馆还是中国文化艺术的发祥地。

现代,在中国,无论是南方、北方、城市,还是乡村或集镇,几乎都有规模不等的茶馆。城市的茶馆一般比较雅致,而乡村的茶馆有浓厚的地方特色。特别是近 20 年来,茶馆业在全国范围内大量兴起,据不完全统计,有饮茶文化发源地之称的中国成都,有茶馆 3500 余家;北京、上海市及河南省的茶馆都超过千家;杭州市有茶馆 700 余家;合肥市也有茶馆 300 余家。茶馆的兴起,与国家昌盛、父老清闲、茶叶宣传、茶馆功能等密切相关。河南省茶叶学会主办的省届"四个十大"(十大茶艺馆、十大茶叶品牌、十大名茶、十大茶人)的评选活动,评出的十大茶艺馆有:水云涧茶馆、德信茶馆、清馨茶馆、古逸茶馆、泰和茶馆、九华山茶馆(固始县)、茶香阁茶馆、文新茶馆、一壶缘茶馆、中和茶馆。这些茶馆绝大部分都是近几年创办的,早的在1997年,投资在20万~50万元不等,有新建的,有租赁的,有商品房重新装饰的。它们的共同特点是正规经营,优质服务,茶文化艺术性强,有一定的影响,既有地方特色,又与时俱进贴近生活,是当地各界人士乐意聚集的好处所。

四、茶话会

茶话会是近代世界一种时髦的社交活动。它既不像茶宴那样豪华隆重,也不像日本茶道那样循规蹈矩,而是以清茶或茶点接待客人的集会。

茶话会的内容很广泛,上至欢迎各国贵客,商议国家大事,庆祝重大节日;下至开展学术交流,举行联欢座谈活动等。通过饮茶畅谈,互相交流,互相学习,相互促进,增进友谊。因此,茶话会成了中国最流行、最时尚的集会社交形式之一。

茶话会在中国出现以后,这种饮茶集会的社交风尚,随着茶叶的流通,也传播到世界各地。17世纪中叶,荷兰商人把茶运往英国伦敦,引起英国人的兴趣。公元1662年葡萄牙公主凯瑟琳嫁给英王查理二世,她把饮茶风尚带到英国,推崇饮茶,替代酗烈性酒之风。还在皇宫举行茶会,成为朝廷的一种礼仪。其时,显贵人家都设有茶室,以茶待客、叙谊,成为主妇们的一种时尚。自此,英国人也尊称凯瑟琳为"饮茶王后"。18世纪时,茶话会已盛行于伦敦。至今,英国的学术界仍经常采用茶话会这种形式,边品茶,边研究学问,其名为"茶的精神"。17世纪末18世纪初,荷兰饮茶成风,主妇们常常结伴上茶室,为品饮这一小杯茶而感到轻松愉快,甚至达到着迷的状态。当时荷兰上演的戏剧《茶迷贵妇人》说的就是这件事,在日本以茶道为主,在韩国以茶礼为主,在东南亚各国以茶敬客。在这些国家里各界都喜欢用茶话会形式,进行各种社交活动。

由于茶话会廉洁、勤俭、简单朴实,使人精神振奋、感觉愉快,能为社交活动起到良好的作用,所以很得人心。在中国目前仍很流行,已被机关团体、企事业单位普遍使用。特别是 20 世纪 90 年代以来,茶话会已成为中国以及世界上众多国家最为时尚的社交集会方式之一。

五、各民族饮茶习俗

我国是一个多民族的国家,共有 56 个兄弟民族,由于所处地理环境和历史文化背景的不同以及生活习惯的各异,即使是同一民族,在不同地域,饮茶习俗也各有不同。真是"千里不同风,百里不同俗"。但是,他(她)们把饮茶看作是健身的饮料、纯洁的化身、友谊的桥梁、团结的纽带,在这一方面又是共同的。下面,将各民族中有代表性的饮茶习俗,分别介绍。

1. 汉族的清饮

汉族的饮茶方式,大致有品茶和喝茶之分。品茶是通过优质茶的冲泡,对其色、香、味、形的欣赏,细啜缓咽茶汤,从而满足生理需要,并获得美感,达到精神享受的过程。喝茶是通过茶叶的冲泡,急饮快咽茶汤,以补充人体水分的不足,达到解渴之目的。

汉族饮茶,虽然方式有别,目的不同,但大多数喜欢清饮,其方法就是将茶直接用开水冲泡,无须添加姜、椒、糖之类作料,以保持纯茶的原汁原味。而最具汉族清饮特点的,则要数江、浙、皖的品茗,闽、粤的啜乌龙,成都的盖碗茶,昆明九道茶和北京的大碗茶了。

(1)江、浙、皖的品茗

江苏、浙江、安徽等省都是盛产名优茶的地方,碧螺春、龙井、黄山毛峰、六安瓜片都是全国十大名茶。而饮名优绿茶,首先要选择一个幽雅的环境。其次,要学会品茗的技艺。沏高级细嫩茶的水温 85℃左右为宜,泡茶用的杯以白瓷杯或玻璃杯为上,泡茶用的水以山泉水为最。每杯撮上 3～4g 茶,先加水七分满,2 分钟后再加满效果更好。

品名优绿茶,无疑是一种美的享受,艺术的欣赏。品饮前,名茶都有独特的外形,色绿形美、完整匀齐,看上去就感到欣欣愉悦;品饮时,应先慢慢提起清澈明亮的杯子,细看杯中翠叶碧水,观察多变的叶姿,似海螺蠕动,似雨后春笋……尔后,将杯靠近鼻端深嗅,嫩清香高雅,使人舒心清神。看罢、闻罢,然后缓缓品味,清芳、甘醇、鲜爽应运而生。此情此景,陶醉人也。

（2）闽粤的啜乌龙

青茶产于福建、广东和台湾,武夷岩茶、安溪铁观音、凤凰单枞等已久负盛名。在啜饮方面,闽粤等汉族都有啜乌龙的习惯,尤其是闽南及广东的潮州、汕头一带,几乎家家户户,男女老少,都钟情于用小杯细啜乌龙。乌龙茶既是茶类的品名,又是茶树的种名。啜茶用的小杯,称之若琛瓯,只有半个乒乓球大。用如此小杯啜茶,实是汉民族品茶艺术的展现。啜乌龙茶很有讲究,与之配套的茶具,诸如风炉、烧水壶、茶壶、茶杯,谓之"烹茶四宝"。泡茶用水应选择甘洌的山泉水,而且必须做到沸水现冲。经温壶、置茶、冲泡、斟茶入杯,便可品饮,啜茶的方式更为奇特,先要举杯将茶汤送入鼻端闻香,只觉浓香透鼻。接着用拇指和食指按住杯沿,中指托在杯底,举杯倾茶汤入口,含汤在口中回旋品味,顿觉口有余甘。一旦茶汤入肚,口中"啧!啧!"回味,又觉鼻口生香,咽喉生津,"两腋生风",回味无穷。这种饮茶方式,其目的并不在于解渴,主要是在于鉴赏乌龙茶的香气和滋味,重在物质和精神的享受。所以,凡"有朋自远方来",对啜乌龙茶,都"不亦乐乎"!

（3）成都的盖碗茶

在汉民族居住的大部分地区都有喝盖碗茶的习俗,而以我国西南地区一些大、中城市,尤其是成都最为流行。盖碗茶盛于清代,如今,在四川、云南等地,已成为当地茶楼、茶馆等饮茶场所的一种传统饮茶方法,一般家庭待客,也常用此法饮茶。

饮盖碗茶一般说来,有五道程序。

一是净具:用温水将茶碗、碗盖、碗托清洗干净。

二是置茶:用盖碗茶饮茶,摄取的都是珍品茶,常见的有花茶、沱茶以及上等红、绿茶等,用量通常为3～5g。

三是沏茶:一般用初沸开水冲茶,冲水至茶碗口沿时,盖好碗盖,以待品饮。

四是闻香:待冲泡5分钟,花茶3分钟左右,茶汁浸润茶汤时,则用右手提起茶托,左手揿盖,随即闻香舒腑。

五是品饮:用左手握住碗托,右手提碗抵盖,倾碗将茶汤徐徐送入口中,品味润喉,提神消烦,真是别有一番风情。

(4) 昆明九道茶

九道茶主要流行于中国西南地区,以云南昆明一带最为时尚。泡九道茶一般以普洱茶最为常见,多用于家庭接待宾客,所以,又称迎客茶,温文尔雅是饮九道茶的基本方式。因饮茶有九道程序,故名"九道茶"。

一是赏茶:将珍品普洱茶置于小盘,请宾客观形、察色、闻香,并简述普洱茶的文化特点,激发宾客的饮茶情趣。

二是洁具:迎客茶以选用紫砂茶具为上,通常茶壶、茶杯、茶盘一色配套。多用开水冲洗,这样既可提高茶具温度,以利茶汁浸出;又可清洁茶具。

三是置茶:一般视壶大小,按1g茶泡50～60mL开水比例将普洱茶投入壶中待泡。

四是泡茶:用刚沸的开水迅速冲入壶内,至三四分满。

五是浸茶:冲泡后,立即加盖,稍加摇动,再静置5分钟左右,使茶中可溶物溶解于水。

六是匀茶:启盖后,再向壶内冲入开水,待茶汤浓淡相宜为止。

七是斟茶:将壶中茶汤,分别斟入半圆形排列的茶杯中,从左到右,来回斟茶,使各杯茶汤浓淡一致,至八分满为止。

八是敬茶:由主人手捧茶盘,按长幼辈分,依次敬茶示礼。

九是品茶:一般是先闻茶香清心,继而将茶汤徐徐送入口中,细细品味,以享饮茶之乐。

(5) 北京的大碗茶

喝大碗茶的风尚,在汉民族居住地区,随处可见,特别是在大道两旁、车船码头、半路凉亭,直至车间工地、田间地头。这种饮茶习俗在我国北方最为流行,尤其早年北京的大碗茶,更是闻名遐迩,如今中外闻名的北京老舍茶馆的门前,仍有二分钱一碗的大碗茶。

大碗茶多用大壶冲泡,大桶装茶,大碗畅饮,热气腾腾,提神解渴,好生自然。这种清茶一碗,随便饮喝,无须做作的喝茶方式,虽然比较粗犷,颇有"野味",但它随意,不用楼、堂、馆、所,摆设也很简便,一张桌子,几条木凳,若干只粗瓷大碗便可,因此,它常以茶摊或茶亭的形式出现,主要为过往客人解渴小憩。

大碗茶由于贴近社会、贴近生活、贴近百姓,自然受到人们的称道。即便是生活条件不断得到改善和提高的今天,大碗茶仍然不失为一种重要的饮茶方式。

2. 藏族酥油茶

藏族主要分布在我国西藏,在云南、四川、青海、甘肃等省的部分地区也有居住。这里地势高,有"世界屋脊"之称,空气稀薄,气候高寒干旱,他们以放牧或种旱地作物为主,当地蔬菜瓜果很少,常年以奶肉、糌粑为主食。"其腥肉之食,非茶不消;青稞之热,非茶不解。"茶成了当地人们补充营养的主要来源,喝酥油茶便如同吃饭一样重要。

酥油茶是一种在茶汤中加入酥油等作料经特殊方法加工而成的茶汤。至于酥油,乃是把牛奶或羊奶煮沸,经搅拌冷却后凝结在溶液表面的一层脂肪。而茶叶一般选用的是紧压茶中的普洱茶或金尖。制作时,先将紧压茶打碎加水在壶中煎煮 20～30 分钟。再滤去茶渣,把茶汤注入长圆形的打茶筒内。同时再加入适量酥油,还可根据需要加入事先已炒熟、捣碎的核桃仁、花生米、芝麻粉、松子仁之类,最后还应放上少量的食盐、鸡蛋等。接着,用木杵在圆筒内上下抽打,根据经验,当抽打时打茶筒内发出的声音由"咣当,咣当"转为"嚓,嚓"时,表明茶汤和作料已混为一体,酥油茶才算打好了,随即将酥油茶倒入茶瓶待喝。

3. 回族的八宝盖碗茶

回族主要分布我国的大西北,以宁夏、青海、甘肃三省(区)最为集中。回族居住处多在高原沙漠,气候干旱寒冷,蔬菜缺乏,以食牛羊肉、奶制品为主。而茶叶不但可以补充蔬菜的不足,而且还有助于去油除腻,帮助消化。所以,自古以来,茶一直是回族同胞的生活必需品。

回族饮茶,方式多样,其中有代表性的是喝盖碗茶。盖碗茶用的茶具,俗称"三件套"。它由茶碗、碗盖和碗托或盘组成。茶碗盛茶,碗盖保香,碗托防烫。

盖碗茶用的多为普通炒青绿茶,冲泡茶时,除茶碗中放茶外,还放有冰糖与多种干果,诸如苹果干、葡萄干、柿饼、桃干、红枣、桂圆干、枸杞子等,有的还要加上白菊花、芝麻之类,通常多达八种,美其名曰:"八宝茶"。用盖碗盛八宝,故称为"八宝盖碗茶"。由于盖碗茶中食品种类较多,加之各种配料在茶汤中的浸出速度不同,因此,每次续水后喝起来的滋味是不一样的。一般说来,盖碗茶用沸水冲泡,随即加盖,经5分钟后品饮,第一泡以茶的滋味为主,主要是清香甘醇;第二泡因糖的作用,就有浓甜透香之感;第三泡开始,茶的滋味开始变淡,各种干果的味道就应运而生,具体依所添的干果而定,大抵说来,一杯八宝盖碗茶,能冲泡5~6次,甚至更多。

回族同胞认为,喝八宝盖碗茶次次有味,且次次不同,又能去腻生津,滋补强身,是一种甜美的养生茶。

4. 维吾尔族的香茶

居住在新疆天山以南的维吾尔族,主要从事农业劳动,主食面粉,最常见的是用小麦面烤制的馕,色黄,又香又脆,形若圆饼,进食时,总喜与香茶伴食,平日也爱喝香茶。他们认为,香茶有养胃提神的作用,是一种营养价值极高的饮料。在日常生活中有"宁可一日无粮,不可一日无茶"、"无茶则病"之说。

南疆维吾尔族煮香茶时,使用的是铜制的长颈茶壶,也有用陶质、搪瓷或铝制长颈壶的,而喝茶用的是小茶碗,这与北疆维吾尔族煮奶茶使用的茶具是不一样的。

通常制作香茶时,应先将茯砖茶敲碎成小块状。同时,在长颈壶内加水七八分满,当水刚沸腾时,抓一把碎块砖茶放入壶中,当水再次沸腾约5分钟时,则将预先准备好的适量姜、桂皮、胡椒等细末香料,放进煮沸的茶水中,轻轻搅拌,经3~5分钟即成。为防止倒茶时茶渣、香料混入茶汤,在煮茶的长颈壶上往往套有一个过滤网,以免茶汤中带渣。

南疆维吾尔族老乡喝香茶,习惯于一日三次,与早、中、晚三餐同时进行,通常是一边吃馕,一边喝茶,这种饮茶方式,与其说把茶看成是一种解渴的饮料,还不如说茶是一种佐食的汤料,实是一种以茶代汤,用茶作菜之举。

5. 蒙古族的咸奶茶

蒙古族主要居住在内蒙古及其边缘的一些省、区,喝咸奶茶是蒙古族人民的传统饮茶习俗。在牧区,他们习惯于"一日三餐茶",却往往是"一日一顿饭"。每日清晨,主妇第一件事就是先煮一锅咸奶茶,供全家整天享用。蒙古族喜欢喝热茶,早上,他们一边喝茶,一边吃炒米,将剩余的茶放在微火上暖着,供随时取饮。通常一家人只在晚上放牧回家才正式用餐一次,但早、中、晚三次喝咸奶茶一般是不可缺少的。蒙古族喝的咸奶茶,用的多为青砖茶或黑砖茶,煮茶的器具是铁锅。制作时,应先把砖茶打碎,并将洗净的铁锅置于火上,盛水2～3kg,烧水至刚沸腾时,加入打碎的砖茶25g左右。当水再沸腾5分钟后,掺入奶,用量为水的五分之一左右。稍加搅动,再加入适量盐巴。等到整锅咸奶茶开始沸腾时,才算煮好了,即可盛在碗中待饮。

煮咸奶茶的技术性很强,茶汤滋味的好坏,营养成分的多少,与用茶、加水、掺奶以及加料次序的先后都有很大的关系。如茶叶放迟了,或者加茶和奶的次序颠倒了,茶味就会出不来。而煮茶时间过长,又会丧失茶香味。蒙古族同胞认为,只有器、茶、奶、盐、温五者互相协调,才能制出咸香可宜、美味可口的咸奶茶来。为此,蒙古族妇女都练就了一手煮咸奶茶的好手艺。大凡姑娘从懂事起,做母亲的就会悉心向女儿传授煮茶技艺。当姑娘出嫁时,在新婚燕尔之际,也得当着亲朋好友的面,显露一下煮茶的本领。要不,就会有缺少家教之嫌。

6. 侗族、瑶族的打油茶

居住在云南、贵州、湖南、广西毗邻地区的侗族、瑶族和这一地区的其他兄弟民族,他们世代相处,十分好客,相互之间虽习俗有别,但都喜欢喝油茶。因此,凡在喜庆佳节,或亲朋贵客进门,总喜欢用做法讲究,作料精选的油茶款待客人。

做油茶,当地称之为打油茶。打油茶一般经过四道程序。

首先是选茶:通常有两种茶可供选用,一是经专门烘炒的末茶;

二是刚从茶树上采下的幼梢,可根据各人口味而定。

其次是选料:打油茶用料通常有花生米、玉米花、黄豆、芝麻、糯粑、笋干等,应预先制作好待用。

第三是煮茶:先生火,待锅底发热,放适量食油入锅,待油面冒青烟时,立即投入适量茶叶入锅翻炒,当茶叶发出清香时,加上少许芝麻、食盐,再炒几下,即放水加盖,煮沸 3~5 分钟,即可将油茶连汤带料起锅盛碗待喝。一般家庭自喝,这又香、又爽、又鲜的油茶已算打好了。

如果打的油茶是庆典或宴请客人用的,那么,还得进行第四道程序,即配茶。配茶就是将事先准备好的食料,先行炒熟,取出放入茶碗中备好。然后用油炒经煮而成的茶汤,捞出茶渣,趁热倒入备有食料的茶碗中供客人吃茶。

最后是奉茶,一般当主妇快要把油茶打好时,主人就会招待客人围桌入座。由于喝油茶是碗内加有许多食料,因此,还得用筷子相助,所以,说是喝油茶,还不如说吃油茶更为贴切。吃油茶时,客人为了表示对主人热情好客的回敬,要赞美油茶的鲜美可口,称道主人的手艺不凡,总是边喝、边啜、边嚼,在口中发出"啧、啧"声响,还赞不绝口!

7. 土家族的擂茶

在湘、鄂、川、黔的武陵山区一带,居住着许多土家族同胞,千百年来,他们世代相传,至今还保留着一种古老的吃茶法,这就是喝擂茶。

擂茶,又名三生汤,是用生叶(指从茶树采下的新鲜茶叶)、生姜和生米仁等三种生原料经混合研碎加水后烹煮而成的汤,故而得名。相传三国时,张飞带兵进攻武陵壶头山(今湖南省常德境内),正值炎夏酷暑,当地正好瘟疫蔓延,张飞部下数百将士病倒,连张飞本人也不能幸免。正在危难之际,村中一位郎中有感于张飞部属纪律严明,秋毫无犯,便献出祖传除瘟秘方擂茶,结果茶(药)到病除。其实,茶能提神祛邪,清火明目;姜能理脾解表,去湿发汗;米仁能健脾润肺,和胃止火,所以说擂茶是治病良药,是有科学道理的。

随着时间的推移,与古代相比,现今的擂茶,在原料的选配上已发生了较大的变化。如今制作擂茶时,通常除茶叶外,再配上炒熟的花生、芝麻、米花等;另外,还要加些生姜、食盐、胡椒(粉)之类。通常将茶和多种食品,以及作料放在特制的陶制擂钵内,然后用硬木擂棍用力旋转,使各种原料相互混合,再取出——倾入碗中,用沸水冲泡,用调匙轻轻搅动几下,即调成擂茶。少数地方也有省去擂研,将多种原料放入碗内,直接用沸水冲泡的,但冲茶的水必须是现沸现泡的。

土家族兄弟都有喝擂茶的习惯。一般人们中午干活回家,在用餐前总以喝几碗擂茶为快。有的老年人倘若一天不喝擂茶,就会感到全身乏力,精神不爽,视喝擂茶如同吃饭一样重要。不过,倘有亲朋进门,那么,在喝擂茶的同时,还必须设有几碟茶点。茶点以清淡、香脆食品为主,诸如花生、薯片、瓜子、米花糖、鱼鲜片之类,以增添喝擂茶的情趣。

8. 白族的三道茶

制作三道茶时,每道茶的制作方法和所用原料都是不一样的。

第一道茶,称之为"清苦之茶",寓意做人的哲理:"要立业,就要先吃苦。"制作时,先将水烧开。再由司茶者将一只小砂罐置于文火上烘烤。待罐烤热后,取适量茶叶放入罐内,并不停地转动砂罐,使茶叶受热均匀,待罐内茶叶"啪啪"作响,叶色转黄,发出焦糖香时,立即注入已经烧沸的开水。少顷,主人将沸腾的茶水倾入茶盅,再用双手举盅献给客人。由于这种茶经烘烤、煮沸而成,因此,看上去色如琥珀,闻起来焦香扑鼻,喝下去滋味苦涩,故而谓之苦茶,通常只有半杯,一饮而尽。

第二道茶,称之为"甜茶"。当客人喝完第一道茶后,主人重新用小砂罐置茶、烤茶、煮茶,与此同时,还得在茶盅中放入少许红糖,将煮好的茶汤倾入盅内八分满为止。这样沏成的茶,甜中带香,甚是好喝,它寓意"人生在世,做什么事,只有吃得了苦,才会有甜香来!"

第三道茶,称之为"回味茶"。其煮茶方法虽然相同,只是茶盅中放的原料已换成适量蜂蜜、少许炒米花、若干粒花椒、一撮核桃仁,茶汤通常为六七分满。饮第三道茶时,一般是一边晃动茶盅,使茶汤和作料均匀混合;一边口中"呼呼"作响,趁热饮下。这杯茶,喝起来甜、酸、苦、辣,各味俱全,回味无穷。它告诫人们,凡事要多"回味",切记

"先苦后甜"的哲理。

白族散居在我国西南地区,主要分布在风光秀丽的云南大理,这是一个好客的民族,大凡在逢年过节、生辰寿诞、男婚女嫁、拜师学艺等喜庆日子里,或是在亲朋宾客来访之际,都会以"一苦、二甜、三回味"的三道茶款待。

9. 苗族的油炸茶汤

居住在鄂西、湘西、黔东北一带的苗族,以及部分土家族,有喝油茶汤的习惯。他们说:"一日不喝油茶汤,满桌酒菜都不香。"倘有宾客进门,他们更要用香脆可口,滋味无穷的油炸茶汤款待。油炸茶汤的制作比较复杂,先得将玉米(煮后晾干)、黄豆、花生米、团散(一种米面薄饼)、豆腐干丁、粉条等分别用茶油炸好,分装入碗待用。

接着是炸茶,特别要把握好火候,这是制作的关键技术。具体做法是:放适量茶油在锅中,待锅内的油冒青烟时,放入茶叶和花椒翻炒,待茶叶色转黄发焦糖香时,即可倾水入锅,再放上姜丝。一旦锅中水煮沸,再徐徐掺入少许冷水,等水再次煮沸时,加入适量食盐和少许大蒜、胡椒之类,用勺稍加拌动,随即将锅中茶汤连同作料,一一倾入盛有油炸食品的碗中,这样就算把油炸茶汤制好了。

待客敬油茶汤时,由主妇用双手托盘,盘中放上几碗油茶汤,每碗放上一只调匙,彬彬有礼地敬奉客人。这种油茶汤,由于用料讲究,制作精细,一碗到手,清香扑鼻,沁人肺腑。喝在口中,鲜美无比,满嘴生香。它既解渴,又饱肚,还有特异风味,是我国饮茶技艺中的一朵奇葩。

10. 哈萨克族的奶茶

主要居住在新疆天山以北的哈萨克族,还有居住在这里的维吾尔族、回族等兄弟民族,茶在他们生活中占有很重要的地位,把它看成与吃饭一样重要。他们的体会是:"一日三餐有茶,提神清心,劳动有劲;三天无茶落肚,浑身乏力,懒得起床。"他们还认为,"人不可无粮,但也不可少茶。"

北疆的奶茶,对以放牧为生的哈萨克族、维吾尔族同胞来说,已是家家户户,长年累月,终日必备的饮料,热气腾腾的奶茶,可以随时取饮。

哈萨克族煮奶茶使用的器具,通常用的是铝锅或铜壶,喝茶用的是大茶碗。煮奶茶时,先将茯砖茶打碎成小块状。同时,盛半锅或半壶水加热沸腾,随着抓一把碎砖茶入内,待煮沸5分钟左右,加入牛(羊)奶,用量约为茶汤的五分之一。轻轻搅动几下,使茶汤与奶混合,再投入适量盐巴,重新煮沸5~6分钟即成。讲究的人家,也有不加盐巴而加食糖和核桃仁的。这样才算把一锅(壶)热乎乎、香喷喷、油滋滋的奶茶煮好了,可随时供饮。

北疆兄弟民族习惯于一日早、中、晚三次喝奶茶,中老年人还得上午和下午各增加一次。如果有客从远方来,那么,主人就会立即迎客入帐,席地围坐。好客的女主人当即在地上铺上一块洁净的白布,献上烤羊肉、馕、奶油、蜂蜜、苹果等,再奉上一碗奶茶。如此,一边谈事叙谊,一边喝茶进食,饶有风趣。

11. 罐罐茶

住在我国西北,特别是甘肃一带的一些回族、苗族、彝族同胞有喝罐罐茶的嗜好。走进农家,都可见堂屋地上挖有一口塘(坑),烧着木柴或点燃炭火,上置一把水壶。清早起来,主妇就会熬起罐罐茶来。这种情况,尤以六盘山区一带的兄弟民族中最为常见。

喝罐罐茶,以喝清茶为主,少数也有用油炒或在茶中加花椒、核桃仁、食盐之类的。

罐罐茶的制作并不复杂,使用的茶具,通常一家人一壶(铜壶)、一罐(容量不大的土陶罐)、一杯(有柄的白瓷茶杯),也有一人一罐一杯的。熬煮时,通常是将罐子围放在壶四周火边上,倾上壶中的开水半罐,待罐内的水重新煮沸时,放上茶叶8~10g,使茶、水相融,茶汁充分浸出,再向罐内加水至八分满,直到茶叶又一次煮沸时,才算将罐罐茶煮好了,即可倾汤入杯开饮。也有些地方先将茶烘烤或油炒后再煮的,目的是增加焦香味;也有的地方,在煮茶过程中,加入核桃仁、花椒、食盐之类的。但不论何种罐罐茶,由于茶的用量大,煮的时间长,所以,茶的浓度很高,一般可煮3~4次。

由于罐罐茶的浓度高,喝起来有劲,会感到又苦又涩,好在倾入茶杯中的茶汤每次用量不多,不可能大口大口地喝下去。但对当地少数民族而言,因世代相传,也早已习惯成自然了。

当地的民族同胞认为,喝罐罐茶至少有四大好处:提精神、助消化、去病魔、保健康!

12. 佤族的烧茶

佤族主要分布在我国云南的沧源、西盟等地,在澜沧、孟连、耿马、镇康等地也有部分居住。他们自称"阿佤"、"布饶",至今仍保留着一些古老的生活习惯,喝烧茶就是一种流传久远的饮茶风俗。

佤族的烧茶,冲泡方法很别致。通常先用茶壶将水煮开,与此同时,另选一块清洁的薄铁板,上放适量茶叶,移到烧水的火塘边烘烤。为使茶叶受热均匀,还得轻轻抖动铁板。待茶叶发出清香,叶色转黄时,随即将茶叶倾入开水壶中进行煮茶。约3分钟后,即可将茶置入茶碗,以便饮喝。

如果烧茶是用来敬客的,通常得由佤族少女奉茶敬客,待客人接茶后,方可开始喝茶。

13. 瑶族、壮族咸油茶

瑶族、壮族主要分布在广西,毗邻的湖南、广东、贵州也有部分分布。瑶族的饮茶风俗很奇特,都喜欢喝一种类似菜肴的咸油茶,认为喝油茶可以充饥健身、祛邪去湿、开胃生津,还能预防感冒,对一个多居住在山区的民族而言,咸油茶实在是一种健身饮料。

做咸油茶时,很注重原料的选配。主料茶叶,首选茶树上生长的健嫩新梢,采回后,经沸水烫一下,再沥干待用。配料常见的有大豆、花生米、糯粑、米花之类,制作讲究的还配有炸鸡块、爆虾子、炒猪肝等。另外,还备有食油、盐、姜、葱或韭等作料。

制咸油茶,先将配料或炸、或煮,制备完毕,分装入碗。尔后,起油锅,将茶叶放在油锅中翻炒,待茶色转黄,发出清香时,加入适量姜片和食盐,再翻动几下,随后加水煮沸3~4分钟,待茶叶汁水浸出后,捞出茶渣,再在茶汤中撒上少许葱花或韭段。稍时,即可将茶汤倾入已放有配料的茶碗中,并用调匙轻轻地搅动几下,这样才算将香中透鲜、咸里显爽的咸油茶做好了。

由于咸油茶加有许多配料,所以,与其说它是一碗茶,还不如说它是一道菜。如此一来,有些深感自己制作手艺不高的家庭,每当贵宾进门时,还得另请村里的做咸油茶高手操作。又由于咸油茶的制作费工花时,操作技艺高,给客人喝咸油茶,是一种高规格的礼仪。因此,按当地风俗,客人喝咸油茶,一般不少于三碗,这叫"三碗不见外"。

14. 基诺族的凉拌茶和煮茶

基诺族主要分布在我国云南西双版纳地区,尤以景洪为最多。他们的饮茶方法较为罕见,常见的有两种,即凉拌茶和煮茶。

做凉拌茶的方法并不复杂,通常先将从茶树上采下的鲜嫩新梢用洁净的双手捧起,稍用力搓揉,使嫩梢揉碎,连同食盐适量投入碗中;最后,加上少许泉水,用筷子搅匀,静置 15 分钟左右,即可食用。基诺族的另一种饮茶方式,就是喝煮茶,这种方法在基诺族中较为常见。其方法是先用茶壶将水煮沸,随即在陶罐取出适量已经过加工的茶叶,投入到正在沸腾的茶壶内,经 3 分钟左右,当茶叶的汁水已经溶解于水时,即可将壶中的茶汤注入到竹筒,供人饮用。

竹筒,基诺族既用它当盛具,劳动时可盛茶带到田间饮用;又用它作饮具。因它一头平,便于摆放,另一头稍尖,便于用口吮茶,所以,就地取材的竹筒便成了基诺族喝煮茶的重要器具。

15. 傣族的竹筒香茶

竹筒香茶是傣族人别具风味的一种茶饮料。傣族世代生活在我国云南的南部和西南部地区,以西双版纳最为集中,这是一个能歌善舞而热情好客的民族。

傣族喝的竹筒香茶,傣语称为"腊踩"。其制作和烤煮方法,甚为奇特,一般可分为五道程序。

(1)装茶:用晒干的春茶或经初加工而成的毛茶,装入刚砍回来的生长期为一年左右的嫩香竹筒中,分层陆续装实。

(2)烤茶:将装有茶叶的竹筒,放在火塘三脚架上烘烤,为使筒内茶叶受热均匀,通常每隔 4～5 分钟应翻滚竹筒一次。待竹筒色泽由绿转黄时,筒内茶叶也已烘烤适宜,即可停止烘烤。

(3)取茶:待茶叶烘烤完毕,用刀劈开竹筒,就成为清香扑鼻,形似长筒的竹筒香茶。

(4)泡茶:分取适量竹筒香茶,置于碗中,用刚沸腾的开水冲泡,经 3～5 分钟,即可饮用。

（5）喝茶：竹筒香茶喝起来，既有茶的醇厚高香，又有竹的浓郁清香，所以，喝起来有耳目一新之感，难怪傣族同胞，不分男女老少，人人都爱喝竹筒香茶。

16. 拉祜族的烤茶

拉祜族主要分布在云南澜沧、孟连、沧源、耿马、勐海一带。在拉祜语中，称虎为"拉"，将肉分食共享称之为"祜"，因此，拉祜族被称之为"猎虎"的民族。饮烤茶是拉祜族古老、传统的饮茶方法，至今仍在普遍饮用。

饮烤茶通常分为四个操作程序进行。

（1）装茶抖烤：先将小陶罐在火塘上用文火烤热，然后放上适量茶叶抖烤，使受热均匀，待茶叶叶色转黄，并发出焦糖香时为止。

（2）沏茶去沫：用沸水冲满盛茶的小陶罐，随即泼去上部浮沫，再注满沸水，煮沸 3 分钟后待饮。

（3）倾茶敬客：就是将在罐内烤好的茶水倾入茶碗，奉茶敬客。

（4）喝茶啜味：拉祜族人认为，烤茶香气足，味道浓，能振精神，才是上等好茶。因此，拉祜族喝烤茶，总喜欢热茶啜饮。

17. 景颇族的腌茶

居住在云南省德宏地区的景颇族等兄弟民族，至今仍保持着一种以茶作菜的食茶方法。

腌茶一般在雨季进行，所用的茶叶是不经加工的鲜叶。制作时，姑娘们首先将从茶树上采回的鲜叶用清水洗净，沥去鲜叶表面的附着水后待用。

腌茶时，先用竹匾将鲜叶摊晾失去少许水分，尔后，稍加搓揉。再加上辣椒、食盐适量拌匀，放入罐或竹筒内，层层用木棒舂紧，将罐（筒）口盖紧，或用竹叶塞紧。静置两三个月，至茶叶色泽开始转黄，就算将茶腌好了。

接着，将腌好的茶从罐内取出晾干，然后装入瓦罐，随食随取。讲究一点的，食用时还可拌些香油，也有加蒜泥或其他作料的。

腌茶，其实就是一道茶菜。

18. 傈僳族的油盐茶

傈僳族，唐代称其为"傈蛮"或"栗粟"，明清时称其为"力力"或

"栗栗",主要聚居在云南的怒江,散居于云南的丽江、大理、迪庆、楚雄、德宏以及四川的西昌等地,这是一个质朴而又十分好客的民族,喝油盐茶是傈僳人广为流传的一种古老饮茶方法。

傈僳族喝的油盐茶,制作方法奇特,首先将小陶罐在火塘(坑)上烘热,然后在罐内放入适量茶叶在火塘上不断翻滚,使茶叶烘烤均匀。待茶叶变黄,并发出焦糖香时,加上少量食油和盐。稍时,再加水适量,煮沸2~3分钟,就可将罐中茶汤倾入碗中待喝。

油盐茶因在茶汤制作过程中加入了食油和盐,所以,喝起来"香喷喷,油滋滋,咸兮兮,既有茶的浓醇,又有糖的回味!"傈僳同胞常用它来招待客人,也是家人团聚喝茶的一种生活方式。

19. 哈尼族的土锅茶

哈尼族主要居住在云南的红河、西双版纳地区以及江城、澜沧、墨江、元江等地,其内有"和尼"、"布都"、"爱尼"、"卡多"等不同的自称。喝土锅茶是哈尼族的嗜好,这是一种古老而简便的饮茶方式。

哈尼族煮土锅茶的方法比较简单,一般凡有客人进门,主妇先用土锅(或瓦壶)将水烧开,随即在沸水中加入适量茶叶,待锅中茶水再次煮沸3分钟后,将茶水倾入用竹制的茶盅内,一一敬奉给客人。平日,哈尼族同胞也总喜欢在劳动之余,一家人喝茶叙家常,以享天伦之乐。

20. 布朗族的青竹茶

布朗族主要分布在我国云南西双版纳自治州以及临沧、澜沧、双江、景东、镇康等地的部分山区,喝青竹茶是一种方便而又实用的饮茶方法,一般在离开村寨务农或进山狩猎时采用。

布朗族喝的青竹茶,制作方法较为奇特,首先砍一节碗口粗的鲜竹筒,一端削尖,插入地下,再向筒内加上泉水,当作煮茶器具。然后,找些干枝落叶,当作燃料点燃于竹筒四周。当筒内水煮沸时,随即加上适量茶叶,待3分钟后,半煮好的茶汤倾入事先已削好的新竹罐内,便可饮用。

竹筒茶将泉水的甘甜、青竹的清香、茶叶的浓醇融为一体,所以,喝起来别有风味,久久难忘。

还有一种传统的食茶法:在雨季,将茶鲜叶蒸熟后,先在阴暗处

257

放十多日，使其发霉。然后将茶填入竹筒中，将竹筒密封后埋入土中，一个月后取出食用。味道如腌菜一样有酸味。

21. 纳西族的"龙虎斗"和盐茶

纳西族主要居住在风景秀丽的云南省丽江地区，这是一个喜爱喝茶的民族。他们平日爱喝一种具有独特风味的"龙虎斗"。此外，还喜欢喝盐茶。

纳西族喝的龙虎斗，制作方法也很奇特，首先用水壶将茶烧开。另选一只小陶罐，放上适量茶，连罐带茶烘烤。为免使茶叶烤焦，还要不断转动陶罐，使茶叶受热均匀。待茶叶发出焦香时，向罐内冲入开水，烧煮3～5分钟。同时，准备茶盅，再放上半盅白酒，然后将煮好的茶水冲进盛有白酒的茶盅内。这时，茶盅内会发出"啪啪"的响声，纳西族同胞将此看作是吉祥的征兆。声音愈响，在场者就愈高兴。纳西族认为龙虎斗还是治感冒的良药，因此，提倡趁热喝下。如此喝茶，香高味酽，提神解渴，甚是过瘾！

纳西族喝的盐茶，其冲泡方法与龙虎斗相似，不同的是在预先准备好的茶盅内，放的不是白酒而是食盐。此外，也有不放食盐而改换食油或糖的，分别取名为油茶或糖茶。

22. 畲族的二道茶和宝塔茶

畲族，自称"山客"，古称"畲民"。主要住在福建、浙江两省。以从事农业为主，长期与汉族杂居，关系十分密切。

畲族是个好客的民族，凡是有客进门，主人就会主动为客人泡茶敬客。而客人喝茶，必须茶过"二道"：就是主人奉茶时，第一次称冲，第二次谓泡，一冲一泡，才算向客人完成奉茶仪式。倘若客人不饮二道茶就走，视为失礼。倘若客人确实不饮茶，也得预先说明为歉。第三道茶则主随客便。若三道茶后客人还想喝，则主人会重新换茶续水，这称之为二道茶。因为畲族同胞认为，茶是"头碗苦，二碗补，三碗洗洗肚"。因此，以喝二道茶为准。

畲族同胞，凡在红白喜事或节庆，都离不开茶。祭灶神要"敬神茶"，订婚"用茶礼"，迎亲要喝"宝塔茶"。饮宝塔茶多在喜庆之日举行，如每当娶亲嫁女办喜事时，在新娘过门之前，一旦花轿进门，哥嫂们就要向来接亲的亲家伯和轿夫敬献宝塔茶。这时，只见哥嫂们手捧红漆樟木八角茶盘,盘子巧妙地将五碗茶叠成三层。具体做法是一碗作底层;上放一片红漆小木片,找准重心,木片上再放上三碗茶;其上再放上木片做填片,填片上放一碗茶作顶,这样将五小碗茶放置在盘子,造型好似一座宝塔,故名宝塔茶。接茶的亲家伯必须用牙齿咬住顶端那一碗茶。同时用双手夹起剩下的四碗茶,并分别转送给四位轿夫。奉毕,亲家伯自己当众喝干用口咬住的那碗热茶。要是茶水一滴不外溅,将赢得满堂喝彩;要不就会遭到嗤笑。其实,喝畲族的宝塔茶,与其说是喝茶,还不如说是一次技巧的较量,当然寓意也就在其中了。

综上所述,自古至今我国各族人民对茶叶的饮用方法大体包括饮茶和食茶两个方面。饮茶中清茶(清饮)是最常见的饮茶法;奶茶也是很流行的饮茶法;其次是酥油茶、八宝茶、香茶、油茶、三道茶、果味茶、蜂蜜茶、香草茶、茶酒等各具特色的饮茶法;还有 20 世纪 80 年代出现的茶饮料,它代表了现代饮料的新形象。食茶虽不如饮茶盛行,但其历史却比饮茶悠久,人类利用茶叶就是从食茶开始的。食茶方式有凉拌、竹筒酸茶、擂茶、茶叶炒菜、茶叶汤与羹、茶叶油炸食品、茶叶粥饭、茶叶面食、茶味奶制品、茶叶果冻与茶羹、茶叶调味品、抹茶法等。而超微粉碎技术的应用,给茶叶食用提供了很大的便利,它利用了饮茶无法摄取的不溶于水的成分,食茶中所用的茶一般是比较细嫩的、清洁卫生的,所以食茶方法也是可取的。

第四节　茶与文艺

文艺是表达人与自然以及人与人之间各种精神意识形态的文化形式之一,它表现为诗歌、音乐、美术、文学等形式。茶叶中含有对人体生理和神经系统起到良好作用的多种有效成分,饮茶是人类美好的物质和精神享受。唐代诗人卢仝认为饮茶可以进入"通仙灵"的奇妙境地;明朝顾元庆谓"人不可一日无茶";近代鲁迅说品茶是一种"清福";科学家爱因斯坦组织的奥林比亚科学院每晚例会,用边饮茶休息、边学习议论的方式研讨学问,被人称为"茶杯精神";日本圣僧荣西禅师称茶"上通诸天境界,下资人伦";英国女作家韩素音说"茶是独一无二的真正文明饮料,是礼貌和精神纯洁的化身",等等。饮茶是物质与精神的结合,它能赋予人们以兴奋、清醒、机智,与人们的生活息息相关,因此,茶与文艺结下了不解良缘,饮茶能激发文艺作品的问世。

一、茶与诗词

在我国古代和现代文学中,涉及茶的诗、词、歌、赋和散文是很多的,特别是有关茶的诗词,更是百花争艳,丰富多彩。

在我国早期的诗、赋中,赞颂茶的首推晋代诗人杜育的《荈赋》,诗人以饱满的热情,歌颂祖国山川孕育的奇产茶叶,它受着丰壤甘霖的滋润,满山遍谷,生长茂盛,农民成群结队辛勤采制,而茶的品质是那样的优美。赋云:"灵山惟岳,奇产所钟,厥生荈草,弥谷被岗。承丰壤之滋润,受甘霖之霄降。月惟初秋,农功少休,结偶同旅,是采是求。水则岷方之注,挹彼清流。器泽陶简,出自东隅。酌之以匏,取式公刘。惟兹初成,沫沉华浮,焕如积雪,晔若春敷。"唐代杰出诗人杜甫有"落日平台上,春风啜茗时"的诗句。白居易对茶有浓厚的兴趣,其中有一首《山泉煎茶有怀》:"坐酌泠泠水,看煎瑟瑟尘,无由持一碗,寄与爱茶人。"以饮茶闻名的卢仝,自号玉川子,隐居洛阳城中,作诗豪放怪奇,他的名作《走笔谢孟谏议寄新茶》(也称《饮茶歌》)诗中描写他饮七碗茶的不同感觉,步步深入。诗云:"一碗喉吻润;两碗破孤闷;三碗搜枯肠,唯有文字五千卷;四碗发轻汗,平生不平事,尽向毛孔散;五碗肌骨轻;六碗通仙灵;七碗吃不得也,唯觉两腋习习清风生!"与卢仝异曲同工的著名诗僧释皎然的《饮茶歌诮崔石使君》诗云:"越人遗我剡溪茗,采得金芽爨金鼎。素瓷雪色飘沫香,何似诸仙琼蕊浆。一饮涤昏寐,情思爽朗满天地;再饮清我神,忽如飞雨洒轻尘;三饮便得道,何须苦心破烦恼。……"又在《饮茶歌送郑客》诗中有"丹丘羽人轻玉食,采茶饮之生羽翼"之句,把茶的功效说得非常神妙,当然,这是诗人的一种想象。

到了宋代,文人学士烹泉煮茗,竞相吟咏,出现了更多的茶诗茶歌。如诗人苏轼有一首《西江月》词:"龙焙今年绝品,谷帘自古珍泉,雪芽双井散神仙,苗裔来从北苑。汤发云腴酽白,琖浮花乳轻圆,人间谁敢更争妍,斗取红窗粉面。"词中对双井茶叶和谷帘泉水作了尽情的赞美。他在一首题为《次韵曹辅寄壑源试焙新茶》的诗里写道:"……戏作小诗君勿笑,从来佳茗似佳人。"直接将佳茗比喻为佳人,更引起人们对佳茗的向往。他还有《汲江煎茶》诗对如何选水、烹煮有非常生动具体的描写;《试院煎茶》对煎茶时的水泡、水声形容得惟妙惟肖:"蟹眼已过鱼眼生,飕飕欲作松风鸣,蒙茸出磨细珠落,眩转绕瓯飞雪轻。……""南宋四家"的杨万里《舟泊吴江》诗云:"江湖便是老生涯,佳处何妨且泊家,自汲松江桥下水,垂虹亭上试新茶。"描写渔家汲取江水煮茶的乐趣。元代诗人谢宗可的《雪煎茶》描写以雪代水煮茶,茶味清新的情趣。洪希文的《煮土茶歌》描写山翁无须名茶名泉,只要土产新茶,自汲自煎,临风自啜,快活似仙的得意情景。诗云:"论茶自古称壑源,品水无出中温泉。莆中苦茶出土产,乡味自汲井水煎。器新火活清味永,且从平地休登仙。王侯第宅斗绝品,揣分不到山翁前,临风一啜心自省,此意莫与他人传。"明代高启有一首著名的《采茶词》,描写山家以茶为业,佳品先呈太守,其余产品售与商人换来衣食,终年劳动难得自己品尝的情况,大有"种菜娘子吃黄叶"之感。诗云:"雷过溪山碧云暖,幽丛半吐枪旗短。银钗女儿相应歌,筐中摘得谁最多,归来清香犹在手,高品先将呈太守。竹炉新焙未得尝,笼盛贩与湖南商。山家不解种禾黍,衣食年年在春雨。"清代有名的"扬州八怪",他们的诗篇中也有咏茶佳作。如嗜茶的汪士慎,试饮安徽泾县新茶之后,顿觉六腑芬芳,诗兴大发,乃挥笔写诗(《幼孚斋中试泾县茶》):"不知泾邑山之涯,春风茁此香灵芽。两茎细叶雀舌卷,烘焙工夫应不浅。宣州诸茶此绝伦,芳馨那逊龙山春。一瓯瑟瑟散轻蕊,品题谁比玉川子。共对幽窗吸白云,令人六腑皆清芬。长空霭霭西林晚,疏雨湿烟客不返。"江苏碧螺春是历史名茶,《清代野史大观》(卷一)载一首诗说:"从来隽物有佳名,物以名传愈见珍。梅盛每称香雪海,茶尖争说碧螺春。已知焙制传三地,喜得榆扬到上京。哧煞人香原夸语,还须早摘趁春分。"诗中分析"隽物"与"佳名"的关系,是颇有见地的。

我国老一辈革命家的茶兴都不浅,在诗词交往中,也每多涉及茶事。毛泽东同志七律诗《和柳亚子先生》中有"饮茶粤海未能忘,索句渝州叶正黄”的名句。那次广州会见是1926年，在柳亚子先生心中留下了难以磨灭的印象，直到1941年，他还在一首诗中说：“云天倘许同忧国，粤海难忘共品茶。”朱德同志曾写诗赞扬“庐山云雾”的功效：“庐山云雾茶，味浓性泼辣，若得长年饮，延年益寿法。”郭沫若同志1964年在湖南视察时，品饮了“高桥银峰”名茶，大为赞赏，挥毫写了七律一首《初饮高桥银峰》诗：“芙蓉国里产新茶，九嶷香风阜万家；肯让湖州夸紫笋，原同双井斗红纱。脑如冰雪心如火，舌不饾饤眼不花，协力免教天下醉，三闾无用独醒嗟。”1964年8月，作家老舍赞“屯绿”、“祁红”诗云：“春风春日采新茶，生产徽州天下夸；屯绿祁红好姐妹，淡妆浓抹总无瑕。”原佛教协会主席赵朴初先生1986年品饮家乡（安徽太湖）新创制的“天华谷尖”名茶后，欣然写诗一首《咏天华谷尖》云：“深情细味故乡茶，莫道云踪不忆家；品遍锡兰和宇治，清芬独赏我中华。”1989后又为中国茶文化展示周题诗：“七碗受至味，一壶得真趣；空持百千偈，不如吃茶去。”

下面介绍几首有关饮茶的通俗诗，每首诗均说明一种饮茶时的心情。这些诗出于何人，已无法考证（摘自：夏之郑·饮茶与心理，茶博览，95期16页）。

赤日炎炎十里道，屋前屋后喜鹊叫。
口渴唇焦汗珠抛，料是好事将来到。
多谢村姑三瓢茶，宽饮一盅雨前茶。
胜似玉露五内浇，今朝味道格外好。

平生不尚烟与酒，半局残棋如何了？
只与茶汤作挚友，苦思冥想难开窍。
心头欢畅茶味浓，几口香茗细细啜。
茶味淡时心也忧，一着妙棋胜券操。

人生难得醉茶香，忙里偷闲品新茶。
馥郁氤氲绕画梁，吹皱绿波数嫩芽。
好茶好水好炭火，茶香茶色茶味浓。
白玉杯里友情长。春光春情春无涯。

春日饮茶兴味浓，一杯云雾蕴幽香。
梦魂萦绕杯壶中，荡气回肠文思畅。
一撮新芽飘然落，谁人欲解万古愁？
驱邪正心学仙翁，试效酒客并茶狂。

二、茶与美术

我国以茶为题材的古代绘画，现存或有文献记载的多为唐代以后的作品。如唐代的《调琴啜茗图卷》；南宋刘松年的《斗茶图卷》；元代赵孟頫《斗茶图》；明代唐寅的《事茗图》，文征明的《惠山茶会图》、《烹茶图》，丁云鹏的《玉川煮茶图》，等等。

唐人的《调琴啜茗图卷》（图 8.1），画中有五个人物，一人坐而调琴，一人侧坐面向调琴者，一人端坐凝神倾听琴者，一个仆人一旁站立，另一仆人送来茶茗。画中的妇女丰颊曲眉，浓丽多姿，整个画面表现出唐代贵族妇女悠闲自得的情态。

图 8.1　调琴啜茗图卷

元代书画家赵孟頫的《斗茶图》，是一幅充满生活气息的风俗画。画面有四个人物，身边放着几副盛有茶具的茶担，似是两户人家，各自拿出茗茶相互比试高低。人物生动，布局严谨。看图中人物模样，不是文人墨客，而像走街串巷的"货郎"，这正说明当时斗茶已经深入民间。

明代唐寅的《事茗图》，画一青山环抱、溪流围绕的小村，参天古松下茅屋数椽，屋中一人正精心烹茗若有所待，小桥上有一老翁依杖缓行，后随抱琴小童，似若应约而来。画面清幽静谧，而人物传神，流水有声，静中含动。唐寅在画外题诗一首："日长何所事，茗碗自赏持；料得南窗下，清风满鬓丝。"

明代文征明的《惠山茶会图》(图8.2),描绘了明代举行茶会的情景。茶会的地点,山岩突兀,杂树成阴,树丛有井亭,岩边置竹炉。与会者有主持烹茗的,有在亭中休息待饮的,有观赏山景的,看来正是茶会将开未开之际。

图8.2 惠山茶会图

明代丁云鹏的《玉川煮茶图》(图8.3),画面是花园的一角,两棵高大芭蕉下的假山前坐着主人卢仝——玉川子,一个老仆提壶取水而来,另一老仆双手端来捧盒。卢仝身边石桌上放着待用的茶具。他左手持羽扇,双目凝视熊熊炉火上的茶壶,壶中松风之声隐约可闻。那种悠闲自得的情趣,跃然画面。

图8.3 玉川煮茶图

雕刻作品,现存的北宋妇女烹茶画像砖是其中之一。这块画像砖刻的是一高髻妇女,身穿宽领长衣裙,正在长方炉灶前烹茶。她两手精心擦拭茶具,凝神专注,目不旁顾。炉台上放有茶碗和带盖执壶。整个造型优美古雅,风格独特。

现代画家也以茶为题材作了不少画。如梁树年画的《云雾山中采茶归》；漫画家方成画的《陆羽著"茶经"》和《寒夜客来茶当酒》；黄胄画的《七碗茶》；钟灵画的《满室茶香狸奴醉》；田世光画的《梅鸠图》并题诗："春茶已采丰收早，鸠声初唤雨来迟"，等等。

外国以茶为题材的绘画也很多，尤其日本受中国的影响很深。如《明惠上人图》就是一例，明惠上人即日本僧人高辨，他在日本宇治栽植第一株茶树，对饮茶在日本的传播很有功劳。在《明惠上人图》中，明惠坐禅在松株之下，塑造了一个不朽的形象。还有日本冈田米山人的《松下煮茶图》，西川信画的《菊与茶》等。爱尔兰人像画家N·霍恩创作的《饮茶图》很逼真、动人。苏格兰画家D·威尔基所作的《茶桌的愉快》表现出家庭饮茶生活的情趣。

绘画艺术与茶有密切联系，现代摄影艺术与茶的关系更为密切，许多摄影师以茶为题材，拍摄了不少优秀作品，深受人们喜爱。特别在一些名山拍摄的采茶照片，将山水峰岩、松竹花木和茶园风景融合成一体，益发增添了茶区景色的诗情画意。

三、茶与歌舞

在我国，有很多采茶的歌舞，有赞美采茶、饮茶的小曲、山歌和民歌，特别以采茶歌为多。在31首《聂耳歌曲集》中就有聂耳谱写的两首茶歌，即《茶山情歌》和《采茶歌》。《采茶歌》用悠扬、沉痛、悲怆的歌声诉说了旧社会采茶的痛苦，苛捐杂税以及茶农饥寒交迫的生活，歌词是："春风起，春风暖，茶叶发芽遍山青；采茶啊，采茶啊，毛尖、雨前和眉珍。快快采，不要停，谨防错过好时辰；快快采，不要停，谨防错过好时辰。去年采茶数十担，一家大小喜在心；谁知茶叶贱似土，尺布斗米贵如金。捐和租，逼人命，饥寒交迫受苦辛。春去又春来，茶山年年青，人人都说茶味好，吃茶的人儿笑盈盈。"

解放以后，农民成了茶乡的主人，采茶山歌的内容起了根本的变化，歌声轻松愉快，充分表达了茶农对丰收的喜悦。这里有福建民歌《采茶歌》（陈田鹤编曲，金帆配词）就是一例。歌词说："百花开放好春光，采茶姑娘满山冈。手提着篮儿将茶采，片片采来片片香。采到东来采到西，采茶姑娘笑眯眯。过去采茶为别人，如今采茶为自己。""茶树发芽青又青，一颗嫩芽一颗心。轻轻摘来轻轻采，片片采来片片新。采满一筐又一筐,山前山后歌声响。今年茶山收成好,家家户户喜洋洋。"

《请茶歌》(集体作词,解策励作曲)是一首著名的女声独唱歌曲。歌中赞颂红军栽茶后人尝的高尚风格,表达茶区群众要求子弟兵不忘革命传统的深切期望。歌词亲切热情:

同志哥!

请喝一杯茶呀,请喝一杯茶,

井冈山的茶叶甜又香啊,甜又香啊。

当年领袖毛委员呀,带领红军上井冈啊。

茶树本是红军种,风里生来雨里长;

茶树林中战歌响呵,军民同心打豺狼,打豺狼啰。

喝了红色故乡的茶,同志哥! 革命传统你永不忘呵,

意志坚如钢啊,

啊! 革命意志你坚如钢。

同志哥!

请喝一杯茶呀,请喝一杯茶,

井冈山的茶叶甜又香啊,甜又香啊。

前人开路后人走啊,前人栽茶后人尝啊。

革命种子发新芽,年年生来处处长;

井冈茶香飘四海呵,棵棵茶树向太阳,向太阳啰。

喝了红色故乡的茶,同志哥! 革命传统你永不忘呵。

意志坚如钢啊,

啊! 革命意志你坚如钢。

我国各族采茶姑娘能歌善舞,每当杜鹃怒放、春意正浓的新茶采摘季节,无论是在长江以北的大别山区,还是在南方的茶区,或在西南边陲的西双版纳,姑娘们一边采茶,一边尽情地歌唱着本民族的歌谣,有的还在茶园里翩翩起舞。《采茶扑蝶舞》、《采茶舞曲》、《挑担茶叶上北京》等都是大家所熟知的歌舞。《采茶舞曲》(周大风作词编曲)描写了江南茶区大忙季节中,青年男女分工合作,你追我赶,确保粮茶双丰收的动人景象。歌词是:

溪水清清溪水长，
溪水两岸好呀么好风光。
哥哥呀你上畈下畈勤插秧，
姐妹们东山西山采茶忙。
插秧插到大天光，
采茶采到月儿上；
插得秧来匀又快，
采得茶来满山香。
你追我赶不怕累，
敢与老天争春光，
争呀么争春光。

溪水清清溪水长，
溪水两岸采呀么采茶忙。
姐姐呀你采茶好比凤点头，
妹妹呀你摘青好比鱼跃网。
一行一行又一行，
摘下的青叶往篓里装；
千篓百篓堆成山，
篓篓嫩茶发清香。
多快好省来采茶，
好换机器好换钢，
好呀么好换钢。

四、世界著名的三大茶叶专著

我国茶叶历史悠久，中国又是文明古国，茶叶和文化结合得很紧密。因此，从古到今有不少茶叶专著，如宋徽宗赵佶撰写的《大观茶论》(公元1107年)、蔡襄写的《茶录》、吴觉农写的《茶经述评》、陈椽写的《茶叶通史》、盛国荣写的《茶叶与健康》、陈宗懋等编写的《中国茶经》，等等。但是，最著名的、在世界上影响比较大的还是陆羽的《茶经》、荣西禅师的《吃茶养生记》和威廉·乌克斯编写的《茶叶全书》。

1. 世界第一部茶叶专著——《茶经》

《茶经》是我国唐代陆羽（公元 733 年～804 年）所著,成书于公元 780 年。它是世界上第一部系统阐述茶叶科学知识和生产实践的专著。全书共分上中下 3 卷,共 10 节,约 7000 字。《一之源》阐述了我国茶叶的原产地,茶树生长特性,介绍茶叶的功能;《二之具》介绍了当时采茶、制茶的 15 种工具;《三之造》叙述了采茶时间、制茶工艺等;《四之器》叙述了当时煮茶、饮茶的 26 种器具和方法;《五之煮》介绍了煮茶的用水和煮茶方法;《六之饮》说饮茶始于神农及其加料饮茶等多种方法;《七之事》介绍了不少与茶叶有关的人和事及文献,从神农、周公、齐世祖武帝等共介绍了 40 多位历史人物,介绍了记载茶叶的文献 45 种;《八之出》介绍当时我国八大茶区,并指出每个茶区的茶叶品质特点;《九之略》介绍制茶煮茶过程中的注意事项;《十之图》将上述九节的内容以白色的绢绘成图,一目了然。

《茶经》内容丰富,是一部茶叶百科全书。它涉及到形态学、生物学、选种学、栽培学、制茶学、茶叶审评学、分类学、生态学、药理学,等等。《茶经》中记载了唐代以前的不少神话、寓言、史记、诗赋、传记、地理、药理等书籍,是我国古代文化的宝库。《茶经》是世界上最早的一部茶叶经典著作,成为"茶叶之源"。它比《茶叶全书》早 1155 年,比《吃茶养生记》早 411 年。直到现在,陆羽的《茶经》仍很受全世界茶叶工作者的推崇和研究。

2. 世界第二部《茶经》——《吃茶养生记》

《吃茶养生记》于公元 1191 年（日本建久二年）由日本高僧荣西（公元 1114 年～1215 年）和尚编辑出版的。全书分上下两卷,用汉语和日文两种文字出版。上卷是写茶叶的医疗作用和茶叶的产地;下卷是写日本当时流行的各种疾病都可以用茶叶治疗。

上卷开头就说:"茶也,养生之仙药也,延龄之妙术也。山谷生之,其地神灵也。人伦采之,其人长命也。天竺唐土同贵重之,我朝日本曾嗜爱矣。古今奇仙药也,不可不采乎。"接着用了中国阴阳五行的辩证关系阐述吃茶养生的道理,书中说:"其养生之术可安五脏。

五脏中心脏为王乎。建立心脏之方，吃茶是妙术也。厥心脏弱，则五脏皆生病。"是说人生病多半是由于心脏不好而得，要想心脏好，吃茶是妙法。又说五脏喜五味："肝脏好酸味、肾脏好咸味、肺脏好辛味、脾脏好甘味、心脏好苦味。""五脏受味不同，好味多入，则其脏强，克旁脏互生病。其辛、酸、甘、咸之恒有而食之，心脏恒弱，故生病。若心脏病时，一切味皆违食，则吐之，动不食，今吃茶则心脏强，无病也。""人若心神不快乐，必吃茶调心脏，除愈万病矣。心脏快之时，诸脏虽有病，不强痛也。"又说："心脏是五脏之君子也。茶是五味之上首也，苦味是诸味之上味也，因兹心脏爱苦味，心脏兴，则安诸脏也。""若身弱意消者可知亦心脏之损也，频吃茶则气力强盛也，其茶功能。"

　　上卷的后半部分，论述了茶的名字、产地、树形、采茶季节和制茶技术。下卷论述了当时日本流行的各种疾病，可用"吃茶法"和"桑汤法"去治疗。最后，荣西在书中总结说："贵哉分，上通诸天境界，下资人伦矣。诸药各为一种病之药，茶为万药而已。"

3. 茶叶巨著——《茶叶全书》

　　《茶叶全书》是美国威廉·乌克斯编著，1935年出版。是一部涉及面很广的世界性的茶叶巨著。全书共分六大部分：历史、技术、科学、商业、社会、艺术等方面。

　　历史方面，作者第1章叙述传说之中的茶叶起源约在公元前2737年，公元前550年见于孔子之著作，但最早的可信记录为公元前350年。原始之自然茶园位于东南亚洲，此地区主要是中国的西南省份。茶树栽培和饮茶习惯广布于中国和日本，乃由于佛教僧侣之推广，僧侣以茶节欲。约在公元780年第一部茶叶专著《茶经》出版。第2章作者专门叙述日本文学中最早之茶叶记录始于公元850年，其栽培则始于805年。第3章记述了公元850年茶叶首先传到了阿拉伯；1559年传到了威尼斯；1598年传到了英国；1600年传到了葡萄牙。荷兰人在1610年首次将茶叶带至欧洲；1618年传到俄国；1648年传到巴黎；1650年传到英国及美洲。第4章叙述了茶叶首次在英国销售的情况。第5章叙述了为反抗茶叶税而战的国家；第6

章叙述了世界最大的茶叶专卖公司；第 7 章叙述了运茶快剪船；第 8、9、10 章叙述了荷兰人在爪哇与苏门答腊，英国人在锡兰（现斯里兰卡）经营茶叶之发展。第 11 章叙述了各地的种茶历史。以上 11 章都是记述了茶叶历史的。

技术方面，是从第 12 章开始一直到 22 章。第 12 章叙述了世界上的商品茶。第 13 章叙述了各种商品茶的贸易价格和特征，并附有总表。以后 8 章专门谈中国、日本等国家和地区茶叶的栽培与制造。第 22 章叙述了自中国的手工制茶到机械化制茶。

科学方面，是从 23 章至 27 章。23 章论述了"茶"字的起源，是汉字广东音"chan"，厦门音则是"tay"，后音大部分传到欧洲国家，其他欧洲国家发音为"cha"，以后到 26 章都叙述了茶叶的化学成分，药理作用等。第 27 章写了茶叶的保健和药疗作用。

商业方面，是从下册第 1 章到第 17 章。前 5 章是记述苏伊士运河开通以后茶叶由生产国运至消费国的情况，对于茶叶自产地初级市场至消费国零售及消费者的情况，都有较详细的记述。以后 10 章叙述了中国、荷兰之间的茶叶贸易史，英国国内及海外贸易状况、茶叶协会、茶叶股票及股票贸易，日本、美国等国家和地区的茶叶贸易。第 16 章记述了茶叶广告史是自公元 780 年开始的，并叙述茶叶广告的作用，第 17 章讨论了世界茶叶生产及消费。

社会方面，是从下册第 18 章一直到 25 章。把茶叶称为"风度与风雅之侍女"。第 18 章首先叙述了茶叶的社会史，早期中国、日本、荷兰、英国及美国之饮用情况。第 19 章叙述茶园中的故事。第 20 章叙述 18 世纪时英国男女在公开饮茶的伦敦茶园中的欢乐情形。第 21 和 22 章记述早期饮茶之习俗，首先是中国人以野生的茶树鲜叶为食及饮料，以后制成干茶常年饮用，后来西藏人加牛奶饮茶，以及英国午后茶的起源。第 23 章叙述了现今世界上饮茶之方式与习俗。由此知道了午后茶在英国为"一天中有阳光之一刻"，在美国人能充分体会到饮茶之美德以前，首先必须学会闲暇之艺术。第 24 章叙述煮茶用工具的发展——从最初的茶壶到美国现代的袋泡茶，有些人以为此种袋泡茶将使茶壶绝迹，究竟哪种实用？作者没有下结论。第 25 章为茶之泡制方法,并讨论了科学的调制法,以及告诉茶叶嗜好者如何购茶和冲泡得最好。

艺术方面,共两章。第 26 章为茶叶与艺术。主要是指绘画、雕刻及音乐中对茶之赞美。并附述若干著名之陶制及银制茶具。最后一章(27 章),叙述了茶叶与文学。主要摘录诗人、历史学家、音乐家、哲学家、科学家、戏剧家以及小说家关于茶的著述。

最后附有茶叶年谱,茶叶辞典,茶叶书目以及茶叶索引。

附录一　　茶样欣赏彩图索引

	安徽		24	东至云尖	2-8
1	霍山黄芽	1-1*	25	贵池翠微	2-9
2	黄花云尖	1-2	26	华山银毫	2-10
3	黄山绿牡丹	1-3	27	黄石溪毛峰	2-11
4	金寨翠眉	1-4	28	瑞草魁	2-12
5	敬亭绿雪	1-5	29	黄山毛峰	3-1
6	九华佛茶	1-6	30	太平猴魁	3-2
7	菊花茶	1-7	31	祁红特茗	3-3
8	六安瓜片	1-8	32	CTC. STD. W01(红碎茶)	3-4
9	杨棚福茶	1-9	33	涌溪火青	3-5
10	天鹅云尖	1-10	34	41022(特针特级)	3-6
11	天华谷尖	1-11	35	9371(特针一级)	3-7
12	天柱剑毫	1-12	36	STD. 1232(祁红)	3-8
13	汀溪兰香	1-13	37	STD. 1254(祁红)	3-9
14	桐城小花	1-14	38	巢父有机茶	3-10
15	金鹰春雪	1-15	39	3505(珠茶特级)	3-11
16	仙寓香芽	1-16	40	白云春毫	18-6
17	香山云尖	2-1	41	珠兰花	18-7
18	松萝茶	2-2	42	仙寓神剑	18-8
19	玉露银峰	2-3	43	嫩头青	18-9
20	岳西翠尖	2-4	44	黄山毛峰(叶底)	18-13
21	岳西翠兰	2-5	45	宝都香芽	18-15
22	昭关翠须	2-6		重庆	
23	百杯香芽	2-7	1	巴南银针	16-5

* 前一个数字为彩页页码,后一个数字为当页序号,下同。

2	重庆沱茶	16-6	15	文洋翠芽	6-15
3	缙云毛峰	16-7	16	太姥雪针	6-16
4	乌金吐翠	16-8	17	正山小种	3-12
5	香山贡茶	16-9	18	坦洋工夫	3-13
6	永川秀芽	16-10	19	白琳工夫	3-14
7	渝州雪莲	16-11	20	白毫银针	3-15
8	寒梅雪	16-12	21	白牡丹	3-16
9	叶来香	16-13		广东	
10	巴山银芽	16-14	1	单枞	4-1
11	滴翠剑茗	16-15	2	观音	4-2
12	茉莉花茶	16-16	3	本山	4-3
	福建		4	岭头单枞	4-4
1	诏安水仙	6-1	5	老丛水仙	4-5
2	闽北水仙	6-2	6	饶平色种	4-6
3	闽南水仙	6-3	7	凤凰单枞	4-7
4	武夷岩茶	6-4	8	石古坪乌龙茶	4-8
5	武夷肉桂	6-5	9	凌春白毛尖(特级)	4-9
6	闽北乌龙	6-6	10	大叶种绿茶	4-10
7	安溪铁观音	6-7	11	银毫王	4-11
8	黄金桂	6-8	12	玫瑰红茶	4-12
9	平和白芽奇兰	6-9	13	荔枝红茶	4-13
10	武平炒绿	6-10	14	英德红茶	4-14
11	绿雪芽香螺	6-11	15	金毫茶	4-15
12	天山绿(螺茗)	6-12		广西	
13	富春银毫	6-13	1	六堡茶(黑)	17-1
14	蓬莱银曲	6-14	2	工夫红茶	17-2

3	浪伏金毫	17-3	5	震雷春	10-12
4	盘王银芽	17-4	6	震雷剑毫	10-13
5	桂林银针	17-5	7	青淮绿梭	10-14
6	桂林毛尖	17-6	8	新林玉露	18-14
7	毛尖茶	17-7	**湖北**		
8	毛尖桂花茶	17-8	1	大悟寿眉	11-1
9	西山茶	17-9	2	恩施玉露	11-2
10	龙胜宛田种	17-10	3	绿碎茶	11-3
贵州			4	罗针茶	11-4
1	黔江银钩	16-1	5	温泉毫峰	11-5
2	雀舌报春	16-2	6	向师傅茶	11-6
3	松柏长青	16-3	7	汀泗川玉	11-7
4	天河玉叶	16-4	8	九井峰茶	11-8
5	都匀毛尖	17-11	9	金鼓露毫	11-9
6	遵义毛峰	17-12	10	天麻剑毫	11-10
7	湄江翠片	17-13	11	恩施富硒茶	11-11
8	羊艾毛峰	17-14	12	水仙春毫	11-12
9	羊艾碧螺春	17-15	13	石西都剑	11-13
10	羊艾特珍特级	17-16	14	挪园青峰	11-14
海南			15	虎狮龙芽	11-15
1	海南红碎茶	8-16	16	特制茯砖	11-16
河南			**湖南**		
1	龙眼玉叶	10-8	1	安化松针	15-1
2	赛山玉莲	10-9	2	碣滩茶	15-2
3	赛山翠芽	10-10	3	银币茶	15-3
4	信阳毛尖	10-11	4	沩山毛尖	15-4

5	洞庭春	15-5	**四川**		
6	石门银峰	15-6	1	竹叶青	12-1
7	羊鹿毛尖	15-7	2	雨城云雾	12-2
8	益阳茯砖	15-8	3	叙府龙芽	12-3
9	君山银针	18-12	4	文君绿茶	12-4
江苏			5	花秋贡茶	12-5
1	金山翠芽	14-1	6	广安松针	12-6
2	金坛雀舌	14-2	7	峨蕊	12-7
3	南山寿眉	14-3	8	峨眉毛峰	12-8
4	太湖翠竹	14-4	9	雀舌	12-9
5	碧螺春(特一级)	14-5	10	巴山雀舌	12-10
6	阳羡雪芽	14-6	11	翠毫香茗	12-11
7	水西翠柏	14-7	12	泸州凤羽	12-12
8	无锡毫茶	14-8	13	龙湖翠	12-13
9	绿杨春	14-9	14	龙都香茗	12-14
10	雨花茶	14-10	15	九顶翠芽	12-15
11	茗间情	14-11	16	碧潭飘雪	12-16
12	绿茶粉	18-5	17	竹叶茗	13-1
江西			18	云顶茗兰	13-2
1	顶上春毫	8-6	19	云顶绿茶	13-3
2	庐山云雾	8-7	20	青城雪芽	13-4
3	武华云雾茶	8-8	21	玉芽	13-5
4	前岭银毫	8-9	22	蒙顶石花	13-6
5	浮瑶仙芝	8-10	23	蒙顶甘露	13-7
6	小布岩茶	8-11	24	蒙顶黄芽	13-8
			25	仙芝竹尖	13-9

26	早白尖红茶	13-10	21	春山雪芽	8-5
27	金尖茶	13-11		**陕西**	
28	康砖茶	13-12	1	汉水银梭	10-15
29	特制茯砖	13-13	2	宁强雀舌	10-16
30	竹叶青（叶底）	18-11	3	城固银峰	13-14
	山东		4	商南家茗	13-15
1	浮来青	7-1	5	商南仙茗	13-16
2	碧绿茶	7-2	6	秦巴雾毫	14-12
3	雪青	7-3	7	秦巴绿茶	14-13
4	茗家春	7-4	8	紫阳毛尖	14-14
5	五莲山茶	7-5	9	紫阳银针	14-15
6	莒兴春	7-6	10	紫阳翠峰	14-16
7	海青锋	7-7		**台湾**	
8	海青翡翠	7-8	1	冻顶乌龙	15-9
9	海北春	7-9	2	高山乌龙	15-10
10	万里江绿茶	7-10	3	金萱茶	15-11
11	晓阳翠芽	7-11	4	木栅铁观音	15-12
12	晓阳青峰	7-12	5	东方美人茶	15-13
13	晓阳松针	7-13	6	松柏层青茶	15-14
14	凉泉茶	7-14	7	松柏长青茶	15-15
15	崂山雪芽	7-15	8	文山包种	15-16
16	鳌福绿茶	7-16		**西藏**	
17	云蒙山	8-1	1	红景天（珠峰圣茶）	8-12
18	大白银剑	8-2	2	藏红花（珠峰圣茶）	8-13
19	大白春螺	8-3	3	人参果（珠峰圣茶）	8-14
20	春山雪剑	8-4	4	虫草（珠峰圣茶）	8-15

云南			26	沱茶九层	18-16
1	红碎茶	2-13	浙江		
2	滇红一级	2-14	1	开化龙顶	9-1
3	滇红礼茶	2-15	2	江山绿牡丹	9-2
4	普洱茶砖	2-16	3	松阳银猴	9-3
5	滇绿（一级）	4-16	4	遂绿特针一级	9-4
6	苍山雪绿	5-1	5	西湖龙井（3A）	9-5
7	感通茶	5-2	6	径山茶	9-6
8	佛香茶	5-3	7	雪水云绿	9-7
9	云白毫	5-4	8	天目青顶	9-8
10	云海白豪	5-5	9	鸠坑毛尖	9-9
11	宝洪茶	5-6	10	安吉白茶	9-10
12	普洱茶	5-7	11	莫干黄芽	9-11
13	白洋曲毫	5-8	12	凤阳春	9-12
14	陈香普洱	5-9	13	龙浦仙毫	9-13
15	陈香圆茶	5-10	14	汤记高山茶	9-14
16	龙生宫连普洱茶	5-11	15	龙乾春	9-15
17	龙生毛峰	5-12	16	天台云雾茶	9-16
18	龙生玉芽	5-13	17	临海蟠毫	10-1
19	龙生翠茗	5-14	18	羊岩勾青	10-2
20	大白毫	5-15	19	仙居碧绿	10-3
21	小白毫	5-16	20	普陀佛茶	10-4
22	下关沱茶	18-1	21	雁荡毛峰	10-5
23	云南沱茶	18-2	22	三杯香	10-6
24	云南紧茶	18-3	23	神龙剑茶	10-7
25	下关砖茶	18-4	24	天赐玉叶	18-10

附录二 茶具欣赏彩图索引

1	红万寿无疆盖碗	19-1	17	台湾红帝龙盖碗	20-1
2	手绘荷花大茶荷	19-2	18	松球紫砂壶	20-2
3	倒泥紫砂壶	19-3	19	宜兴紫砂胎珐琅彩篆书诗文茶壶	20-3
4	博浪锤壶	19-4			
5	红波唐同心杯	19-5	20	工夫茶具(四季如春)	20-4
6	三羊开泰壶	19-6	21	宜兴紫砂杯	20-5
7	青蛙紫砂壶	19-7	22	金龙白玉瓷同心杯	20-6
8	百果壶	19-8	23	小猪紫砂壶	20-7
9	公道杯	19-9	24	提梁长嘴紫砂壶	20-8
10	茄段紫砂壶	19-10	25	天福茶食(包装)	20-9
11	纯白骨瓷盖碗	19-11	26	赣榆夹谷春(包装)	20-10
12	白玉瓷黑竹水筒杯	19-12	27	老舍五环茶(包装)	20-11
13	方圆紫砂壶	19-13	28	宝都香芽(包装)	20-12
14	蓝地珐琅彩紫砂茶壶	19-14	29	金鹰春雪(包装)	20-13
15	彩梅富贵大马克杯	19-15	30	天赐玉叶(包装)	20-14
16	金龙大茶寿组八件套	19-16	31	九华佛茶(包装)	20-15
			32	黄山毛峰(千秋泉包装)	20-16

参 考 文 献

［1］陆松候,施兆鹏.茶叶审评与检验［M］.3版.北京:中国农业出版社,2001.

［2］宛晓春.茶叶生物化学［M］.3版.北京:中国农业出版社,2003.

［3］宛晓春.中国茶谱［M］.北京:中国林业出版社,2007.

［4］陈宗懋.中国茶经［M］.上海:上海科学技术出版社,1992.

［5］于观亭.茶文化漫谈［M］.北京:中国农业出版社,2003.

［6］庄晚芳,等.饮茶漫话［M］.北京:中国财政经济出版社,1981.

［7］陈文怀.茶的文化·养生·贸易［M］.香港:香港海天出版社,1993.

［8］于观亭.茶叶加工技术手册［M］.北京:轻工业出版社,1991.

［9］孔宪乐.饮茶演变与国际茶消费需求的发展趋势［J］.中国茶叶加工,1998
(2):46-49.

［10］陈椽.中国名茶［M］.北京:中国展望出版社,1989.

［11］熊仓工夫.日本的茶道［J］.中华茶人,1992(1):40-44.

［12］刘勤晋.茶文化学［M］.北京:中国农业出版社,2002.

［13］陈志,等.农产品加工新技术手册［M］.北京:中国农业科学技术出版
社,2002.

［14］安徽农学院.制茶学［M］.北京:中国农业出版社,1979.

［15］王镇恒,王广智.中国名茶志［M］.北京:中国农业出版社,2000.

［16］龚淑英.日本感官审评茶叶的方法及特点［J］.中国茶叶加工,2001(3).

［17］张天福.福建乌龙茶［M］.福州:福建科学技术出版社,1989.

［18］季玉琴.液态茶饮料的审评方法［J］.茶业通报,1997,19(1).

［19］沈培和.茶叶审评指南［M］.北京:中国农业大学出版社,1998.

［20］曾国渊.成品乌龙茶的品评［J］.中国茶叶,1992(1).

［21］姚国坤,等.饮茶习俗［M］.北京:中国农业出版社,2003.

［22］王建荣,吴盛天.中国名茶品鉴［M］.修订版.济南:山东科学技术出版
社,2005.

［23］JANE PETTIGREW. 茶鉴赏手册［M］. 上海:上海科学技术出版

社,2001.

[24] 徐永成.名山出名茶[M].北京:中国农业出版社,2003.

[25] 骆少君.饮茶与健康[M].北京:中国农业出版社,2003.

[26] 骆少君.评茶员国家职业资格培训教程[M].北京:新华出版社,2004.